INTRODUCTION TO OPTICS

빛의 과학

안승준 • 안성준 • 이용민 공저

1장 기하광학 서설 | 2장 거울과 렌즈 | 3장 빛의 간섭
4장 편광과 반사계수 | 5장 박막의 다중간섭
6장 빛의 회절 | 7장 레이저 입문

홍릉과학출판사

P·r·e·f·a·c·e

머리말

우리 나라가 중원을 극복한 것은 역사적으로 미루어 볼 때 두 번째이다. 고조선과 고구려에 걸쳐 힘으로 중원을 지배하고 호령했던 것과 그로부터 1500년이 지난 지금 잠시 동안이지만 경제적인 우위를 주장하고 싶다. 과학과 기술은 부를 창출하는 근원이며 근간임에 틀림이 없다. 그럼에도 불구하고 과학을 공부하고자 하는 인재들이 점점 줄어들고 있는 것이 현실이다. 먼저 이공계를 선택하여 저자의 좁은 식견과 짧은 지식으로 고민한 빛의 과학을 접한 여러분의 의기와 용기에 뜨거운 갈채를 보낸다.

지금까지 우리 나라의 경제적인 발전과 우리가 누리고 있는 부의 원천은 제조업인데 예전의 역동적인 힘과 미래를 향한 vision이 점점 퇴화되어 흔적조차 잃어 가고 있는 것이 현재의 상황이다. 경제규모가 커짐에 따라 발생하는 분배의 부작용, 고임금 및 노사분규는 급기야 생산거점의 해외 이전을 야기 시키고 몇몇 분야에서는 산업공동화를 불러왔다. 이러한 난제를 타개하고 새로운 전환점을 만들기 위해서는 기초적인 연구를 토대로 세계적인 리더가 될 수 있는 선도기술이나 핵심기술을 개발하여 국가 경쟁력을 확보해야 한다.

저자는 본 교재가 이러한 의미 있는 발걸음에 불을 붙이는 작은 seed가 되기를 바란다. 광학은 반도체, 디스플레이, 측정 및 계측 등과 같은 여러 가지 응용분야의 기초 학문이다. 저자가 십 수 년 동안 광학을 강의하면서 무척 안타깝게 생각한 것은 기초 수준의 광학 입문서가 없다는 것이다. 많은 원서와 번역서가 출간되었지만 처음 광학을 접하면서 쉽게 이해할 수 있는 초보 단계의 책을 찾을 수가 없었다. 저자는 그 동안의 강의 경험을 바탕으로 학부 학생들이 광학 전반에 대하여 쉽게 이해할 수 있는 광학 입문서를 집필하기로 하였다.

이 교재는 대학교 2~3학년 정도의 수준이면 무난히 읽을 수 있도록 수학과 물리적 개념을 조절하였으며 새로운 용어에는 영문을 병기하여 독자의 이해를 돕고자 하였다. 1장과 2장에서는 기하광학 전반에 대하여 요약하였으며 3장에서는 빛의 간섭, 4장에서는 편광, 5장에서는 박막의 다중 간섭, 6장에서는 빛의 회절, 그리고 7장에서는 레이저 입문에 대하여 기술하였다. 또한 각 장의 마지막에는 본문 내용의 이해를 완성하기 위하여 쉽게 다룰 수 있는 연습문제를 준비하였다. 본문의 이해에 대한 척도는 연습문제의 풀이이다.

끝으로 이 책이 출간되도록 협력해 주신 홍릉과학출판사 출판부와 선문대학교 정보디스플레이 인력양성사업단에 감사드립니다.

2008년 4월 30일

저자 일동

차 례

제 1 장 기하광학 서설

제 2 장 거울과 렌즈

제 3 장 빛의 간섭

제 4 장 편광과 반사계수

제 5 장 박막의 다중 간섭

제 6 장 빛의 회절

제 7 장 레이저 입문

Chapter 1 기하광학 서설

빛은 일종의 전자기파이다. 빛은 이미 잘 알려진 것처럼 입자성과 파동성을 가진다. 광학이란 빛의 본질과 발생, 전파 현상, 검출은 물론 빛과 물질의 상호작용 현상을 탐구하는 학문으로 빛의 성질을 규명하고자 하는 관점에 따라 기하광학, 물리광학(또는 파동광학), 양자광학 등으로 분류된다.

양자광학이란 양자 현상으로 인해 나타나는 원자 스펙트럼의 방출과 흡수, 레이저 및 광원, 광 계측을 취급하는 광학으로 양자역학을 써서 빛을 입자로 취급하여 빛의 성질을 연구한다. 또한 물리광학은 빛의 전자기적 성질을 기반으로 빛의 파동적 현상인 간섭, 회절, 편광을 주로 연구한다.

반면에 기하광학은 빛의 파장이 렌즈, 광 분할기(beam splitter) 등과 같은 광학계에 비해 매우 작을 때 빛이 전파를 광선이라는 개념에 입각하여, 빛의 직진성, 반사법칙, 굴절법칙을 기반으로 물리현상을 취급하는 학문이다. 즉, 기하광학은 간섭과 회절을 무시할 수 있을 때만 적용할 수 있는 근사이다. 따라서, 기하광학은 빛의 진행을 직선인 광선으로 표현할 수 있으며, 빛을 입자로 보는 관점에서 광학 현상을 설명한다.

1.1 빛의 속도

빛은 전자기파의 일종이기 때문에 빛과 물질과의 상호작용(interaction)을 전자기파와 물질과의 상호작용으로 간주해도 크게 무리가 없다. 따라서 빛과 물질의 상호작용을 이해하기 위해서는 가장 기본적인 빛의 성질인 빛의 속도를 이해하는 것이 매우 중요한 일이다.

역사적으로 사람들은 빛의 속도는 무한하다고 생각하였다. 이러한 생각에 처음으로 의문을 가지고 빛의 속도를 측정한 사람은 갈릴레오(G. Galileo)였다. 1667년 갈릴레오는 자기의 조수를 멀리 떨어진 맞은편 산봉우리 위에 세우고 각각이 램프를 켜서 덮개로 막았다. 먼저 갈릴레오가 램프의 덮개를 벗기는 순간, 갈릴레오의 램프로부터 발산된 빛을 맞은편 산봉우리에 있는 조수가 관측한 즉시 자기의 램프 덮개를 벗기게 하였다. 갈릴레오는 자기 램프의 덮개를 벗긴 후 조수로부터 되돌아오는 램프 불빛을 관측할 때까지의 시간차를 측정하여 빛의 속도를 측정하고자 하였다. 물론 갈릴레오가 측정한 시간차에는 빛의 속도에 의한 것뿐 아니라 인간의 반응시간도 포함되어 있어서, 갈릴레오는 오직 빛의 속도가 인간의 반응 속도보다 매우 빠르다는 것만 알 수 있었다. 비록 갈릴레오는 빛의 속도가 유한하다는 것을 보여주지는 못하였지만 빛의 속도를 측정하기 위한 실험의 장을 열었다.

최초로 빛의 속도를 유한한 값으로 측정한 사람은 덴마크의 천문학자인 뢰머(O. C. Romer)였다. 1675년 뢰머는 목성의 위성 중 하나인 이오위성의 월식을 관찰하여 빛의 속도를 측정하는 데 성공하였다. 목성이 이오위성과 지구 사이에 있는 동안 이오위성이 보이지 않는 월식이 일어난다. 뢰머는 이오위성의 월식이 일어나는 시간이, 지구가 목성에서 멀어질 때보다 목성 쪽으로 향할 때, 더 짧아진다는 사실을 관찰했다. 이러한 현상을 뢰머는 빛의 속도가 유한하다는 가정 하에 설명하였으며 이 월식을 수년간 관측한 결과 빛의 속도가 2.1×10^8 m/s임을 계산할 수 있었다.

1849년 프랑스의 피조(A. H. L. Fizeau)는 지표상에서 빛의 속도를 측정하는 기발한 방법을 고안하였다. 피조는 광원에서 멀리 떨어져 있는 거울에 개별적인 빛의 펄스를 보낼 수 있도록 광원 앞에 빠른 속도로 회전하는 톱니바퀴를 사용하였다. 거울은 빠른 속도로 회전하는 톱니바퀴를 통과한 빛의 펄스를 다시 톱니바퀴 쪽으로 반사시킨다. 펄스가 톱니바퀴로 되돌아왔을 때, 톱니바퀴는 이미 더 돌아 톱니바퀴의 위치에 따라 펄스가 차단되거나 통과하

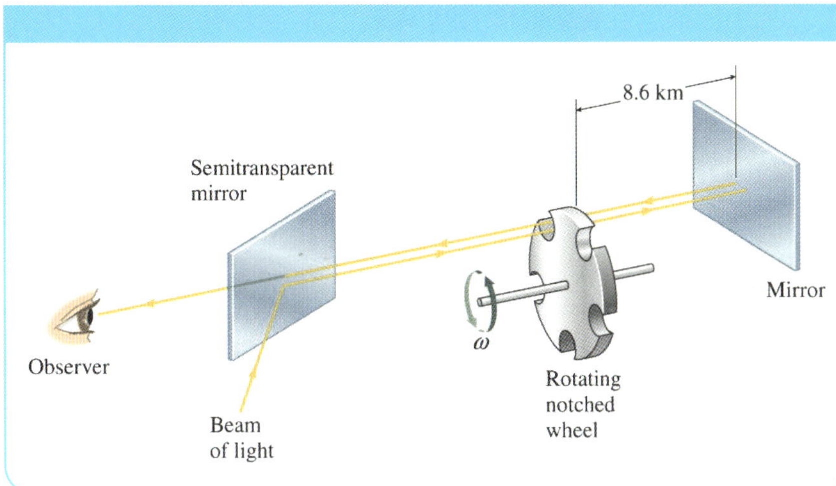

그림 1-1
빛의 속도 측정

여 관측자에게 오게 된다. 피조는 톱니바퀴와 거울 사이의 거리, 톱니바퀴의 회전수, 및 톱니 산의 개수를 측정하여 빛의 속도가 3.15×10^8 m/s임을 알았다.

역시 프랑스의 물리학자 푸코(J. B. L. Foucault)는 피조의 측정방법을 개량하여, 톱니바퀴 대신 거울을 회전시켜서 더 정밀하게 빛의 속도를 측정할 수 있었다. 이 방법으로 푸코는 물 속에서의 빛의 속도도 구해낼 수 있었기 때문에, 빛의 본성에 대한 파동성, 입자성의 논란을 종식시켰다.

1900년대에 와서 정밀한 빛의 속도 측정은 미국의 마이켈슨(Michelson)에 의하여 이루어졌다. 마이켈슨은 푸코의 방법으로 지금 우리가 알고 있는 공인된 값, 2.99792458×10^8 m/s과 거의 차이가 나지 않는 2.99774×10^8 m/s라는 정확한 값을 얻을 수 있었다.

현재 표준으로 사용하고 있는 빛의 속도는 국제표준 단위(SI unit)에서 c로 표기하는데, 다음과 같이 정의한다.

$$c = 299{,}792{,}458 \text{ m/s} \tag{1-1}$$

빛의 속도는 절대 상수이므로 이 값을 기준으로 meter(m)를 정의하여 길이의 표준으로 삼는다. Ce_{133}(세슘-133) 원자를 자세히 관찰해 보면 hyper fine structure 라고 불리는 핵의 스핀과 전자스핀의 상호작용에 의해 매우 빠른 속도로 진동하는데, 정확히 9,192,631,770 번 진동하는 주기를 1초로 정의하여 빛이 1/299,792,458 초 동안 진행한 거리를 1 m로 규정해서 지금 사용하고 있는 길이의 표준으로 하였다.

물질에서의 빛의 속도

빛이 자유공간(진공이나 공기)을 통과할 때는 $c \simeq 3.0 \times 10^8$ m/s의 속력으로 진행하지만 임의의 매질 속을 통과할 때는 c보다 작은 속력으로 진행하게 된다. 예를 들어, 가시광선의 빛이 유리를 통과할 때 $v \simeq 2.0 \times 10^8$ m/s의 속력으로 유리 속을 진행한다. 물론 가시광선의 파장과 유리의 종류에 따라 유리를 통과하는 빛의 속도는 달라진다.

빛이 자유공간을 진행할 때의 속도(c)와 임의의 매질에서의 속도(v) 비(ratio)를 굴절률(index of refraction) n으로 정의한다.

$$n = \frac{c}{v} \tag{1-2}$$

여기서 v는 임의의 매질에서 빛의 속도를 나타낸다.

빛은 한 물질에서 다른 물질로 진행함에 따라 꺾이게(굴절) 되는데, 이는 두 매질에서의 빛의 속도가 다르기 때문에 일어나는 현상으로 속도 비(굴절률)가 클수록 꺾이는 정도가 크다. 즉, 굴절률에 의하여 굴절되는(꺾이는) 정도가 결정된다. 또, 주어진 매질 내에서의 빛의 진행 속력은 그 매질의 굴절률에 의하여 결정되는데,

$$v = \frac{c}{n}$$

이 성립한다. 진공(자유공간)에서의 굴절률은 1이고 그 밖의 모든 매질에 대한 굴절률은 1보다 큰 값을 갖는다. 공기 중에서의 굴절률은 1.0003으로 1보다 약간 큰 값을 가지나 대부분의 경우 대략 1로 계산한다.

빛이 한 매질에서 다른 매질로 진행할 경우, 진동수와 파장은 다음과 같이 표현할 수 있다.

$$v = f\lambda \tag{1-3}$$

진공 중에서 파장이 λ_0인 경우에, 굴절률이 n인 매질에서 빛의 파장은

$$f = \frac{c}{\lambda_0} = \frac{v}{\lambda}$$

이며 λ에 대하여 정리하면

$$\lambda = \frac{v}{c}\lambda_0 = \frac{\lambda_0}{n} \tag{1-4}$$

이다.

예제 1.1

공기와 유리에서의 파장 변화

일반적으로 유리의 굴절률은 1.50으로 계산한다. 공기 중에서 파장이 300 nm인 빛이 유리를 통과할 경우에 유리 속에서 빛의 파장은 얼마인가?

풀이

진동수, 파장, 그리고 속도와의 관계는 $v=\lambda f$ 이며 진동수 $f=v/\lambda$이다.

$$f=\frac{c}{\lambda_0}=\frac{v_g}{\lambda_g}$$

이다. $v_g=c/n=3.0\times10^8/1.5=2.0\times10^8$ m/s이다.

$$\begin{aligned}\lambda_g &=\frac{\lambda_0 v_g}{c}=\frac{300.0\times10^{-9}\times2.0\times10^8}{3.0\times10^8}\\ &=200.0\times10^{-9}\text{ m}\\ &=200\text{ nm}\end{aligned}$$

예제 1.2

가시광선의 frequency range

일반적으로 파장이 400~700 nm인 빛을 가시광선이라고 한다. 가시광선의 진동수 범위를 구하시오.

풀이

진동수, 파장, 그리고 속도와의 관계는 $v=\lambda f$ 이며 진동수 $f=v/\lambda$이다.

$$f=\frac{c}{\lambda_0}$$

$$\begin{aligned}f_{\text{min}} &=\frac{c}{\lambda_{\text{max}}}=\frac{3.0\times10^8}{700.0\times10^{-9}}\\ &=4.3\times10^{14}\text{ s}^{-1}\\ &=4.3\times10^{14}\text{ Hz}\end{aligned}$$

예제 1.3

Germanium에서의 빛의 속도

보통 반도체들은 적외선 영역의 긴 파장의 빛에 대하여 투명하다. 파장이 2 μm인 빛에 대하여 germanium의 굴절률은 4.0 이다. Germanium 속에서 빛의 속도를 구하시오.

풀이

굴절률 n은 $n=c/v$로 정의된다. 따라서 임의의 매질에서의 빛의 속도는

$$v=\frac{c}{n}$$

이다. 그러므로 germanium 속에서의 빛의 속도, v_g는 다음과 같이 계산할 수 있다.

$$v_g=\frac{c}{n}=\frac{3.0\times10^8}{4.0}$$
$$=7.5\times10^7\ \mathrm{m/s}$$

$n\geq1$이므로 임의의 매질에서 빛의 파장은 진공에서의 빛의 파장보다 더 짧다. 파장은 한 주기 동안 빛이 진행한 거리로 정의한다. 매질 내에서는 진공 중에서 보다 파장이 더 짧아지므로 매질 내에서 빛의 속도는 더 느리게 된다.

굴절률은 물질의 종류에 따라 다르다. 같은 물질의 경우 입사각이 달라지면 굴절각은 달라지지만 굴절률은 일정하다. 아래 표 1-1은 여러 가지 물질에 대한 굴절률을 나타낸 것이다.

표 1-1

파장이 598 nm인 광원(나트륨 등의 노란색 빛)에 대한 굴절률.

매질	굴절률	매질	굴절률
진공	1.00	공기(0 ℃ 1기압)	1.00029
물	1.33	아세톤	1.36
에틸알코올	1.36	설탕물(30 %)	1.38
비결정 수정	1.46	설탕물(80 %)	1.49
보통유리	1.52	소금결정	1.54
폴리에틸렌	1.55	특수유리	1.65
사파이어	1.77	고밀도유리	1.89
다이아몬드	2.42	벤젠	1.50

1.2 반사와 굴절

1.2.1 빛의 반사

빛이 없다면 우리는 세상을 볼 수 없다. 그러나 단지 몇 몇 물체만이 태양처럼 빛을 방출한다. 우리는 대부분의 물체들에서 반사되어 나오는 빛을 통해 물체를 인식한다. 우리가 낮에 나무를 본다면, 우리가 실제로 보는 것은 태양으로부터 나온 빛이 나무에서 반사된 빛을 보게 되는 것이다. 얼마나 많은 빛이 반사되느냐 하는 것은 물체의 표면에 달려 있다.

예를 들어, 매끄럽고 흰색의 표면은 거칠고 어두운 표면보다 많은 빛을 반사한다. 거울은 표면이 매우 매끄럽기 때문에 거울에 도달한 빛은 들어올 때와 똑같은 양상으로 되돌아가고, 그래서 어떤 물체의 완전한 그림이나 상을 반사할 수 있다.

빛은 전파되다가 다른 매질을 만나면 그 경계면에서 일부가 되돌아오게 되는데 이러한 현상을 **빛의 반사**라고 한다. 빛이 반사될 때 그림 1-2와 같이 입사각과 반사각은 항상 같다(뒤에 Snell의 법칙으로 증명함).

$$\theta = \theta' \tag{1-5}$$

여기서 입사각 θ는 입사파의 진행 방향이 경계면에 수직인 법선과 이루는 각이며 반사각 θ'은 반사파의 진행방향과 법선이 이루는 각을 말한다. 이때 입사파와 법선, 그리고 반사파는 항상 같은 평면상에 있는데 이 면을 입사면이라고 한다.

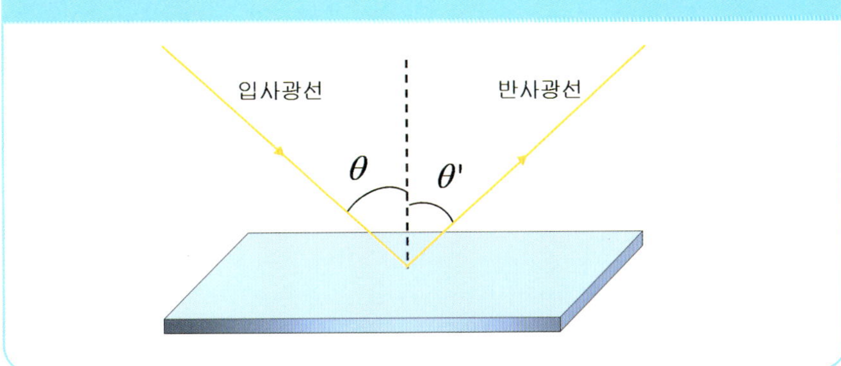

그림 1-2
입사각과 반사각

이 반사의 법칙은 반사면이 평면이 아니라 곡면일 경우도 마찬가지로 성립한다. 즉, 입사파가 반사면을 만나면 그 만나는 면의 법선에 대하여 입사각과 같은 크기의 반사각으로 반사된다. 역시 입사파와 법선, 반사파는 같은 평면상에 있다.

1.2.2 빛의 굴절

빛의 굴절은 빛이 어느 한 물질에서 다른 물질로 들어갈 때 그 경계면에서 진행 방향이 꺾이는 현상을 말한다. 빛의 굴절은 각 물질 속에서 빛의 속력이 다르기 때문에 발생한다. 빛은 두 물질의 경계면에서 일부는 반사하지만 일부는 굴절한다.

물속에 담긴 젓가락이 꺾여 보이거나 물속에 있는 물체가 떠 보이는 것, 어항 속의 물고기의 모습이 다르게 보이는 것은 모두 빛의 굴절 때문이다. 경계면에 수직인 선과 굴절 광선이 이루는 각을 굴절각이라 한다. 매질에서의 굴절각은 입사각과 매질의 굴절률에 의하여 결정된다.

굴절률은 빛이 등방성을 가진 두 매질의 경계면에서 굴절할 때 입사각 θ와 굴절각 θ 사이에 성립되는 스넬의 법칙(굴절의 법칙)에서 상수 n의 값을 의미한다.

빛이 한 물질에서 다른 물질로 진행할 때 굴절률에 의하여 굴절되는(꺾이는) 정도가 결정된다.

그림 1-3

입사각과 굴절각

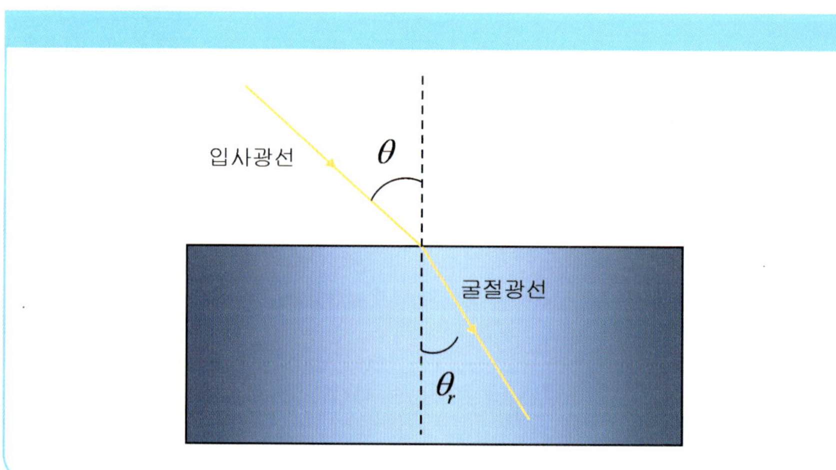

1.2.3 스넬(Snell)의 법칙

호이겐스(Huygens, 1629~1695)의 원리

호이겐스는 네덜란드의 헤이그에서 태어나 레이덴 대학을 졸업한 후 영국, 프랑스, 독일 등에서 유학하였다. 1655년 형인 콘스탄틴과 굴절 망원경을 제작하여 토성이 고리를 가진 것을 발견하였으며 토성의 위성을 관측하였다. 그리고 1656년 진자시계를 발명하였다. 1666년 프랑스 과학아카데미가 창립된 후 외국인으로서 최초로 회원이 되어 1681년까지 프랑스에서 중심적 인물로 활동했다.

호이겐스는 복굴절 및 빛의 전파속도에 대해 알려진 사실을 기초로 빛의 파동설을 수립하였으며 매질(에테르)을 통해 전파되는 파동으로서의 빛의 개념을 정립하여 파면의 전파를 구면파의 중첩으로 보는 **호이겐스의 원리**를 확립하였다. 그의 저서 『빛에 관한 논술』은 1678년 완성되어 1690년에 출판되었다.

호이겐스 원리란 파가 진행하는 모양을 그림으로 구하는 방법을 나타내는 원리를 말한다. 어느 순간의 파면이 주어지면 다음 순간의 파면은 주어진 파면상의 각 점이 각각의 독립된 파원이 되어 발생하는 2차적인 구면파에 공통으로 접하는 면, 즉 포락면이 된다는 것이다.

1678년 호이겐스가 발표한 『빛의 파동설』에서 호이겐스 원리는 광파의 진행 상태를 나타내는 데 사용되었으며, 뉴턴의 빛의 입자설에 기초가 된 빛의 직진성이나 굴절 · 반사 등과 같은 여러 가지 현상도 호이겐스 원리를 바탕으로 해서 파동설의 입장에서도 설명할 수 있다. 호이겐스의 시대에는 광파의 주기성이라고 하는 개념이 명확하게 파악되어 있지 않았으며 파장이라는 개념 또한 정립되어 있지 않아서 회절현상 등을 설명할 수가 없었으나 프레넬과 키르히호프 등의 공동연구를 통하여 이러한 부분을 보완하여 파동광학의 기초를 확립하였다.

그림 1-4

호이겐스의 원리: 구면파의 전파

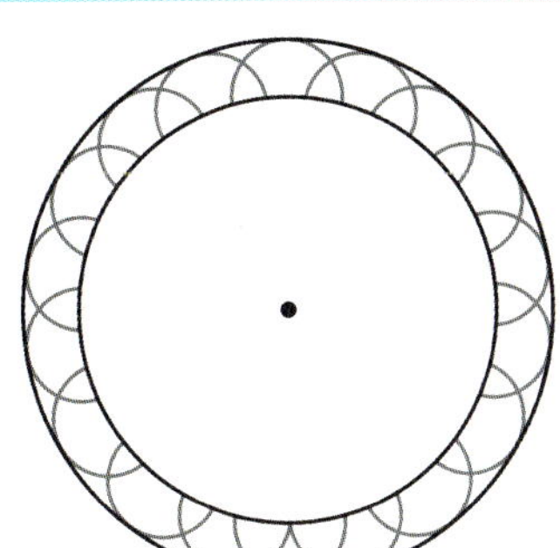

스넬의 법칙

스넬은 네덜란드의 물리학자이자 수학자로 레이덴에서 태어났다. 1613년 이후 레이덴 대학에서 역학을 강의하였다. 1615년 **스넬의 법칙**을 확립했는데, 이것은 빛의 굴절 현상을 실험적으로 연구한 것으로서 광학 발전의 기초가 되었다.

스넬의 법칙은 빛에 대해서 뿐만 아니라 일반적인 파동에 대해서도 성립하는 법칙이다. 파동이 등방적인 매질에서 다른 등방성 매질로 입사해 굴절할 경우, 입사면(입사파의 방향과 경계면의 법선을 포함하는 면)과 굴절면(굴절파의 방향과 경계면의 법선을 포함하는 면)은 같은 평면 내에 있고 입사각을 θ_1, 굴절각을 θ_2라고 하면

$$n_1 \sin\theta_1 = n_2 \sin\theta_2 \tag{1-6}$$

이라는 관계가 성립한다. 이 경우에 n_1은 입사물질의 굴절률, n_2는 투과물질의 굴절률이다.

스넬의 법칙은 호이겐스 원리를 이용하여 유도할 수 있다. 그림 1-5와 같이 광선이 소한 매질(굴절률이 작은 매질)에서 밀한 매질(굴절률이 큰 매질)로 입사하는 경우를 보자. 그림 1-5의 (a)는 매질의 경계면에서 파면이 꺾이는 것을 보여주고 있다. 이러한 현상은 매질의 굴절률 차이로 인해 광파의 진행 속도가 변하기 때문에 일어난다. 굴절률이 큰 매질 내에서는 파의 진행 속도가 느려지기 때문에 경계면에 먼저 닿는 부분은 속도가 느리고 아직 미처 닿지 않는 부분은 원래의 속력을 유지하기 때문에 자연스럽게 꺾이게 된다. 그림 1-5의 (b) 역시 같은 원리를 보여주고 있는데, 굴절률이 큰 매질에서는 파의 진행 속도가 느리기 때문에 새로운 광원으로부터 생성되는 파면은 반경이 작은 원을 형성한다.

그림 1-5의 (c)로부터 스넬의 법칙을 유도할 수 있다. 경계면에서의 두 삼각형으로부터

$$\sin\theta_1 = \frac{\lambda_1}{h}, \; \sin\theta_2 = \frac{\lambda_2}{h}$$

을 얻을 수 있다. 위 식의 비(ratio)로부터

$$\frac{\sin\theta_1}{\sin\theta_2} = \frac{\lambda_1}{\lambda_2} = \frac{v_1/f}{v_2/f} = \frac{v_1}{v_2} = \frac{c/n_1}{c/n_2} = \frac{n_2}{n_1}$$

$$n_1 \sin\theta_1 = n_2 \sin\theta_2$$

를 얻을 수 있다. 여기서 c는 진공에서의 빛의 속력이고, v_1과 v_2는 각각 입사매질과 굴절 매질에서의 빛의 속력이다. 또 f는 파의 진동수이고, n_1과 n_2는 각각 입사 매질과 굴절 매질의 굴절률이다.

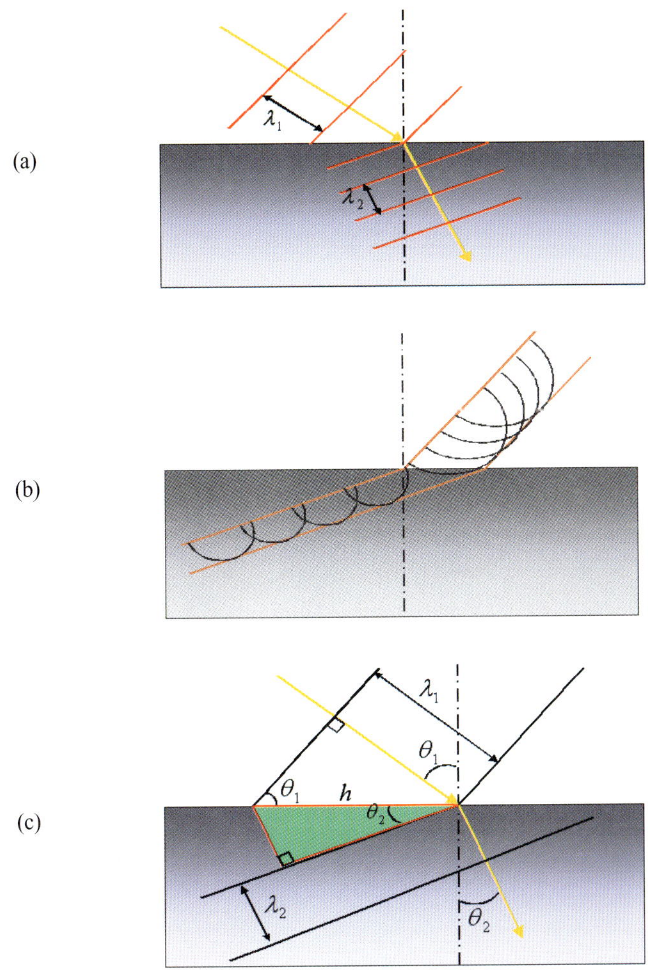

그림 1-5 호이겐스 원리에 의한 빛의 굴절

페르마의 원리를 이용한 스넬의 법칙

광선이 매질의 경계면에서 꺾어지는 현상을 페르마(Fermat, Pierre de, 1601~1665)가 명확하게 설명하였다. 프랑스의 법률가로서 지방의원을 지내기도 했던 페르마는 수학의 여러 분야에 걸쳐서 많은 중요한 업적들을 남겼으나 대학교수가 아니라 아마추어 수학자로서 단지 수학을 즐겼기 때문에 자신의 연구업적을 잘 정리하고 논문으로 발표하기 보다는 그냥 던져 놓은 것들이 많았다. 그래서 학자로서의 명성을 얻지는 못했다. 그러나 그가 던져 놓은 과제들을 후대의 수학자들이 해결하려 몰두한 결과, 수학사상의 많은 중요한 발전들이 이루어지기도 하였다.

그는 광학에서도 중요한 업적을 남겼는데, **빛이 반사, 굴절 등을 동반하여 매질을 진행할 경우, 빛은 최단 시간이 되는 경로로 진행한다**는 이른바 **페르마의 원리**(Fermat's principle) 혹은 **최소 작용의 원리**가 그것이다.

페르마는 빛이 임의의 두 지점 사이를 진행할 때 그 주변의 무수히 많은 여러 경로 중 최소의 시간이 걸리는 경로를 선택하여 진행한다는 것을 제안하였다. 이것으로부터 직진성, 반사의 법칙, 굴절의 법칙 등을 모두 검증할 수 있으며 스넬의 법칙을 적용하기 곤란한 연속적으로 굴절률이 변하는 상황에도 적용할 수 있다.

그림 1-6은 점 S에서부터 점 P까지 광선이 진행하는 광경로 중에서 최소의 시간이 소요되는 경로를 선택하는 과정을 표시한 것이다. 매질의 경계에서 광선이 만나는 지점 O로 연결되는 광선의 경로는 분명히 직선이 될 것이다.

그림 1-6

페르마의 원리

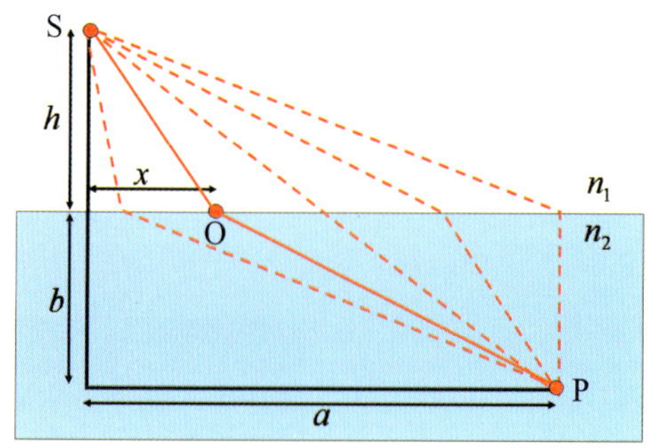

점 O의 위치를 변화시키면서 점 S와 점 P를 연결하는 두 직선 경로에서 광선의 진행 시간의 합이 최소인 경로를 알아내면 된다. 빛이 진행한 **광경로**(OPL: optical path lenth)는 OPL$=nL$로 정의한다. 따라서 점 S에서부터 점 P까지 광선이 진행하는 광경로는 OPL$=n_1(\overline{\mathrm{SO}})+n_2(\overline{\mathrm{OP}})$이며 페르마의 최소 작용의 원리에 따라 $\delta(\mathrm{OPL})=0$을 만족하는 광경로를 선택하게 된다.

$$\delta(\mathrm{OPL})=\frac{d}{dx}\left(n_1(\overline{\mathrm{SO}})+n_2(\overline{\mathrm{OP}})\right)$$

$$=\frac{d}{dx}\left\{n_1\sqrt{h^2+x^2}+n_2\sqrt{b^2+(a-x)^2}\right\}=0$$

위 식을 x에 대하여 미분하여 정리하면

$$\delta(\mathrm{OPL})=\frac{1}{2}n_1\frac{2x}{\sqrt{h^2+x^2}}-\frac{1}{2}n_2\frac{2(a-x)}{\sqrt{b^2+(a-x)^2}}=0$$

이며 $\sin\theta_1 = x/\sqrt{h^2+x^2}$, $\sin\theta_2 = (a-x)/\sqrt{b^2+(a-x)^2}$ 이므로

$$n_1\sin\theta_1 = n_2\sin\theta_2 \tag{1-6}$$

를 만족한다.

예제 1.4

스넬의 법칙

광선이 공기에서 30° 의 입사각으로 창유리 블록으로 입사하였다. 광선의 굴절각을 구하시오. 창유리의 굴절률은 1.50으로 계산한다.

풀이

스넬의 법칙은 $n_1\sin\theta_1 = n_2\sin\theta_2$이다.

$$\sin\theta_2 = \frac{n_1}{n_2}\sin\theta_1$$

$n_1 = 1.0$, $n_2 = 1.5$, $\sin\theta_1 = \sin 30°$ 이므로

$$\begin{aligned}\sin\theta_2 &= \frac{1}{1.5}\sin 30° = \frac{1}{1.5}\times 0.5 \\ &= 0.33 \\ \theta_2 &= \sin^{-1}(0.33) \\ &= 19.0°\end{aligned}$$

1.2.4 반사와 굴절을 보여주는 자연현상

신기루 현상

사막과 관련하여 머리에 떠오르는 것은 낙타, 오아시스, 그리고 신기루이다. 구름 한 점 없는 푸른 하늘 아래 끝없는 하얀 모래밭, 그 모래언덕을 지나는 낙타행상 행렬과 이들에게 안식처를 제공하는 푸른 오아시스는 사막을 여행하는 사람들에게는 천국이라고 할 수 있다. 그런데 오아시스로 착각하게 하는 신기루는 무슨 이유에서 생기는 것일까?

그림 1-7에서와 같이 물체에서 반사된 빛은 사방으로 퍼져나가는데, 비스듬히 위로 진행하는 빛은 빛이 진행함에 따라 위쪽으로 굴절한다. 광선이 위

그림 1-7

사막에서의 신기루 현상

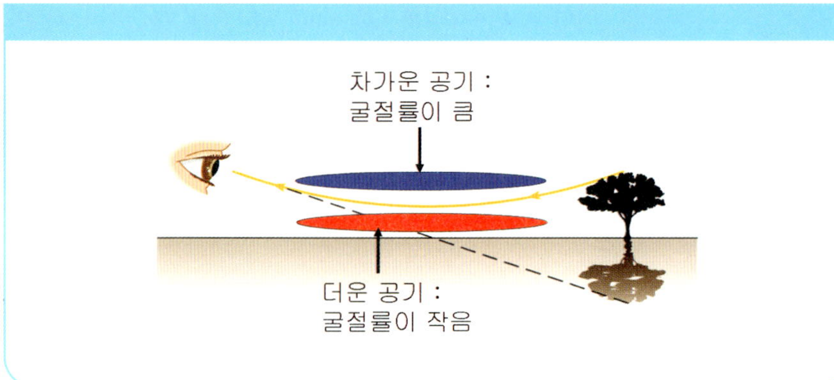

쪽으로 굴절하는 것은 지면의 높이에 따라 온도가 다르기 때문이다. 바닥의 모래는 공기보다 빨리 뜨거워지고 빨리 식기 때문에, 낮에는 공기보다 온도가 높다. 따라서 모래 근처의 공기 온도는 높고 위로 갈수록 온도가 낮아진다. 그런데 온도가 높아지면 공기의 밀도가 낮아져서 빛의 속력이 더 빨라진다. 즉, 위쪽보다 아래쪽의 속력이 더 크므로 아래로 굴절한다.

아스팔트가 깔린 길에서도 이런 현상을 볼 수 있다. 태양열을 흡수하여 뜨거워진 아스팔트는 그 위에 있는 공기를 뜨겁게 하여 지면 쪽으로 갈수록 온도가 높다. 땅으로 내리쬐는 하늘빛의 일부와 맞은편 건물에서 반사된 빛의 일부가 땅 가까이에서 굽어 올라와서 사람 눈에 들어오게 된다. 그러면 사람은 눈에 들어온 빛의 방향의 연장선이 닿는 아스팔트 위에서 하늘과 건물을 보게 된다. 마치 그곳에 물이 고여 있어 건물이 비춰 보이는 듯하다. 이것은 더운 여름에 자동차 여행을 하다가 가끔 보는 현상으로 사막에서 이런 현상을 보게 되면 물을 보았다고 착각하게 되는 것이다.

이제 원리는 같지만 온도차가 반대인 경우를 생각해 보자. 즉, 해변 가에 햇빛이 비칠 때, 바닷물이 시원함을 느낄 수 있다. 이것은 물의 비열이 모래나 흙의 비열보다 크기 때문에 나타나는 현상으로 물이 흙보다 서서히 데워진다. 따라서 흙은 상대적으로 뜨겁고 물은 시원하다. 반대로 밤이 되면 흙이 빨리 식고 물은 서서히 식기 때문에 밤에는 물의 온도가 높다. 이 때문에 낮에는 해풍이 불고 밤에는 육풍이 분다.

햇볕이 내리쬐는 해변에 서서 바다 멀리서 배가 들어오는 것을 관측한다고 하자. 태양광선이 배에 의해 반사되어 해변에 서 있는 관측자의 눈에 들어오게 된다. 이 경우 앞의 경우처럼 광선이 직진하지 않는다. 바닷물이 차갑기 때문에 바닷물 위의 공기 밀도는 높고 위로 갈수록 온도도 높아진다. 따라서 위쪽으로 갈수록 공기 밀도가 낮아지고 굴절률은 작아진다. 이 때문에 배에서 반사

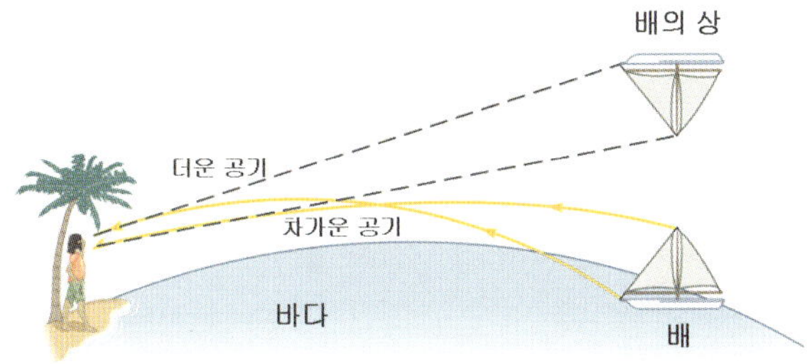

그림 1-8
바닷가에서의 신기루 현상

된 광선은 직선으로 관측자의 눈에 들어오는 경로보다 공기 밀도가 낮은 위쪽으로 진행하다 아래쪽으로 굴절되어 관측자의 눈으로 들어오는 경로를 택하게 된다. 이 경로로 진행하는 것이 빠르기 때문이다. 관측자는 눈으로 들어온 빛의 연장선에 물체가 있는 것처럼 보이기 때문에 물체가 떠 보이게 된다.

빛의 분산

빛은 진동수에 따라 매질에서 속력이 달라져 굴절되는 정도가 달라지는데 이러한 현상을 빛의 분산이라고 한다. 즉, 보라색 쪽이 빨간색 쪽보다 속력이 더 느리므로 더 많이 굴절되어 연속 스펙트럼이 생기게 된다. 빛의 분산과 전반사 현상을 이용하여 무지개가 생기는 원인을 설명할 수 있다.

어떤 매질에서 진동하는 전자의 고유 진동수에 가까운 진동수의 빛일수록 그 매질에서 느리게 진행한다. 이것은 빛에너지가 그 매질의 전자 사이에서 흡수와 방출이라는 과정을 통해 더 많은 상호 작용을 겪어야 하기 때문이다.

대부분의 투명한 매질에서의 고유 진동수는 자외선 영역이기 때문에 가시광선 중에서도 높은 진동수의 빛이 낮은 진동수의 빛보다도 더 느리게 진동한다. 보통 유리에서는 보라색 빛은 빨간색 빛보다 1 % 정도 느리다. 투명한 매질에서 서로 다른 진동수의 빛이 다른 속도로 진행하기 때문에 다른 각도로 휘게 된다.

그림 1-9
프리즘에 의한 빛의 분산

그렇다면 무지개는 언제 볼 수 있을까? 무지개를 보려면 하늘 한쪽에 태양이 빛나고 있어야 하고, 그 반대쪽 하늘에는 비로 인해 생긴 물방울이나 구름 속의 물방울들이 있어야 한다. 그래서 태양을 등지고 서면 무지개를 볼 수 있는 기회를 가질 수 있다. 우리가 흔히 보는 무지개는 반원이다. 하지만 무지개의 원래 모양은 원이다. 우리가 비행기를 타고 어느 고도까지 올라간다면 원 모양의 무지개를 볼 수 있겠지만 평상시에는 땅이 가로막고 있기 때문에 원 모양의 무지개를 볼 수 없는 것이다.

그림 1-10은 물방울 속에서 일어나는 빛의 분산을 보여주는 그림이다. 분산된 빛이 물방울 안의 물방울과 공기와의 경계면에서 전반사가 일어나고, 다시 공기층으로 나올 때 굴절이 일어난다. 수많은 물방울이 이런 동일한 과정을 거치게 되고, 우리 눈으로 들어오는 빛이 무지개로 보이게 되는 것은 원을 그리는 물방울들에 의해서 우리 눈으로 들어오기 때문이다.

즉, 관찰자는 특정한 위치에서 하나의 물방울로부터는 하나의 색깔만을 보게 된다. 만일 어떤 하나의 물방울로부터 나온 보라색 빛이 우리 눈에 들어오면 같은 물방울에서 나온 빨간 빛은 우리 눈 아래쪽을 비추게 된다. 빨간 빛을 보려면 하늘에 더 높이 떠 있는 물방울을 봐야 한다. 물방울로 입사하는 태양 광선과 분산된 빛이 이루는 각도가 42° 인 곳에서 빨간색이 보이고, 태양 광선과 분산된 빛이 이루는 각도가 40° 일 때 보라색이 보인다. 분산된 빨간 빛을 보려고 42° 를 올려다볼 필요는 없고, 42° 를 이루는 원호를 따라 보면 어디서나 빨간 빛을 볼 수가 있다.

그림 1-10에서 태양빛과 사람의 눈이 42° 를 이루는 위치에서 무지개의 빨간색이 보이고, 41° 를 이루는 위치에서 노란색, 40° 를 이루는 위치에서 무지개의 보라색이 보이는 것이다.

지면 아래에는 물방울이 없으니까 붉은 빛은 원의 지면 위 부분에서 오는 것 같이 보이고, 무지개는 항상 원의 일부분 같은 모양이 된다. 그러나 하늘

그림 1-10

무지개와 물방울에 의한 빛의 분산

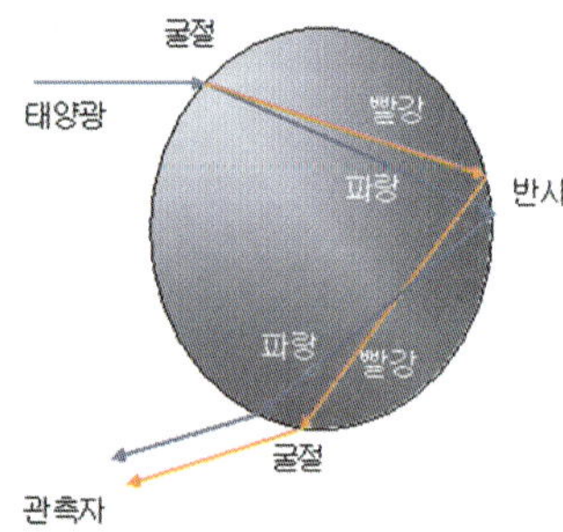

높이 나르는 항공기에서 무지개를 본다면 원의 일부가 아니고 원 전체 모양의 무지개가 될 수 있을 것이다. 그림 1-10에 의하면, 무지개를 보려면 태양을 등지고 서야 한다는 것을 알 수 있다. 따라서 아침 무지개는 서쪽에서 보고 오후 무지개는 동쪽에서 볼 수 있다.

무지개를 볼 경우 가끔 또 하나의 무지개를 볼 수 있다. 위에서 설명한 무지개 위(혹은 바깥)에, 색 순위가 정 반대이고 좀 희미한 무지개가 보이는 경우가 있다. 태양광선이 물방울에 들어가서 한 번 반사하여 나오는 빛이 내 눈에 들어오면 위에 설명한 무지개가 생기고, 두 번 반사하여 나온 빛이 내 눈에 들어오면 이 희미한 무지개가 된다.

빛의 산란

19세기 영국의 존 윌리엄 스트럿, 즉 제3대 레일리(Rayleigh) 경이 빛의 산란 이론을 바탕으로 해서 하늘이 푸른 이유를 이론적으로 설명했다. 하늘이 푸른 이유는 태양빛이 대기 중을 통과할 때 짧은 파장의 빛(푸른 빛)일수록 더 많이 산란되기 때문에 하늘이 푸른 빛을 띠게 된다는 것이다.

예를 들어 푸른 빛(파장의 길이 400 nm)의 산란율은 붉은 빛(파장의 길이 640 nm)에 비해 약 6 배가량 크기 때문에 푸른 빛이 더욱 강해지는 것이다. 대기 중의 미립자에 의한 빛의 산란 현상으로 하늘이 푸른 까닭을 설명하려는 구체적인 실험은 1868년 영국의 존 틴달(Tyndall)에 의해 처음으로 실시되었다. 틴달은 유기물질에 빛을 쏘는 다양한 실험을 통해서 역사상 최초로, 분명한 형태로 하늘이 푸른 현상을 실험실 상에서 재현하는 데 성공했다. 이런 이유 때문에 사람들은 대기 중의 미립자에 의해 빛이 산란되는 현상을 **틴달 효과**라고 부르게 되었다.

레일리의 빛의 산란 이론에 의하면 대기 중에서 빛의 파장의 약 1/10 이하의 미립자를 통과할 때 생기는 산란의 세기가 파장의 4 제곱에 반비례한다. 레일리는 먼지, 수증기 등 부유 물질이 없어도 산소와 질소의 대기 분자들에 의한 산란에 의해서도 하늘이 푸른 현상이 나타날 수 있다는 주장을 내놓았다. 즉, 레일리의 이론에 의하면 아주 깨끗하고 맑은 대기도 빛의 산란에 의해서 푸른 하늘을 나타낼 수 있게 된다.

같은 원리로 해 질 무렵과 해 뜰 무렵의 하늘이 붉은 이유도 설명할 수 있다. 해 질 무렵과 해 뜰 무렵에 태양빛은 더욱 먼 거리를 통과해야 하기 때문에 푸른 빛은 거의 다 산란되고, 지구에 직접 도달하는 빛은 붉은색이나 주황색을 띠게 된다.

구름은 왜 하얀색을 띠고 있는 것일까? 파도의 물보라나 흰 구름은 여러 크기의 물방울(미세한 것도 있다.)로 되어 있다. 크기가 다른 물방울들은 진

그림 1-11 산란에 의한 저녁 노을

동수가 다른 빛을 산란시킨다. 큰 물방울은 낮은 진동수(빨강 쪽)의 빛을, 작은 물방울은 높은 진동수(보라 쪽)의 빛을 산란시킨다. 그 결과 모든 빛을 산란시켜 우리에게는 흰색으로 보이게 된다.

빛의 색을 모두 합치면 흰색이 된다. 검은 색으로 보이는 물체에서는 빛이 전혀 반사되지 않고 모두 흡수된다. 예를 들면, 블랙홀은 빛조차 흡수하여 블랙홀에서 오는 빛이 전혀 없기 때문에 블랙홀인 것이다.

우주를 여행하는 비행사가 보는 하늘은 무슨 색일까? 우주에는 공기가 없기 때문에 빛이 반사되거나 산란될 수가 없다. 다만, 태양이나 별에서 오는 빛이 우리 눈으로 들어와서 그 실체를 확인할 수 있을 뿐이다. 따라서 우주 공간에서 반사되거나 산란되는 빛이 전혀 없기 때문에 검은 색 하늘로 보이게 된다.

물은 투명하기도하고 바닷물처럼 푸르게도 보이는데 물은 어떤 색일까? 본래 물의 빛깔은 호수나 바닷물처럼 아름답고 진한 푸른 빛이 아니다. 그 빛깔은 하늘의 푸른색이 반사된 것이다. 물 자체의 빛깔은 물밑에서 하얀 물체를 볼 때 보이는 푸른 빛이 도는 녹색(청록색), 흔히 우리가 옥빛이라고 말하는 색이다. 구름이 푸른 하늘을 가리고 구름 사이로 한 줄기 빛이 바다를 비출 때, 바로 그 바다의 색이 옥빛이다.

물은 거의 모든 빛을 투과시키지만 적외선은 모두 흡수한다. 이것은 물 분자가 적외선의 진동수에 공명하기 때문이며, 이 때 적외선의 에너지는 물이 갖게 되어 물의 온도가 올라간다. 햇빛이 물을 데우는 것은 이런 이유 때문이다. 물 분자는 또 적외선과 가까운 진동수를 갖는 빨강에도 매우 적은 양이 공명하기 때문에 빨강도 물에 약간 흡수된다. 호수나 바다에서 물의 깊이가 15 m정도 될 때 빨간 빛의 세기는 1/4로 줄어들고, 30 m 깊이의 물을 통과하는 빨간 빛은 매우 적다. 햇빛에서 빨간 빛이 없어지면 어떤 빛깔로 보일까?

햇빛에서 어떤 빛이 없어지면 우리는 그 빛의 보색을 보게 된다. 빨간 색의 보색은 푸른빛이 도는 녹색, 즉 청록색이다. 이런 깊이의 바닷물의 색은 청록색으로 보인다. 그리고 흥미롭게도 깊은 물속에서는 검게 보이는 게를 비롯한 바다 생물들이 물 밖에서는 빨갛게 보인다. 이런 깊이에서는 빨강과 검은 색이 똑같이 보인다.

파도의 물보라는 왜 하얀 색이고 흰 구름은 왜 흰색일까? 파도의 물보라나 흰 구름은 여러 크기의 물방울(미세한 것도 있다.)로 되어 있다. 크기가 다른 물방울들은 진동수가 다른 빛을 산란시킨다. 큰 물방울은 낮은 진동수(빨강 쪽)의 빛을, 작은 물방울은 높은 진동수(보라 쪽)의 빛을 산란시킨다. 그 결과 모든 빛을 산란시켜 우리에게는 흰색으로 보이게 된다. 자연에서 볼 수 있는 빛깔들은 서로 다른 방법으로 우리 눈에 들어온다. 물체의 분자들이 어떤 빛을 산란시키고 반사하느냐에 따라, 그리고 분자들이 어떤 빛깔을 흡수하느냐에 따라 물체의 빛깔이 다르게 보이는 것이다.

1.3 내부 전반사

1.3.1 내부 전반사(Total Internal Reflection)

전반사란 빛이 밀한 매질에서 소한 매질로 진행하다가 매질의 경계면에서 모두 반사되는 현상을 말한다. 빛이 밀한 매질에서 소한 매질로 입사하면 굴절각은 입사각보다 커진다. 이 때 입사각이 커짐에 따라 굴절각도 커지는데 굴절각이 90° 가 될 때의 입사각을 임계각(critical angle) θ_c라고 한다. 스넬의 법칙으로부터 임계각 θ_c를 구할 수 있다.

$$n_1 \sin\theta_c = n_2 \sin 90^\circ \qquad (1\text{-}7)$$

$$\theta_c = \sin^{-1}\left(\frac{n_2}{n_1}\right)$$

여기서 반드시 $n_1 > n_2$가 만족되어야 한다. 입사각 θ_1이 임계각 θ_c보다 큰 경우에는 모든 광선은 굴절되어 빠져나가는 빛이 없이 모두 내부로 반사된다 (그림 1-12 참조). 내부 전반사는 광학계에서 다양하게 이용되고 있다. 그 대표적인 예가 프리즘과 광섬유이다.

그림 1-12

내부 전반사

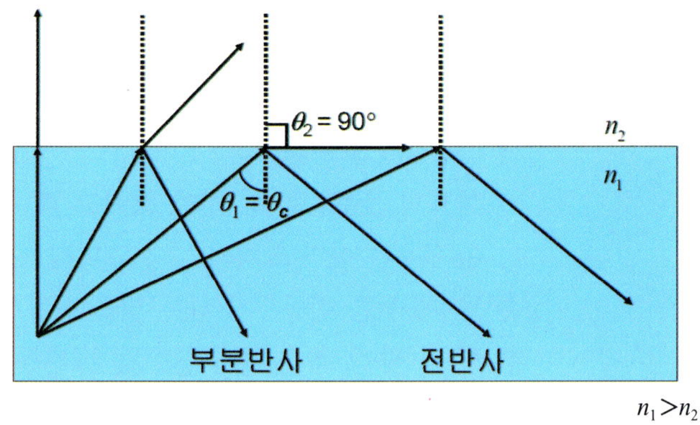

프리즘은 잠망경, 반사식(SLR) 사진기, 쌍안경, 망원경 등과 같은 광학기기에서 광선을 반사시키기 위하여 사용한다. 유리(n=1.5)로 만들어진 직각 이등변의 프리즘을 이용하면 빛의 손실이 거의 없이 빛의 진행 방향을 평행 이동시키거나 90° 로 바꿀 수 있다. 유리의 굴절률을 1.5, 직각 이등변 프리즘의 빗면을 입사 경계면으로 가정하면 임계각 θ_c가 41.8° 임을 알 수 있다. 따라서 41.8° 보다 더 큰 각으로 입사하게 되면 입사한 빛은 모두 반사된다(그림 1-13 참조).

그림 1-13

프리즘을 이용한 전반사

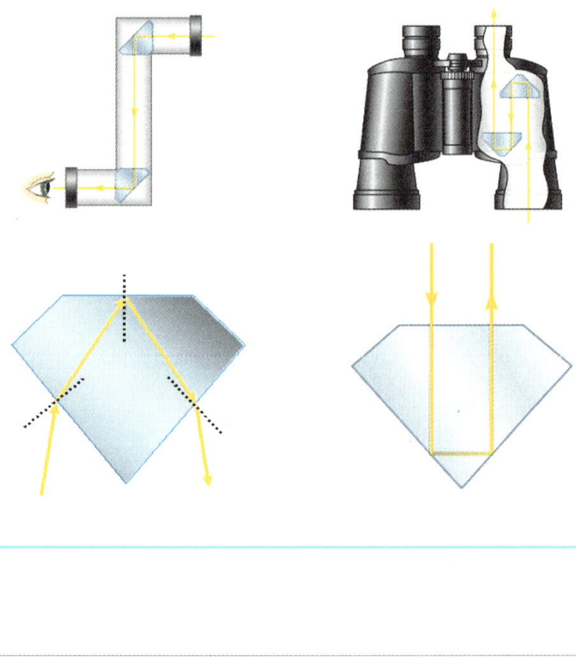

예제 1.5

내부 전반사(1)

광선이 유리에서 공기 중으로 진행할 때 전반사를 위한 임계각을 구하시오. 여기서 유리의 굴절률은 1.50으로 계산한다.

풀이

전반사를 위한 임계각은 다음과 같이 주어진다.

$$n_1 \sin\theta_c = n_2 \sin 90^\circ$$

$$\theta_c = \sin^{-1}\left(\frac{n_2}{n_1}\right)$$

$n_1 = 1.5$, $n_2 = 1.0$이므로

$$\theta_c = \sin^{-1}\left(\frac{1}{1.5}\right)$$

$$= 41.8^\circ$$

예제 1.6

내부 전반사(2)

물이 가득 채워진 수영장 바닥에 있는 광원으로부터 발광된 광선이 수면에 수직한 법선에 대하여 어떤 각으로 입사하였더니 수면에서 90° 로 굴절하였다. 광선의 입사각을 구하시오. 여기서 물의 굴절률은 1.33으로 계산한다.

풀이

전반사를 위한 임계각은 다음과 같이 주어진다.

$$n_1 \sin\theta_c = n_2 \sin 90^\circ$$

$$\theta_c - \sin^{-1}\left(\frac{n_2}{n_1}\right)$$

$n_1 = 1.33$, $n_2 = 1.0$이므로

$$\theta_c = \sin^{-1}\left(\frac{1}{1.33}\right)$$

$$= 48.75^\circ$$

예제 1.7

내부 전반사(3)

가시광선에 대한 다이아몬드의 굴절률은 약 4.0 이다. 빛이 다이아몬드에서 공기로 진행할 때, 내부 전반사를 위한 임계각을 계산하시오.

풀이

전반사를 위한 임계각은 다음과 같이 주어진다.

$$n_1 \sin\theta_c = n_2 \sin 90^\circ$$

$$\theta_c = \sin^{-1}\left(\frac{n_2}{n_1}\right)$$

$n_1=4.0$, $n_2=1.0$이므로

$$\theta_c = \sin^{-1}\left(\frac{1}{4.0}\right)$$
$$=24.4^\circ$$

1.3.2 광섬유(Optical Fiber) 광학

광섬유는 전반사 현상을 이용하여 손실 없이 신호를 전송할 수 있도록 만든 가는 유리관으로 굴절률이 큰 유리를 굴절률이 낮은 유리로 감싸고 있다. 중심축에 전반사 조건을 만족할 수 있도록 광 신호(빛)를 입사시키면 입사된 빛은 내부에서 전반사 되어 광섬유 속을 통해 계속 전달될 수 있다.

코어(core)라고 부르는 중앙의 원통형 물질, 이를 둘러싸고 있는 클래딩(cladding), 그리고 이들을 뒤덮고 있는 자켓으로 구성되어 있다. 코어는 빛을 전달하는 물질로 클래딩보다 굴절률이 높다. 클래딩은 코어를 감싸고 있는, 굴절률이 작은 물질로 코어와 클래딩 경계면에서 빛을 전반사하도록 하여 빛이 밖으로 빠져나가지 않고 광섬유 내부에 남아 있도록 하는 역할을 한다. 자켓은 광섬유를 충격, 수분, 부식 등과 같은 외적인 손상 요인으로부터 광섬유를 보호한다.

광섬유를 이용하여 정보를 전달하면, 빛의 손실 없이 멀리까지 전달할 수 있다. 광섬유를 전화선으로 사용하면 수 천 회선의 동시 전화신호를 전송할 수 있다. 또 구리선에 비해 부피도 작고 값도 훨씬 쌀 뿐만 아니라, 카메라가 들어가기 어려운 곳을 관찰할 수 있다. 또 주위의 자기장이나 전기장의 영향을 받지 않으며 노이즈가 적다.

예제 1.8

광섬유의 굴절률 변화율

코어 굴절률이 1.52, 클래딩의 굴절률이 1.50인 step-index (SI) 광섬유를 광선이 진행하기 위한 최대각과 광섬유의 굴절률 변화율을 구하시오.

풀이

광섬유의 코어 내에서 전반사를 위한 임계각은 다음과 같이 주어진다.

$$\theta_c = \sin^{-1}\left(\frac{n_{clad}}{n_{core}}\right)$$

$n_{core}=1.52$, $n_{clad}=1.50$이므로

$$\theta_c = \sin^{-1}\left(\frac{1.50}{1.52}\right) = 80.7^\circ$$

광섬유의 굴절률 변화율은 다음과 같이 정의된다.

$$\Delta = \sin^{-1}\left(\frac{n_{core}-n_{clad}}{n_{core}}\right) = \frac{1.52-1.50}{1.52} = 0.0132$$

예제 1.9

광섬유의 전반사를 위한 임계각

공기-유리의 경계면에 대한 전반사 임계각은 ~42° 이다. 유리의 표면에 굴절률이 1.41인 index-matching oil을 얇게 coating 했을 때, oil과 공기의 경계면에 대한 전반사 임계각을 구하시오.

풀이

밀한 매질과 소한 매질의 경계면에서 전반사를 위한 임계각은 다음과 같이 주어진다.

$$\theta_c = \sin^{-1}\left(\frac{n_2}{n_1}\right)$$

$n_1=1.41$, $n_2=1.0$이므로

$$\theta_c = \sin^{-1}\left(\frac{1}{1.41}\right) = 45.0^\circ$$

광섬유의 코어와 클래딩 사이의 굴절률 차이를 **굴절률 변화율** Δ로 정의한다.

$$\Delta = \frac{n_{core} - n_{clad}}{n_{core}} \tag{1-8}$$

굴절률 변화율은 일반적으로 ~0.01 정도의 값을 가진다. 코어와 클래딩 사이의 굴절률 차이가 클수록 전반사 조건을 만족하면서 광섬유에 신호를 launching 할 수 있는 기하학적 입사각은 커지지만 신호의 launching 효율이 떨어지기 때문에 굴절률 변화율의 값이 ~0.01 정도의 값을 갖도록 광섬유를 제조한다.

그림 1-14 광신호가 launching된 광섬유

광섬유의 코어는 직경이 단일모드일 경우 ~5 μm, 다중모드의 경우는 수백 μm~1 mm 정도로 작기 때문에 광신호를 광섬유에 launching 하는 것은 결코 쉬운 일이 아니다. 그림 1-15는 임계각으로 입사된 광신호가 광섬유의 코어를 통해 전파되어 가는 것을 도해한 것이다. 그림에서 입사각 θ_1보다 작은 각으로 광섬유에 입사한 광선은 광섬유의 코어 내를 전파해 나갈 것이나 입사각이 θ_1보다 약간이라도 큰 각으로 코어에 입사하게 되면 광선은 클래딩 밖으로 빠져나가 신호를 전파할 수 없게 된다.

그림 1-15 전반사 조건을 만족하면서 신호의 손실 없이 전파할 수 있도록 신호를 launching하는 최대 입사각

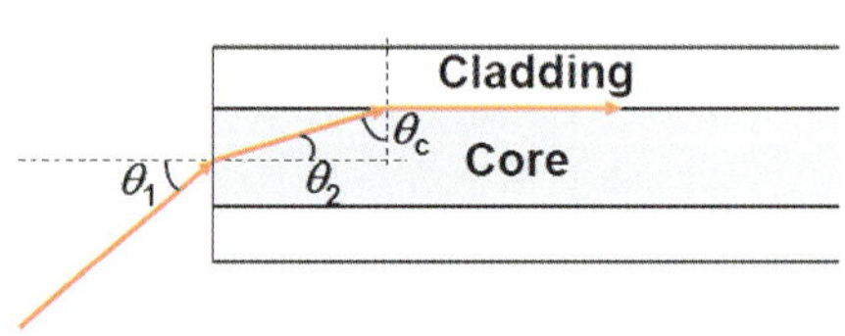

광 신호가 전반사 조건을 만족하면서 광섬유의 코어 내를 신호의 손실이 없이 전파할 수 있도록 광섬유의 코어에 신호를 launching하는 최대 입사각을 광섬유의 **수치구경**(NA: numerical aperture)이라고 정의한다. 수치구경을 구하기 위하여 먼저 코어-클래딩 경계면에 스넬의 법칙을 적용하면

$$n_{core}\sin\theta_c = n_{clad}\sin 90^\circ$$

$$\sin\theta_c = \frac{n_{clad}}{n_{core}} = \sin(90-\theta_2)$$

$$= \cos\theta_2 = \sqrt{1-\sin^2\theta_2}$$

이며, 같은 방법으로 광신호가 광섬유의 코어에 입사하는 공기-코어의 경계면에 스넬의 법칙을 적용하면 다음과 같이 표시할 수 있다.

$$n_{air}\sin\theta_1 = n_{core}\sin\theta_2$$

$$\sin\theta_2 = \frac{n_{air}}{n_{core}}\sin\theta_1$$

$$= \frac{n_{air}}{n_{core}}\sin\theta_{max}$$

$$\left(\frac{n_{clad}}{n_{core}}\right)^2 = 1-\sin^2\theta_2 = 1-\left(\frac{n_{air}}{n_{core}}\right)^2\sin^2\theta_{max} \qquad (1\text{-}8)$$

$$\therefore \text{NA} = \sin\theta_{max} = \sqrt{n_{core}^2 - n_{clad}^2}$$

예제 1.10

광섬유의 수치구경

코어 굴절률이 1.52, 클래딩의 굴절률이 1.50인 step-index (SI) 광섬유의 수치구경을 구하시오.

풀이

광섬유의 수치구경은 다음과 같이 주어진다.

$$\text{NA} = \sin\theta_{max} = \sqrt{n_{core}^2 - n_{clad}^2}$$

$n_{core}=1.52$, $n_{clad}=1.50$이므로

$$\text{NA} = \sin\theta_{max} = \sqrt{1.52^2 - 1.50^2}$$

$$= 0.2458$$

1.3.3 브루스터 각(Brewster Angle)

편광 현상은 폴라로이드나 전기석판과 같은 편광판의 편광축에 평행한 빛 즉, 편광축 방향으로 진동하는 빛만을 통과시키는 현상으로 빛이 횡파라는 증거가 된다. 빛이 진행하는 방향과 진동방향이 나란한 종파라면 편광 현상은 일어날 수가 없다.

여름의 해변이나 설원에서 뜨거운 햇빛으로부터 피부를 보호하기 위해 빛을 차단하거나 눈부심을 방지하기 위해 쓰는 편광 선글라스는 그 편광축이 지면과 수직이다. 여름에 바닷가에서 살갗을 더 많이 태우거나, 겨울임에도 불구하고 스키장에서 살갗이 타는 이유는 바닷물이나 설원에서 반사한 빛이 함께 살갗을 태우기 때문이다. 이 때 눈이나 바닷물에서 반사한 빛은 지면에 나란한 방향의 빛만이 반사되어 편광 현상이 일어나는 일정한 입사각이 있다.

이와 같은 특별한 입사각을 편광각이라고 하며 이 각으로 입사하면 반사면에 나란한 빛만 반사된다.

그림 1-16에서 입사각 θ_B는 편광각으로, 이 각으로 입사한 빛 중에서 반사면에 수직으로 입사한 빛은 전혀 반사되지 않고 모두 굴절한다. 그러므로 굴절광은 이러한 반사면에 수직한 성분과 나란한 성분의 혼합으로 되어 있으며, 반사광은 모두 반사면에 나란한 방향으로 편광된다. 따라서 편광 선글라스의 편광축은 반사면에 수직한 방향이 되어야 반사되는 빛을 차단할 수가 있다.

1812년 David Brewster는 입사각이 편광각 θ_B와 같을 때는 그림 1-16과 같이 반사광선과 굴절광선이 서로 수직임을 알았다. 이 경우 굴절각 θ_r은 편광각 θ_B의 보각이 된다. 즉, $\theta_B+\theta_r=90^\circ$, $\sin\theta_r=\cos\theta_B$가 된다. 굴절의 법칙으로부터

$$\begin{aligned} n_1\sin\theta_B &= n_2\sin\theta_r \\ &= n_2\cos\theta_B \end{aligned}$$

$$\tan\theta_B=\frac{n_2}{n_1} \tag{1-9}$$

의 관계를 알아냈으며 이를 **Brewster 법칙**이라고 하였다.

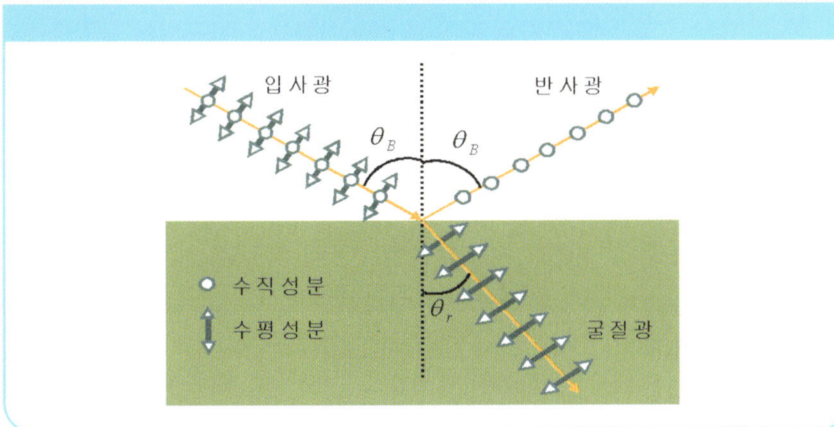

그림 1-16
매질 표면에서 편광

연습문제

1. 지르콘 (인조 다이아몬드로 사용되는 물질로 굴절률은 $n=1.5$이다.) 내에서의 광속을 계산하여라.

2. 굴절률이 1.0인 공기 중을 통과하던 빛이 45° 의 각도를 가지고 매질로 입사하여 30° 의 각도로 굴절되었다. 이 매질의 굴절률은 얼마인가?

3. 굴절률의 단위는 무엇인가?

4. 벤젠의 굴절률은 1.80이다. 벤젠-공기 경계면에서의 내부 전반사 임계각을 구하시오.

5. 광선이 입사각 30° , 굴절률이 $n=1.33$인 물에서 공기로 입사하는 경우 굴절각을 계산하시오.
(1) 19° (2) 22° (3) 36° (4) 42° (5) 48°

6. 두 표면이 평행한 유리판을 비스듬히 통과하는 빛은 유리판을 통과한 다음 어떻게 되겠는가?
(1) 내부에서 전반사된다.
(2) 입사 빛보다 더 큰 각으로 굴절한다.
(3) 입사 빛보다 더 작은 각으로 굴절한다.
(4) 입사 빛에 대하여 평행 이동한다.
(5) 입사 빛과 같은 선상에 놓인다.

7. 물의 굴절률이 $n=1.33$, 유리의 굴절률이 $n=1.5$일 때 물-유리의 경계면에서 일어나는 전반사에 대하여 맞게 설명한 것은?
(1) 유리에서 물로 빛이 진행할 때에는 항상 발생한다.
(2) 물에서 유리로 빛이 진행할 때에는 항상 발생한다.
(3) 유리에서 물로 빛이 진행할 때 발생할 수 있다.
(4) 물에서 유리로 빛이 진행할 때 발생할 수 있다.
(5) 이 경계 면에서는 결코 발생할 수 없다.

8. 백색광이 프리즘을 통과하면 여러 색으로 분리되는 것은 (　　) 때문에 일어나는 현상이다.
(1) 내부 전반사
(2) 각각의 표면에서 부분적으로 반사
(3) 파장에 따른 굴절률의 변화

(4) 유리 내부에서의 빛의 속도와 감소
(5) 여러 가지 색들의 선택적 흡수

9. 다음 그림과 같이 물(n=1.33) 위에 기름(n=1.48)이 떠 있다. 기름-공기 경계면에서 전반사하기 위한 임계각 θ_c와 입사각 θ_i를 각각 구하시오.

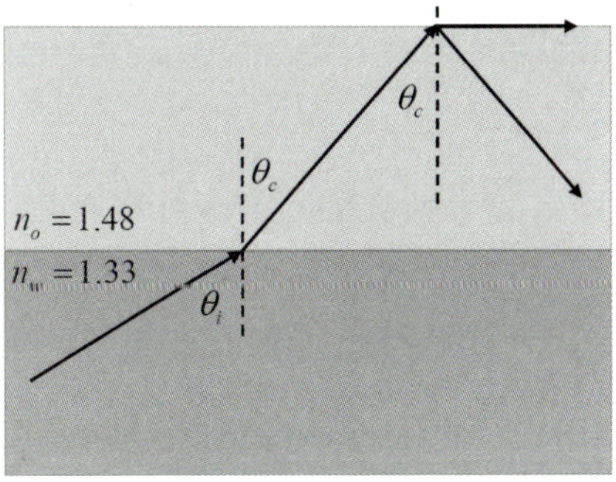

10. 그림과 같이 두께가 t, 굴절률이 n_2인 유리판의 면에 입사각 θ_1으로 광선이 입사한다. 이 광선이 유리판을 지나 다시 반대편의 유리면에서 굴절되어 나갈 때 $\theta_1=\theta_3$가 됨을 보이고 편기거리 d가

$$d = t\sin\theta_1\left[1-\sqrt{\frac{1-\sin^2\theta_1}{\left(\frac{n_2}{n_1}\right)^2-\sin^2\theta_1}}\right]$$

임을 증명하시오.

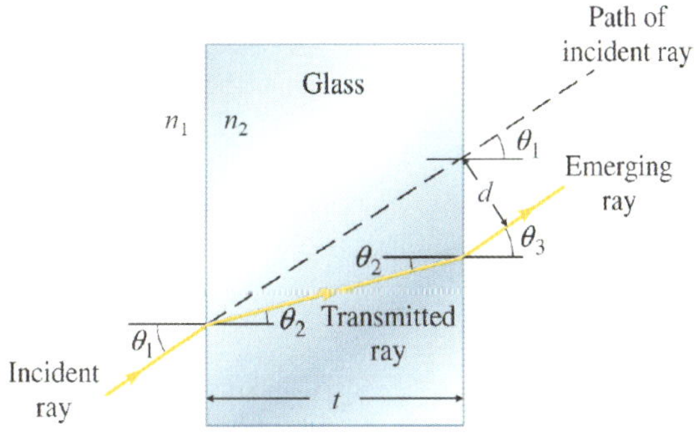

11. Glass(n=1.5)−물(n=1.33) 경계면에 대한 임계각을 구하시오.

12. 다음의 그림과 같이 공기 중에 놓여 있는 직각 이등변 삼각형 모양의 프리즘에서 광선이 수직하게 입사하여 경사면에서 내부 전반사하기 위한 프리즘 최소 굴절률은 얼마인가?

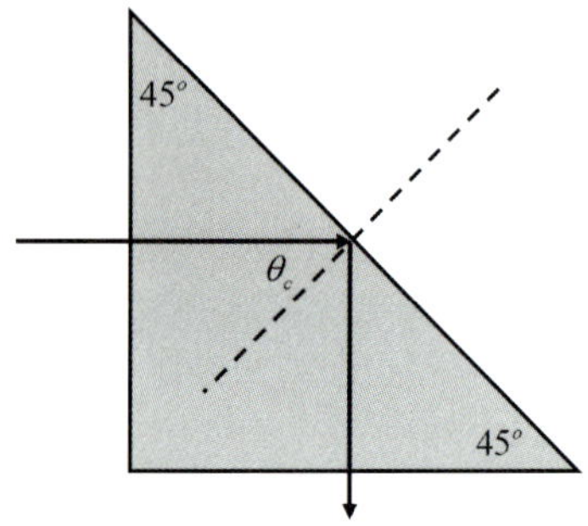

13. 아래 그림과 같이 직사각형 모양의 glass(어떤 특성의 glass인지 모르는) 조각이 물(n=1.33)속에 놓여있다. 입사각이 θ_i=45° 일 때, glass-물 경계면에서 전반사가 일어났다면 glass의 굴절률은 얼마인가?

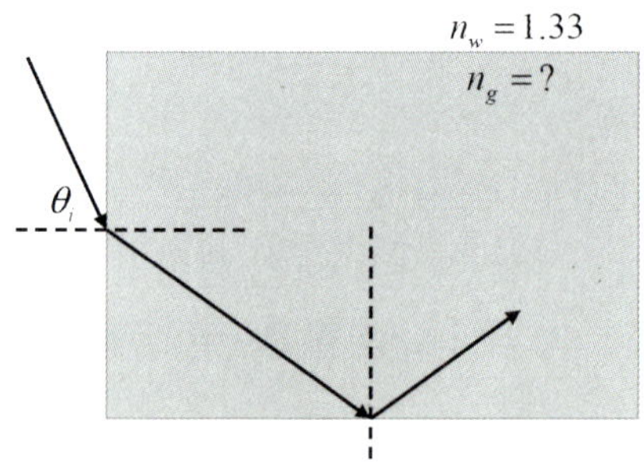

Chapter 2

거울과 렌즈

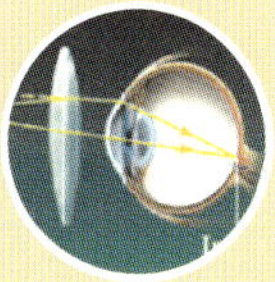

편평도가 좋은 금속면은 좋은 반사체이다. 일반적으로 거울은 뒷면이 은으로 도금이 되어 있다. 광학소자는 비단 평면경이나 프리즘과 같이 잘 연마된 평면을 가진 요소를 포함하고 있을뿐더러, 넓은 범위의 곡률의 구면을 가진 렌즈를 포함하고 있다. 이 장에서 다루고자 하는 것은 두 매질을 분리하고 있는 한 구면에서 광선이 어떻게 굴절하는가 하는 문제이다.

렌즈는 두 개 이상의 굴절면을 가지는 광학소자이다. 어떤 면은 볼록하고, 또 다른 것은 오목하고, 또 어떤 것은 평면 혹은 비구면을 가질 수 있다. 이 장에서는 렌즈의 두께를 이상적으로 아주 얇다고 가정하여 복잡한 ray tracing은 피하였으며 결상에 대한 논의를 일상적으로 사용하고 있는 볼록렌즈와 오목렌즈의 경우로 한정하였다.

따라서 광파의 파동적 성질은 잠시 접어두고 입자적인 성질만을 고려하여 얇은 박막으로 coating된 거울이나 렌즈와 같은 광학소자들이 광선을 반사시키거나 굴절시켜서 상을 형성하는 결상의 원리를 이해하고 빛의 기하학적 거동을 알아보기로 한다.

2.1 거울

거울은 사람이나 물체의 모습을 비추어 보는데 쓰이는 일상적인 물건이다. 거울은 발광체가 아니라서 외부 광원으로부터 전파되어 온 빛을 매끄러운 거울 표면에서 반사시켜, 반사된 빛들이 다시 한 점에 모여 상이 맺힘으로써 사물을 볼 수 있게 해 준다. 거울이 아닌 일반적인 물체 역시 빛의 일부를 반사시키지만 거울에서처럼 상을 볼 수 없는 이유는 난반사하기 때문이다. 즉, 일반적인 물체의 표면은 거울처럼 매끄럽지 못해 입사하는 빛을 임의의 방향으로 흩어 버리기 때문에 상을 맺지 못한다(그림 2-1 참조).

고대의 거울(그림 2-2)은 청동이나 주석, 은 등을 볼록 원판으로 만들어 그 표면에 윤을 낸 것이었다. 윤을 낸다는 것은 청동의 표면을 매끄럽게 polishing하여 난반사를 줄인다는 것을 의미한다. 16세기에 이르러 베네치아에서 평평한 유리의 뒷면에 철이나 수은 등 얇은 금속막을 coating한 거울이 사용되기 시작했다. 최초의 현대식 거울은 1835년 유스투스 폰 리비히가 유리 표면에 화학적으로 은을 coating함으로써 만들어졌다.

그림 2-1

물체 표면에서의 빛의 반사

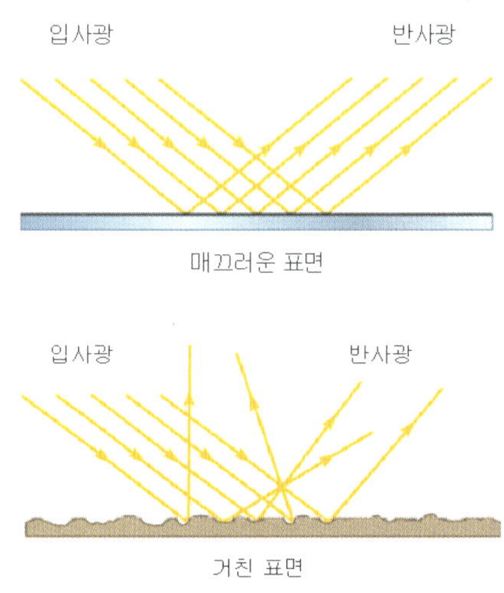

그림 2-2 후기 청동기 시대(BC. 1550~1200)의 청동제 거울

매질 표면에서 편광

거울의 성능은 거울 표면이 빛을 반사하는 정도에 의해 결정되는데, 빛의 반사를 극대화시키기 위해서는 거울 표면이 매끄러워야 한다. 캘리포니아의 팔로마 산에 설치된 200 인치 헤일 망원경에는 고도로 정밀하게 제작된 거울이 들어 있다. 무게가 14.5 톤이나 되는 이 거울은 허용 오차가 1/400,000 cm 밖에 되지 않을 정도로 정밀하다.

광선들이 한 점에 모여 맺은 상을 실상이라 하고, 광선들의 연장선들이 한 점에 모여 맺은 상을 허상이라고 한다. 따라서 평면거울이 맺는 상은 허상이고 물속의 조약돌도 이에 해당한다. 반면 사진기의 필름에 맺힌 상이나 빔 프로젝트에 의해 스크린에 맺힌 상은 실상에 속한다.

거울의 특성을 나타내기 위하여 사용하는 값들은 + 또는 − 부호를 붙인다. 이를 부호규약이라고 한다. +와 −를 정의하기 위하여 실제공간(real side)과 가상공간(virtual side)으로 구분한다. 거울인 경우 광선들이 진행하는 영역을 실제공간으로 정의하고 광선이 존재하지 않는 공간을 가상공간이라 한다. 실제공간에서 정의된 값들은 +를 붙인다. 예를 들어, 물체거리 o, 즉 거울 표면에서 물체까지의 거리는 실제공간에 존재하기 때문에 +값을 갖는다. 반면에 상거리 i는 거울 표면에서 상까지의 거리로 −값을 갖는다.

물체의 크기와 상의 크기를 비교할 수 있도록 정의된 값이 배율이다. 배율은 m으로 나타내고

$$m = -\frac{i}{o} \tag{2-1}$$

로 정의된다. 이 값은 항상 +값을 갖는다.

2.1.1 평면거울

표면이 매끄러운 금속은 빛을 잘 반사시킨다. 거울은 빛이 잘 통과하는 유리의 뒷면에 얇은 금속막을 도금하거나 coating한 것이다. 빛은 앞면의 유리와

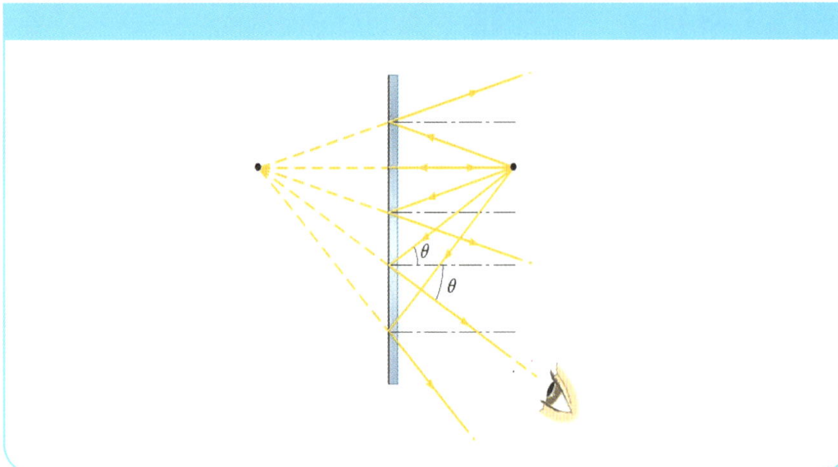

그림 2-3

평면거울에 의한 결상

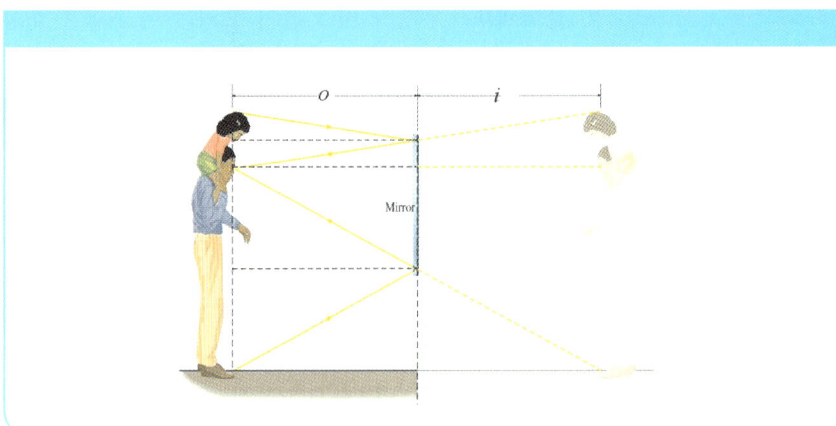

그림 2-4

평면거울에 비친 상. 평면거울의 크기는 전신의 반이면 전신을 다 비춰 볼 수 있다.

뒷면에 coating된 금속 표면에서 두 번 반사한다. 유리는 투과율이 좋기 때문에 유리면에서의 반사는 매우 약하고 금속면에서는 대부분의 빛이 반사된다.

빛이 거울에서 반사할 때 반사의 법칙에 따른다. 즉, 거울 표면에서는 빛의 입사각과 반사각이 같다. 광원에서 나온 광선들은 제각기 다른 경로로 진행하고, 이 광선들은 거울 표면에서 반사되어 역시 제각기 다른 경로로 진행한다. 따라서 광선들은 한 점에 모이지 않는다. 그림 (2-4)에서와 같이 반사된 거울 뒤쪽 면에서 광선들의 연장선들이 한 점에 모여 상을 맺는다.

빛을 반사시키는 면이 평면인 경우를 평면거울이라 한다. 이 경우, 거울 표면에서 광원까지의 거리 o 와 거울 표면에서 광선들의 연장선이 모이는 한 점, 즉 상까지의 거리 i는 정확히 같다. 따라서 물체의 크기와 상의 크기가 같고 배율은 1이다. 평면거울은 거울길이의 2 배 크기 물체의 상을 맺을 수 있다. 즉, 사람이 거울 앞에 서있을 때 전신의 1/2 크기의 거울이면 전신을 비칠 수 있다. 이는 반사각과 입사각이 같기 때문이다.

예제 2.1

평면거울에 의한 결상

그림과 같이 입사한 광선이 거울에 의해 반사된 다음 D점에서 만난다. 반사된 광선이 입사된 광선으로부터 $\gamma=2\theta$ 만큼 편기되어 있음을 증명하시오.

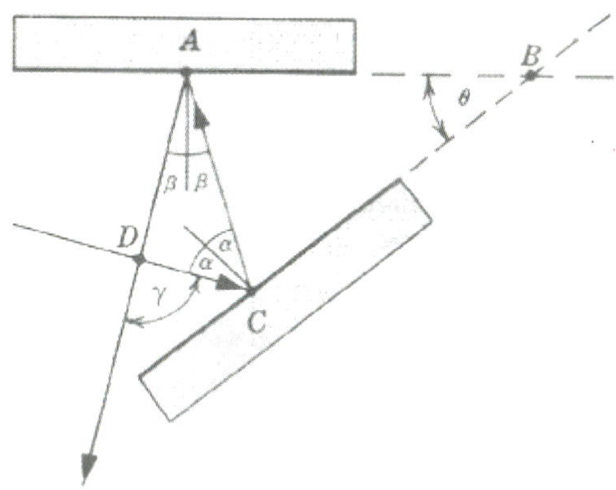

풀이

$\angle BAC+\angle BCA+\theta=180^\circ$ 이며 $\gamma=2(\alpha+\beta)$이다. 그리고 각 θ는 다음과 같이 표현할 수 있다.

$$\theta=180^\circ-(90-\alpha)-(90-\beta)$$
$$=\alpha+\beta$$
$$\therefore \gamma=2(\alpha+\beta)=2\theta\text{이다.}$$

2.1.2 구면거울

그림 2-5에서 보는 바와 같이 점광원 O에서 나오는 광선이 곡률반경이 R인 오목 구면거울에 도달한다. 여기서 오목거울 또는 볼록거울이라 함은 각각 입사광선 쪽에서 보았을 때 구면이 오목한가 볼록한가에 따라서 결정된다. 부호규약은 평면거울에서와 같으며 단지 곡률반경에 대한 부호규약은 다음과 같다.

(+) 구면의 중심 C가 정점 v의 오른쪽에 있을 때

(−) 구면의 중심 C가 정점 v의 왼쪽에 있을 때

O와 C를 연결한 직선을 광축이라고 하는데, O에서 나오는 광선이 광축과 각 α를 이루며 점 a로 입사하여 반사된 후 광축과 교차한 점을 I라고 하자. O를 떠나 광축 방향으로 진행한 광선은 정점 v에서 반사되어 다시 광축을 따라 되돌아 와서 점 I를 지난다.

따라서 점 I는 광원 O의 상이 되며 광선이 실제로 I를 지나 결상하게 되므로 실상이 된다. 지금부터 I의 위치를 계산해 보기로 하자. 그림 2-5의 삼각형 OaC와 OaI에서, 삼각형의 외각은 두 내각의 합과 같으므로 다음과 같은 관계식을 얻을 수 있다.

$$\beta = \alpha + \theta, \ \gamma = \alpha + 2\theta$$

두 식에서 θ를 소거하면

$$\alpha + \gamma = 2\beta \tag{2-2}$$

가 된다. α가 아주 작은 값(근축광선을 의미함)이라고 가정하고 호도법을 사용하면 α, β 및 γ는 다음과 같이 표현할 수 있다.

$$\alpha \simeq \frac{\overset{\frown}{av}}{\overline{Ov}} = \frac{\overset{\frown}{av}}{o} \tag{2-3}$$
$$\beta = \frac{\overset{\frown}{av}}{\overline{Cv}} = \frac{\overset{\frown}{av}}{R}$$
$$\gamma \simeq \frac{\overset{\frown}{av}}{\overline{Iv}} = \frac{\overset{\frown}{av}}{i}$$

위의 α, β 및 γ의 표현 중에서 β에 대한 식만 정확한 값이고 α와 γ에 대한 표현은 근사값이다. 그러나 구면경에 입사되는 광선이 근축광선이라고 가

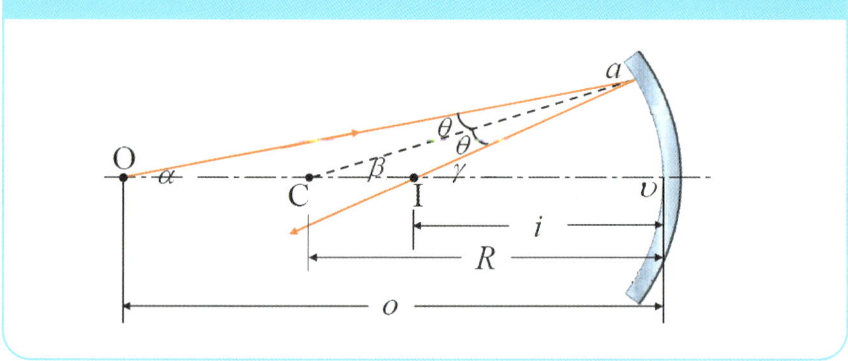

그림 2-5

오목거울에 의한 결상

정하면 α와 γ의 값이 충분히 작아지기 때문에 근사적으로 같다고 표현할 수 있다. (2-3) 식을 (2-2) 식에 대입하고 호 $\widehat{av}$를 소거하면

$$\frac{1}{o}+\frac{1}{i}=-\frac{2}{R} \tag{2-4}$$

를 얻는다. 여기서 o는 물체거리, i는 상거리, R은 거울의 곡률반경이다. 오목거울의 경우, R 값이 음의 값을 가지므로 초점거리의 정의(뒤에 나오는 초점거리의 정의를 참조)에 따라 물체거리가 ∞일 때 상거리는 $R/2$이 되도록 (2-4) 식의 우변을 양의 값으로 만들기 위하여 (−) 부호를 붙였다.

오목거울

오목거울의 광축에 평행하게 들어온 빛이 반사된 후에 모이는 곳이 초점이다. 오목거울은 빛을 모으는 성질이 있기 때문에 오목거울 앞에 물체를 두면 물체의 한 점에서 나오는 빛은 반사된 뒤 다시 한 점에 모인다. 그 위치를 찾을 때 고려해야 할 것은, 축에 나란하게 들어온 빛은 반사된 뒤 초점을 지나고, 거울의 중심을 향해 들어온 빛은 축에 대칭으로 반사된다는 것이다.

그림 2-6

오목거울의 초점

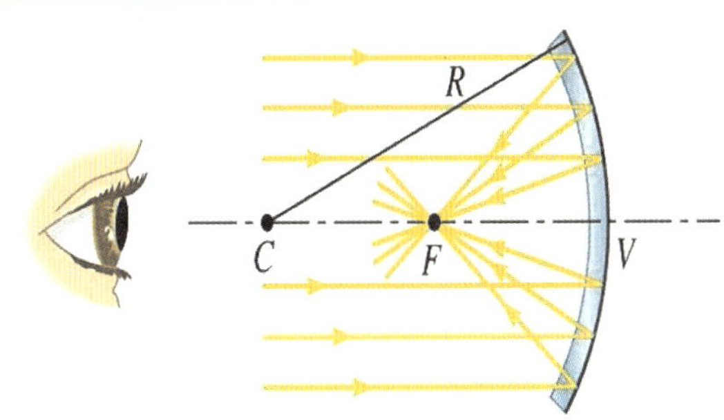

오목거울은 볼록거울과 달리 물체거리가 곡률반경 보다 클 경우 도립 실상이 결상되기 때문에 자동차 백미러에 절대로 사용할 수 없다. 멀리서 달려오는 차가 거꾸로 뒤집어져(도립) 달려오다가 물체거리가 곡률반경보다 작아지면 뒤집어진 차가 엄청나게 커져(원래 차의 크기보다 더 커진다) 갑자기 차가 똑바로(정립) 선 모습이 되더니 휭 하니 옆을 지나가 버린다.

물체가 거울에서 멀리 있을 때 축소된 도립 실상(거울 밖, 즉, 물체가 있는 쪽)이 생기다가 거울에 가까워지면 확대된 도립(뒤집힌 모양) 실상이 생긴다. 그러다가 거울에 너무 가까워지면 실물보다 큰 똑바로 선 허상(정립허상)이 생긴다. 이 구분의 기준이 되는 것은 오목거울의 반지름과 초점이다.

반지름밖에 있을 때는 축소된 도립 실상, 반지름 안으로 들어와서 초점까지는 확대된 도립 허상, 초점 안에서 거울에 부딪힐 때까지는 확대된 정립 허상이 생긴다.

초점과 초점거리를 정의해 보자. 물체거리가 ∞일 때 상이 맺혀지는 점을 초점이라고 정의하며 정점에서부터 초점까지의 거리를 **초점거리**라고 한다. 초점의 정의를 식 (2-4)에 적용하면 물체거리, 상거리, 그리고 초점거리에 대한 관계식은

$$\lim_{o \to \infty} i = f$$

$$\frac{1}{\infty} + \frac{1}{f} = -\frac{2}{R}$$

로 쓸 수 있으며 $f = R/2$이다. 따라서 식 (2-4)는 다음과 같이 다시 쓸 수 있다.

$$\frac{1}{o} + \frac{1}{i} = \frac{1}{f} = -\frac{2}{R} \tag{2-5}$$

오목거울의 경우에는 거울의 곡률반경보다 멀리 물체가 있을 때는 축소된 도립 실상이 거울밖에 생기므로 o, i, 그리고 f 모두 +값을 가진다. 그러나 물체가 초점거리 안에 있을 때는 확대된 정립 허상이 거울 안에 생기므로 o는 +, i는 −, f는 + 값을 갖는다.

예제 2.2

오목거울에 의한 결상(1)

초점거리가 10 cm인 오목거울이 있다. 물체가 거울의 정점으로부터 왼쪽 5 cm의 거리에 놓여 져 있을 때 물체의 상거리를 구하시오.

풀이

식 (2-5), 거울공식은

$$\frac{1}{o} + \frac{1}{i} = \frac{1}{f} = -\frac{2}{R}$$

이다. $f = 10$ cm, $o = 5$ cm 이므로

$$\frac{1}{5} + \frac{1}{i} = -\frac{1}{-10}$$

$$\therefore i = -10 \text{ cm}$$

이다. i의 부호가 음이므로 상은 거울의 정점으로부터 오른쪽에 있고 허상임을 알 수 있다.

볼록거울

볼록거울은 물체를 작게 보이게 한다. 물체가 작게 보이면 당연히 보이는 범위는 넓어진다. 또한 볼록거울은 항상 똑바로 선 모습을 보여준다. 상이 똑바로 선 모양을 정립이라 한다. 상을 작도해 보면 거울 속에 맺히므로 허상이다.

예를 들면 볼록거울의 경우 물체는 거울 밖에 있으니 o는 + 값을, 맺히는 상은 거울 속에 있는 허상이니 i는 − 값을, 초점거리는 거울 속에 있으니 f는 − 값을 가진다.

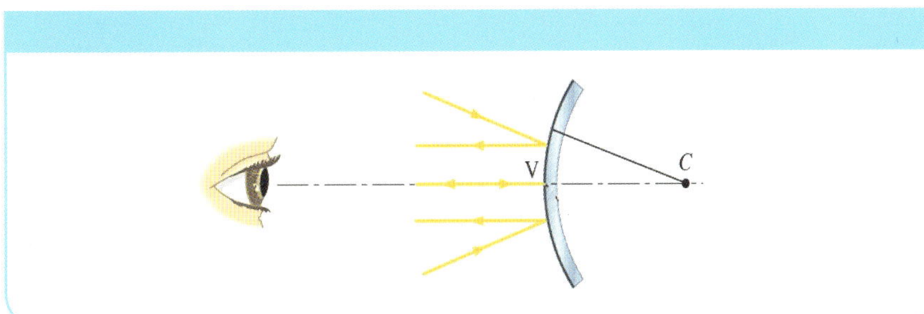

그림 2-7
볼록거울에 의한 결상

예제 2.3

볼록거울에 의한 결상(1)

곡률반경이 20 cm인 볼록거울이 있다. 점광원이 거울의 정점으로부터 왼쪽 14 cm의 거리에 놓여 져 있을 때 점광원의 상거리를 구하시오.

풀이

식 (2-4), 거울공식은

$$\frac{1}{o}+\frac{1}{i}=-\frac{2}{R}$$

이다. $o=14$ cm, $R=20$ cm 이므로

$$\frac{1}{14}+\frac{1}{i}=-\frac{2}{20}$$
$$\therefore i=-5.8 \text{ cm}$$

이다. i의 부호가 음이므로 상은 거울의 정점으로부터 오른쪽에 있고 허상임을 알 수 있다.

예제 2.4

오목거울에 의한 결상(2)

곡률반경이 15 cm인 오목거울의 정점으로부터 왼쪽 30 cm의 지점에 물체가 놓여져 있을 때 물체의 상은 어디에 결상되겠는가?

풀이

식 (2-4), 거울공식은

$$\frac{1}{o}+\frac{1}{i}=-\frac{2}{R}$$

이다. $o=30$ cm, $R=15$ cm이므로

$$\frac{1}{30}+\frac{1}{i}=-\frac{2}{15}$$

$$\therefore i=10 \text{ cm}$$

이다. i의 부호가 양이므로 상은 거울의 정점으로부터 왼쪽에 있고 도립 실상임을 알 수 있다.

예제 2.5

볼록거울에 의한 결상(2)

곡률반경이 15 cm인 볼록거울이 있다. 물체가 거울의 정점으로부터 왼쪽 30 cm의 지점에 놓여져 있을 때 물체의 상거리를 구하시오.

풀이

식 (2-5), 거울공식은

$$\frac{1}{o}+\frac{1}{i}=-\frac{2}{R}$$

이다. $R=15$ cm, $o=30$ cm이므로

$$\frac{1}{30}+\frac{1}{i}=-\frac{2}{15}$$

$$\therefore i=-6 \text{ cm}$$

이다. i의 부호가 음이므로 상은 거울의 정점으로부터 오른쪽에 있고 정립 허상임을 알 수 있다.

거울에 의한 결상

임의의 크기를 가진 물체가 만드는 결상에 대하여 도식적으로 접근해 보기로 하자. 결상을 작도하는 것은 분석적인 방법으로 앞에서 제시한 거울 공식의 결과를 점검할 뿐 아니라 점광원에서 확장된 일반적인 물체에 대한 결상을 이해하는 데 도움이 될 것이다.

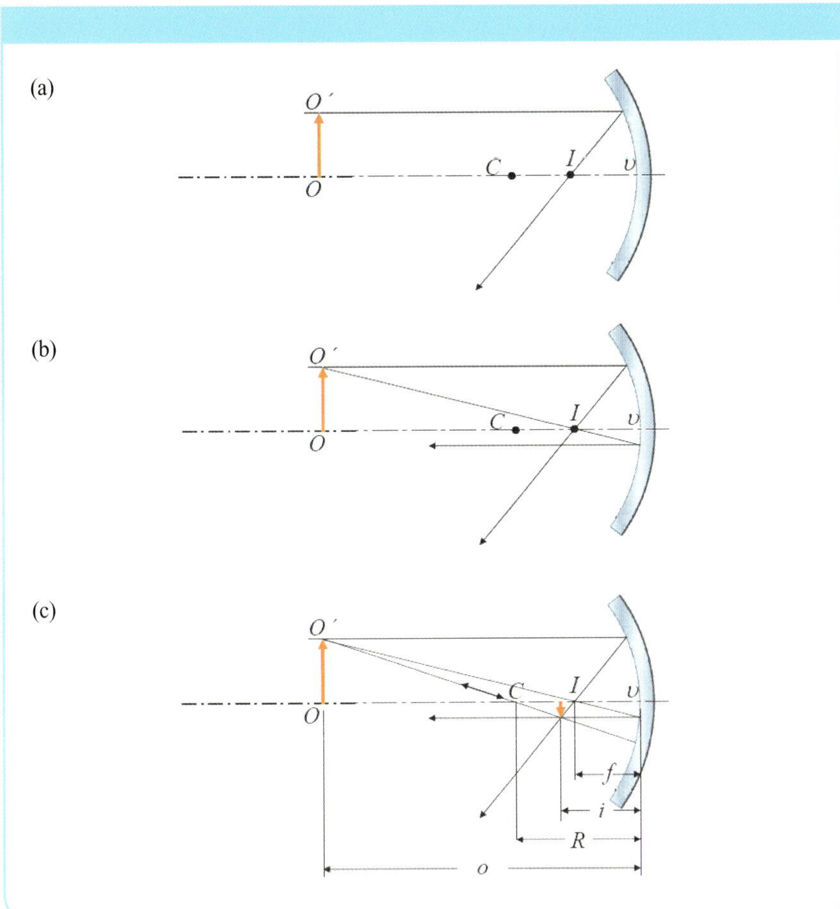

그림 2-8 임의의 크기를 가진 물체에 대한 오목거울에서의 결상

그림 2-8에서 오목거울 앞에 놓여 진 화살표 OO'를 생각하자. 먼저 그림 2-8 (a)는 화살표 OO'의 양 끝을 지나는 광선이 광축에 평행하게 오목거울로 입사한 후 반사된 것을 도해한 것이다. 그림 2-8 (b)에서는 화살표 OO'의 위 끝에서 나온 광선이 초점을 향해 거울로 입사한 다음 반사되어 초점을 통과한 후 그림 2-8 (a)에서의 광선과 만나 결상이 되는 것을 나타내고 있다. 그리고 그림 2-8 (c)는 곡률의 중심을 향해 입사한 광선은 입사각이 $0°$가 되므로 입사한 방향으로 다시 되돌아온다. 이 광선들은 한 점에서 만나 그림 2-8 (c)

에서 보는 것처럼 상을 맺게 된다.

볼록거울에 대한 결상도 오목거울과 거의 같다. 그림 2-9에서 볼록거울 앞에 놓여 진 화살표 OO'를 생각하자. 화살표 OO'의 양 끝을 지나는 광선이 광축에 평행하게 볼록거울로 입사한 후 반사된 광선은 초점 I에서 나온 것처럼 진행할 것이다. 또 화살표 OO'의 위 끝을 지나 초점을 향해 거울로 입사한 광선은 반사한 다음 평행광으로 광축을 따라 진행하게 된다. 이 평행광선을 오른쪽으로 점선과 같이 연장하면 화살표 OO'의 결상(정립 허상)을 얻을 수 있다.

그림 2-9

임의의 크기를 가진 물체에 대한 볼록거울에서의 결상

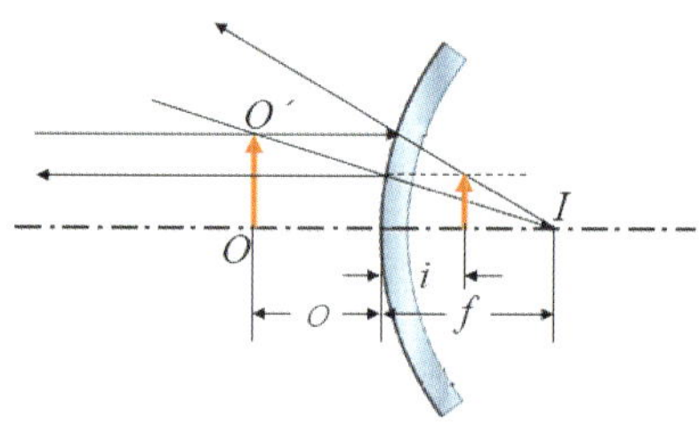

2.2 렌즈

렌즈의 두께를 무시할 수 있고 또한 렌즈의 중심축과 크게 벗어나지 않는 광선의 경우 그 광선이 렌즈에 의해 굴절되는 형태는 간단하게 작도해 낼 수 있다. 이러한 조건의 렌즈를 얇은 렌즈(thin lens)라 하고, 이와는 반대로 렌즈의 두께를 무시할 수 없는 일반적인 렌즈를 두꺼운 렌즈(thick lens)라고 한다. 얇은 렌즈에 대해서 상이 맺혀지는 결상의 원리를 알아보고 렌즈가 조합하여 만드는 광학기구들의 구조를 알아본다.

2.2.1 구면에서의 굴절

광선이 굴절률이 다른 두 매질을 진행할 때, 광선은 두 매질의 경계면에서 굴절한다. 그림 2-10에서 보는 바와 같이 굴절률이 n_1인 매질에서 곡률반경이

그림 2-10

구면에서의 굴절

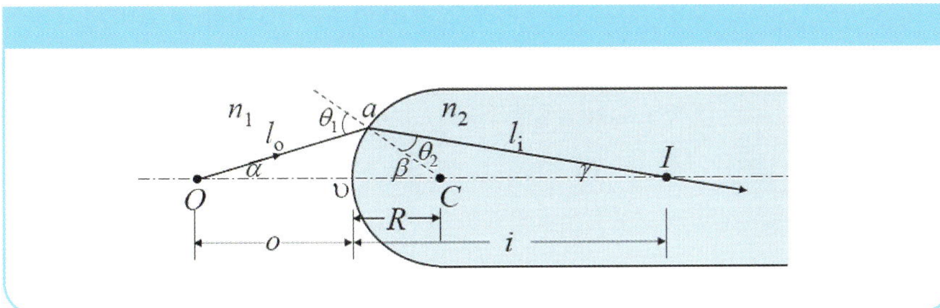

R, 굴절률이 n_2인 매질로 입사할 경우를 살펴보기로 하자.

OCI를 지나는 직선은 광축이 되며 광선이 이 축으로 입사할 경우 정점 v에서의 입사각은 0° 가 되기 때문에 굴절되지 않고 I점을 지나간다. O에서 나간 광선이 경로 l_o를 지나 굴절표면의 a점에서 굴절된 광선은 스넬의 법칙 $n_1\sin\theta_1 = n_2\sin\theta_2$에 따라 굴절하여 경로 l_i를 지나 광축과의 교점 I에서 만나게 된다. 이 때 광선이 지나간 경로 OaI도 페르마의 최소 작용의 원리를 만족하는 경로이다. 광선이 OaI를 통과한 광경로 OPL은 다음과 같이 표현할 수 있다.

$$\text{OPL} = n_1 l_o + n_2 l_i \tag{2-6}$$

$$n_1 l_o = n_1\sqrt{R^2 + (o+R)^2 - 2R(o+R)\cos\beta}$$

$$n_2 l_i = n_2\sqrt{R^2 + (i-R)^2 - 2R(i-R)\cos(\pi-\beta)}$$

$$= n_2\sqrt{R^2 + (i-R)^2 + 2R(i-R)\cos\beta}$$

최소 작용의 원리에 따라 광경로는 무수히 많은 여러 경로 중 최소의 시간이 걸리는 경로를 선택하여 진행하기 때문에 $\dfrac{d(\text{OPL})}{d\beta} = 0$을 만족한다. 따라서

$$\frac{d(\text{OPL})}{d\beta} = \left\{ n_1\left(\frac{1}{2}\right)\frac{2R(o+R)\sin\beta}{l_o} - n_2\left(\frac{1}{2}\right)\frac{2R(i-R)\sin\beta}{l_i} \right\} = 0$$

$$\frac{n_1(o+R)}{l_o} = \frac{n_2(i-R)}{l_i}$$

이며 물체에 대한 식(아래 첨자가 o)과 상에 대한 식(아래 첨자가 i)을 분리하여 정리하면

$$\frac{n_1 o}{l_o} + \frac{n_1 R}{l_o} = \frac{n_2 i}{l_i} - \frac{n_2 R}{l_i} \tag{2-7}$$

$$R\left(\frac{n_1}{l_o} + \frac{n_2}{l_i}\right) = \left(\frac{n_2 i}{l_i} - \frac{n_1 o}{l_o}\right)$$

$$\therefore \frac{n_1}{l_o} + \frac{n_2}{l_i} = \frac{1}{R}\left(\frac{n_2 i}{l_i} - \frac{n_1 o}{l_o}\right)$$

가 된다. (2-7) 식은 구면의 경계면에서 굴절하여 a에서 I로 가는 모든 광선의 광경로를 만족하는 식이다. 만약 β가 매우 작다고 가정하면(a가 v에 접근하면) $\cos\beta \simeq 1$이 되고 $l_o \simeq o$, $l_i \simeq i$로 근사할 수 있으므로 식 (2-7)은 다음과 같이 쓸 수 있다.

$$\frac{n_1}{o}+\frac{n_2}{i}=\frac{(n_2-n_1)}{R} \tag{2-8}$$

예제 2.6

구면에서의 굴절

그림 2-10과 같이 광선이 굴절률이 $n_1=1.0$인 매질에서 곡률반경이 $R=10$ cm, 굴절률이 $n_2=2.0$인 매질로 굴절률이 다른 두 매질을 진행하고 있다. 물체가 이 거울의 정점으로부터 왼쪽 20 cm의 거리에 놓여져 있을 때 물체의 상거리를 구하시오.

풀이

식 (2-8)로부터

$$\frac{n_1}{o}+\frac{n_2}{i}=\frac{(n_2-n_1)}{R}$$

$$\frac{1}{20}+\frac{2.0}{i}=\frac{2.0-1.0}{10}$$

$$\therefore\ i=40\ \text{cm}$$

이다. i의 부호가 (+)이므로 상은 거울의 정점으로부터 오른쪽(상공간)에 있다는 것을 의미한다.

부호규약

렌즈와 같이 임의의 구면에서 굴절하는 광학계에서 정점의 왼쪽은 물체공간, 오른쪽은 상공간이라고 규정한다. 물체가 물체공간에 있으면 물체거리의 값이 (+)이며 상이 상공간에 있으면 상기리기 (+) 값을 갖는다. 반대로 상이 물체공간에 있으면 상거리의 값이 (−)가 된다.

곡률반경은 중심이 정점의 오른쪽(입사광선이 볼록한 면으로 입사)에 있으면 (+) 값을 가지며 중심이 정점의 왼쪽(입사광선이 오목한 면으로 입사)에 있으면 곡률반경의 값이 (−)가 된다. 따라서 초점거리의 부호는 수렴렌즈(오목렌즈)의 경우 (−)이며 발산렌즈(볼록렌즈)는 (+) 값을 갖는다.

2.2.2 얇은 렌즈

일반적으로 렌즈는 투과된 파동(자외선, 가시광선, 적외선, 마이크로파, 음파 등)의 에너지를 재배치하는 기능을 가진 굴절소자로서 두 개 또는 그 이상의 굴절면으로 구성된 광학계이며 적어도 한 면 이상은 곡면으로 되어 있다.

렌즈는 기하학적 구조에 따라 가장자리보다 가운데 부분이 더 두꺼운 렌즈를 **볼록**(convex: 아치 모양이라는 뜻)**렌즈**라고 한다. 볼록렌즈는 입사광선을 광축 방향으로 모으는 역할을 하기 때문에 **수렴렌즈**(converging lens)라고 한다. 반면, 가장자리가 가운데 부분보다 더 두꺼운 렌즈는 **오목**(concave: 비어 있다는 뜻)**렌즈**라고 하며 입사광선을 광축으로부터 발산시키는 역할을 하기 때문에 **발산렌즈**(diverging lens)라고 한다.

얇은 렌즈는 입사한 광선을 굴절시키는 렌즈의 기본적인 기능은 가지고 있지만 기하학적인 렌즈의 두께는 얇다(두께 $l \simeq 0$)고 가정한 이상적인 렌즈를 말하는 것이다. 그림 2-11은 두께가 l, 표면의 곡률반경이 R_1과 R_2로 polishing된 두꺼운 렌즈(광학계)이다. 첫 번째 굴절면과 두 번째 굴절면에서의 광학적 parameter를 구별하기 위하여 아래 첨자(subscript)를 1과 2로 붙이기로 한다.

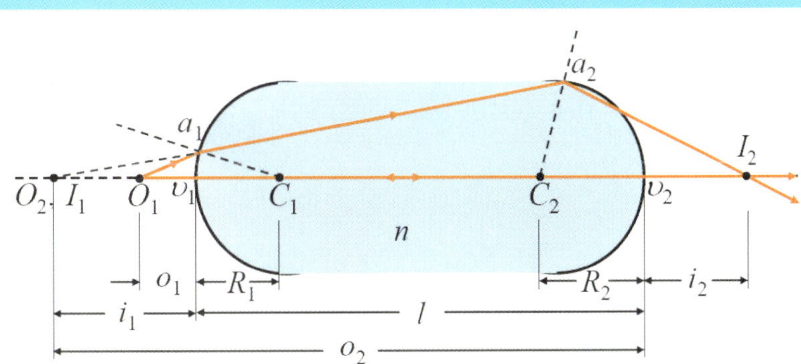

그림 2-11 두께가 l, 표면의 곡률반경이 R_1과 R_2인 두꺼운 렌즈에서의 결상

첫 번째 굴절면에 대한 점광원(물체) O_1은 렌즈의 왼쪽 정점 v_1의 왼쪽에 위치해 있다. 점광원 O_1에서 나온 광선 중에서 광축을 따라 진행하는 광선($O_1C_1C_2$를 지나는 광선)이 두 경계면(v_1과 v_2)을 지날 때, 입사각이 0° 이기 때문에 굴절되지 않고 $O_1-v_1-C_1-C_2-v_2$ 경로를 통과한다. 광축을 통과하는 광선을 제외하고 다른 경로를 진행하는 임의의 광선을 생각해 보자.

점광원 O_1에서 나온 광선이 첫 번째 경계면 위의 점 a_1에서 굴절된 다음,

다시 두 번째 경계면 위의 점 a_2에서 굴절하여 광축과 점 I_2에서 만난다. 여기서 첫 번째 굴절면에서 보면 I_1은 점광원 O_1에 대한 상이며 첫 번째 굴절면의 왼쪽(물체공간)에 있기 때문에 i_1의 값은 $(-)$ 값을 가지며 허상이 된다.

I_1은 첫 번째 굴절면에 대한 O_1의 상일 뿐 아니라 두 번째 굴절면에 대해서는 물체(O_2)가 된다. 따라서 두 번째 굴절면에 대한 물체거리 o_2는 $o_2=|i_1|+l$이며 두 번째 굴절면에 대하여 물체공간에 있기 때문에 양의 값을 갖게 된다. 첫 번째 굴절면에 대하여 $n_1=1$, $n_2=n$, 그리고 식 (2-8)을 적용하면

$$\frac{1}{o_1}+\frac{n}{i_1}=\frac{n-1}{R_1} \tag{2-9}$$

이다.

i_1이 첫 번째 굴절면에 대한 상거리임을 고려하면 i_1은 음의 값을 갖는다. 즉, $i_1<0$이다. 따라서 두 번째 굴절면에 대해서는 $n_1=n$, $n_2=1$, $o_2=|i_1|+l$을 식 (2-8)에 적용하면

$$\frac{n}{-i_1+l}+\frac{1}{i_2}=\frac{1-n}{R_2} \tag{2-10}$$

이 된다. 그림 2-11의 광학계를 얇은 렌즈로 가정하면 $l\simeq 0$이 되므로 식 (2-10)은 다음과 같이 쓸 수 있다.

$$\frac{n}{-i_1}+\frac{1}{i_2}=\frac{1-n}{R_2} \tag{2-11}$$

식 (2-9)와 (2-11)을 더한 다음 정리하면 다음과 같은 **렌즈 제작자의 공식**(lens maker' s formula)을 얻을 수 있다.

$$\frac{1}{o}+\frac{1}{i}=(n-1)\left(\frac{1}{R_1}-\frac{1}{R_2}\right) \tag{2-12}$$

만약 물체가 ∞에 있다면 초점의 정의에 따라 상거리 i는 초점거리 f_i가 되며 수학적인 표현으로

$$\lim_{o\to\infty} i=f_i$$

로 나타낼 수 있다. 그리고 같은 방법으로

$$\lim_{i\to\infty} o=f_o$$

이 된다.

예제 2.7

얇은 렌즈의 초점거리(1)

굴절률이 1.5, 곡률반경 R_1, R_2가 40 cm인 양면이 볼록한 볼록렌즈가 있다. 이 렌즈의 초점거리를 구하시오.

풀이

식 (2-13)로부터

$$\frac{1}{f}=(n-1)\left(\frac{1}{R_1}-\frac{1}{R_2}\right)$$

$$\frac{1}{f}=(1.5-1.0)\left(\frac{1}{40}-\frac{1}{-40}\right)$$

$$\therefore f=40 \text{ cm}$$

이다. 이 렌즈는 양면이 볼록하므로 R_1의 중심은 정점 v_1의 오른쪽에 있으므로 부호가 (+)이며 R_2의 중심은 정점 v_2의 왼쪽에 있으므로 부호가 (−)이다.

식 (2-12)로부터 얇은 렌즈에 대하여 $f_i=f_0$가 되며 결과적으로 첨자를 모두 없앨 수 있다. 따라서 식 (2-12)는

$$\frac{1}{f}=(n-1)\left(\frac{1}{R_1}-\frac{1}{R_2}\right) \tag{2-13}$$

과

$$\frac{1}{o}+\frac{1}{i}=\frac{1}{f} \tag{2-14}$$

이 되며 이것을 **가우스 렌즈공식**(Gaussian lens formula)이라고 한다.

예제 2.8

얇은 렌즈의 상거리(1)

굴절률이 1.5, 곡률반경 R_1, R_2가 40 cm인 양면이 볼록한 볼록렌즈가 있다. 이 렌즈의 왼쪽 정점으로부터 20 cm 지점에 놓여 있는 물체의 상거리를 구하시오.

풀이

식 (2-13)로부터

$$\frac{1}{f}=(n-1)\left(\frac{1}{R_1}-\frac{1}{R_2}\right)$$

$$\frac{1}{f}=(1.5-1.0)\left(\frac{1}{40}-\frac{1}{-40}\right)$$

$$\therefore f=40\text{ cm}$$

이다. 가우스 렌즈공식인 식 (2-14)로부터

$$\frac{1}{20}+\frac{1}{i}=\frac{1}{40}$$

$$\therefore i=-40\text{ cm}$$

상거리의 부호가 (−)인 것은 결상이 물체공간 즉, 정점의 왼쪽에 생겼다는 것을 의미한다.

디옵터(Diopters)

초점으로 렌즈나 거울을 특정하여 세분화하는 방법에는 두 가지가 있다. 하나는 물체거리가 ∞일 때 상이 맺혀지는 점을 초점이라고 정의하며 정점에서부터 초점까지 거리를 초점거리로 정의하는 것과 또 하나는 광학계의 역률(power) P로 특징을 세분화한다. 역률은 초점거리의 역수로 정의한다. 이 때 초점거리의 단위는 반드시 m(meters)로 표시해야 하며 역률은 다음과 같이 표현할 수 있다.

$$P=\frac{1}{f} \tag{2-15}$$

역률의 단위는 m^{-1}로 표시되며 이것을 디옵터(diopters) D라고 정의한다. 따라서 초점거리가 25 cm(1/4 m)인 렌즈의 역률은 4 D가 된다.

예제 2.9

렌즈의 역률과 상거리(1)

초점거리가 −25 cm인 렌즈의 왼쪽 정점으로부터 25 cm 지점에 물체가 놓여 있다. 이 렌즈의 역률과 물체의 상거리를 구하시오.

풀이

식 (2-15)로부터 역률, $P=1/f$이다.

$$P=\frac{1}{f}=\frac{1}{-0.25}$$

$$\therefore P=-4\ D$$

이다. 가우스 렌즈공식인 식 (2-14)로부터

$$\frac{1}{o}+\frac{1}{i}=\frac{1}{f}$$

$$\frac{1}{25}+\frac{1}{i}=\frac{1}{-0.25}$$

$$\therefore i=-12.5\ \text{cm}$$

상거리의 부호가 (−)인 것은 결상이 물체공간 즉, 정점의 왼쪽에 생겼으며 허상임을 의미한다.

예제 2.10

렌즈의 역률과 상거리(2)

역률이 10 D인 렌즈의 왼쪽 정점으로부터 20 cm 지점에 물체가 놓여있다. 이 렌즈의 초점거리와 물체의 상거리를 구하시오.

풀이

식 (2-15)로부터 역률, $P=1/f$이다.

$$f=\frac{1}{P}=\frac{1}{10}(\text{m})$$

$$\therefore f=0.1\ \text{m}=10\ \text{cm}$$

이다. 가우스 렌즈공식인 식 (2-14)로부터

$$\frac{1}{o}+\frac{1}{i}=\frac{1}{f}$$

$$\frac{1}{20}+\frac{1}{i}=\frac{1}{10}$$

$$\therefore i=20\ \text{cm}$$

상거리의 부호가 (+)인 것은 결상이 상공간 즉, 정점의 오른쪽에 생겼다는 것을 의미한다. 특히 초점거리를 계산할 때 역률의 단위, D가 m^{-1}임을 잊어서는 안된다. 문제에 주어진 물체거리가 cm 단위로 되어 있으므로 초점거리를 계산한 후 m를 cm로 환산해야 한다.

2.2.3 볼록렌즈

볼록렌즈는 양쪽이 볼록하거나 한쪽은 편평하고 다른 한쪽이 볼록한 경우도 있고, 안경처럼 한쪽은 볼록하고 다른 한쪽은 오목한데 오목한 면의 곡률반경이 볼록한 면의 곡률반경보다 더 큰 경우도 있다. 일반적으로 가운데가 가장자리보다 더 두꺼운 렌즈를 볼록렌즈라고 한다.

초점거리가 f인 볼록렌즈에 광축상의 점광원에서 나오는 모든 광선은 렌즈를 통과하여 한 점에 모이게 된다. (2-14) 식으로부터 다음과 같이 쉽게 작도할 수 있는 세 개의 광선을 도입할 수 있다.

1. 광축에 평행하게 진행하는 빛은 볼록렌즈를 통과한 후 오른편 초점(상초점 f_i)을 향하여 직진한다. (이는 (2-14) 식의 o를 ∞로 해서 알 수 있다.)
2. 렌즈의 중심을 통과한 빛은 굴절하지 않고 그대로 통과한다.
3. 왼편 초점(물체초점 f_o)을 통과한 광선은 렌즈를 통과한 후 광축에 평행하게 나간다. (이는 1의 반대과정으로 생각할 수도 있고, 또한 (2-14) 식의 $o=f$를 대입하여 알 수 있다.)

그림 2-12
볼록렌즈에 의한 결상

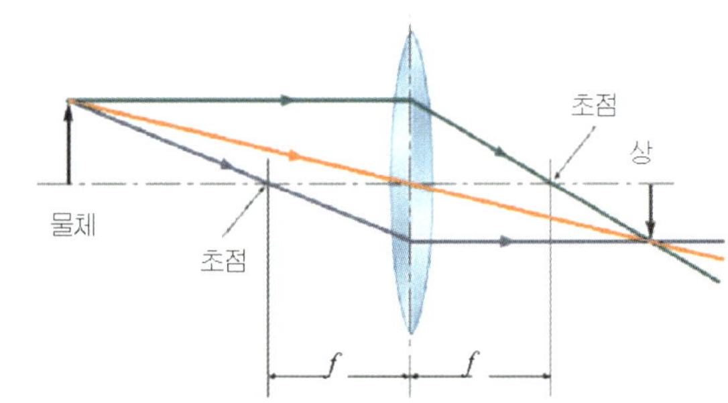

이 세 광선 중 두 개의 광선으로도 빛이 한 점에 모여들어 상이 맺히는 위치를 알 수 있다. 물체의 한 점에서 나온 세 광선이 렌즈의 오른편에 모여들어 구체적인 상을 형성하는 경우도 있지만 경우에 따라 모여들지 않고 발산하는 경우가 있다. 이 발산하는 광선을 뒤로 추적해보면 물체가 있는 위치에서 벗어난 다른 한 지점으로 모여들어 마치 그 지점에서 빛이 발산해 나오는 것처럼 행동함을 알 수 있다.

실제로 광선이 한 점에 모여드는 경우를 실상, 발산하여 마치 렌즈 뒤의 한 지점에서 나온 것처럼 행동하는 경우 그 가상의 지점을 허상이라 한다. 허상이 생기는 경우는 물체가 초점거리 안에 있을 때이고, 실상은 물체가 초점 거리 밖에 있을 때이다. 실상의 경우 그 방향이 물체와 반대로 놓여 도립실상이라 하고, 허상의 경우 물체와 같은 방향으로 놓여 정립허상이라고 한다.

허상이 생기는 경우는 언제든지 허상의 크기는 물체의 크기보다 커서 그 비를 말하는 배율이 1보다 크지만 실상의 경우 물체의 위치에 따라 그 배율이 1보다 클 때도 있고, 작을 때도 있다. (원래 배율은 가로배율과 세로배율이 있으나 여기서는 화살의 길이인 세로배율로 생각한다.) 배율이 1보다 큰 경우는 물체의 위치가 f로부터 $2f$ 사이에 있을 때이고, 물체가 $2f$ 보다 멀어지면 배율이 1보다 작다.

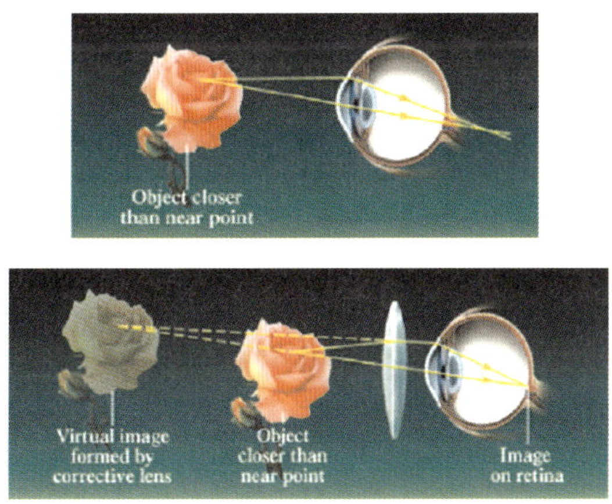

그림 2-13
원시안에 의한 결상

2.2.4 오목렌즈

오목렌즈는 가장자리가 가운데보다 더 두꺼운 렌즈를 말한다. 이 오목렌즈의 경우 초점거리 f는 앞의 볼록렌즈에서의 가우스의 렌즈공식을 공통으로 쓸 수 있어 f 값이 $(-)$가 된다. ($\pm$ 부호를 써서 볼록렌즈나 오목렌즈를 가우스의 렌즈공식으로 다룰 수 있다.)

오목렌즈의 경우에도 가우스의 렌즈공식이 성립한다. 단 이 때 f 값이 $(-)$가 된다. (2-14) 식으로부터 볼록렌즈 때와 마찬가지로 다음과 같이 쉽게 작도할 수 있는 세 개의 광선을 도입할 수 있다.

1. 광축에 평행으로 진행하는 빛은 오목렌즈를 통과한 후 마치 왼편의 초점(물체초점)에서 나가는 광선인 것처럼 진행한다.

2. 렌즈의 중심을 통과한 빛은 그대로 통과한다.
3. 오른편 초점(상 초점)을 향하는 광선은 렌즈를 통과한 후 평행광선으로 나간다.

이 세 광선 중 두 광선의 빛이 한 점에 모여들어도 결상되는 위치를 알 수 있다. 위에 언급된 세 가지 작도법으로 그림 2-14와 같이 작도하면 오목렌즈의 경우 정립허상만 생기는 것을 알 수 있다.

그림 2-14

오목렌즈에 의한 결상

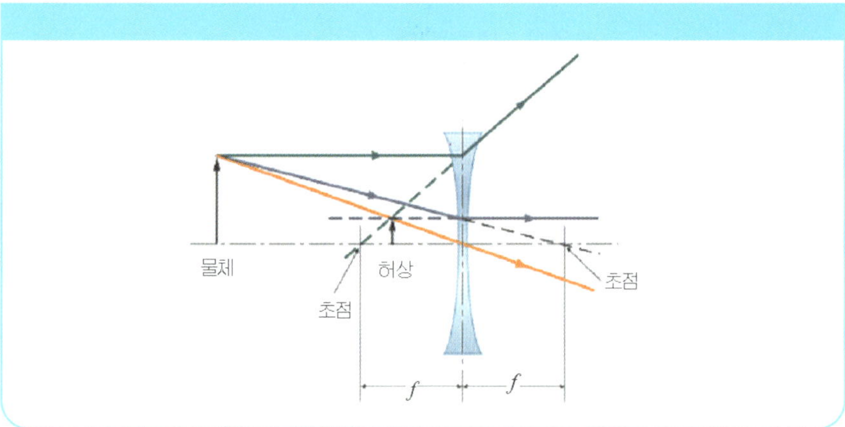

그림 2-15

근시안에 의한 결상

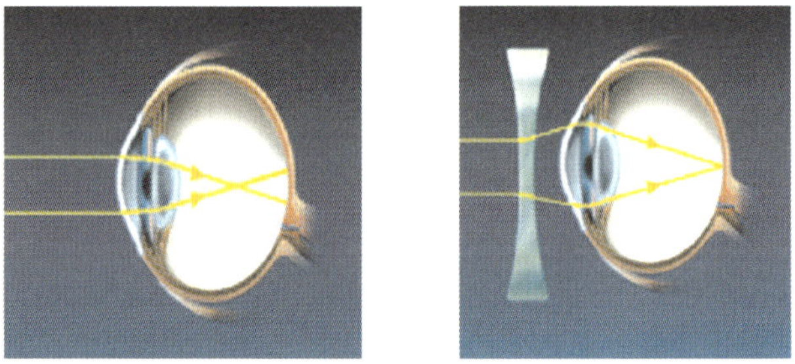

배율(Magnification)

보통 배율이라 하면 광축에 대하여 가로로 서 있는 화살의 상의 길이가 원래의 길이에 비하여 얼마나 커 보이는가를 말한다. 만일에 배율이 2 라면 상의 길이는 원래 물체의 길이의 두 배가 된다. 그러나 경우에 따라 상의 방향이 달라지는 도립의 경우도 있으므로 이를 같이 나타낼 수 있도록 이 경우 음의 값으로 나타내면 편리하다. 이러한 배율을 가로배율(transverse magnification)이라 한다. 이를 m_t로 나타내면,

$$m_t = -\frac{i}{o} \tag{2-16}$$

로 쓸 수 있다.

한편 광축과 나란한 방향으로 누워 있는 화살의 경우, 그 화살이 얼마나 커져 보이는가를 나타내기 위하여 세로배율(longitudinal magnification)을 정의한다. 이 세로배율은 가로배율의 제곱의 (−) 값이다. 그 배율이 1이 아닌 한 가로배율과 세로배율의 크기가 다르다.

따라서 폭을 가지지 않고 광축에 수직으로 서 있는 화살과 같은 경우를 제외하면 그 물체의 상은 가로세로의 비가 달라져서 왜곡되어 나타난다. 우리가 볼록렌즈로 신문의 작은 글씨를 확대해 볼 때처럼 신문의 면과 렌즈의 면을 나란하게 하면 허상은 그대로 커져 보이나 만일 깊이가 있는 물체를 보게 되면 심하게 왜곡되어 보이는 것을 알 수 있다.

2.2.5 얇은 렌즈의 조합

얇은 렌즈의 조합은 복잡한 렌즈 설계방법을 소개하는 것이 아니라 복합적인 렌즈계의 결상 원리를 알아봄으로써 상업화된 복잡한 광학계를 이해하고 그것에 대한 활용능력을 배양하는 데 그 목적을 두고 있다.

실제로 엄밀한 의미에서 두께가 0인 얇은 렌즈는 없지만 직경에 비해서 두께가 얇은 단일 렌즈들은 근사적으로 얇은 렌즈처럼 취급되고 있다. 이제부터 얇은 렌즈들의 조합과 관련된 parameter들 사이에 성립하는 관계식을 유도하고 그것을 이해함으로써 여러 가지 렌즈들의 조합에 의한 결상을 이해하고자 한다. 그림 2-16은 렌즈간 간격이 d인 두 개의 얇은 볼록렌즈, lens 1과 lens 2의 조합에 의해 생성된 결상을 보여준다.

그림 2-16

두 개의 얇은 볼록렌즈, lens 1과 lens 2의 조합에 의한 결상

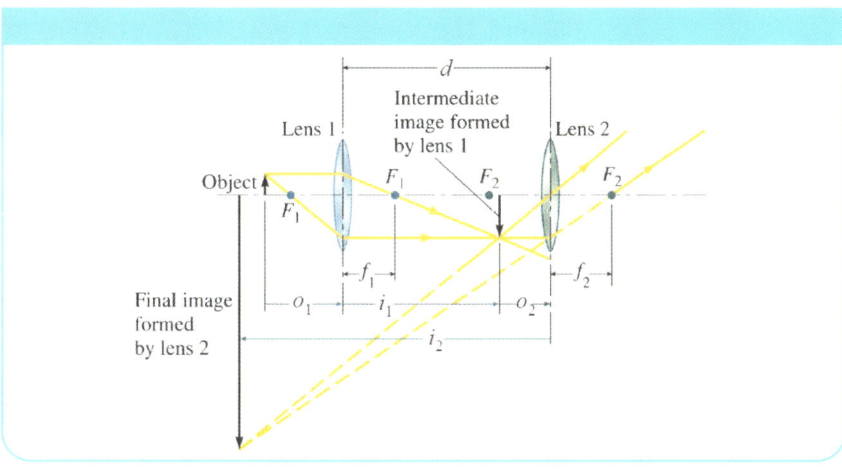

이 렌즈계의 결상과정은 다음과 같다. 먼저 lens 2는 없는 것으로 간주하고 lens 1에 대한 결상을 계산(작도)한다. Lens 1에 의해 결상된 상은 lens 2에 대해서는 물체가 되며 이것에 의해 결상되는 상이 전체 광학계의 상이 된다. 이것을 정리하면 다음과 같이 요약할 수 있다.

1. 먼저 lens 1에 대하여 결상을 계산(작도)한다.
2. Lens 1의 상은 lens 2의 물체이다.
3. Lens 1의 물체를 렌즈 조합, (lens 1+lens 2)의 물체로, 그리고 lens 2의 상을 렌즈 조합, (lens 1+lens 2)의 상으로 간주한다.

위에 언급된 세 가지 작도법을 바탕으로 얇은 렌즈들의 조합과 관련된 parameter들 사이에 성립하는 관계식을 유도해 보자. 먼저 첫 번째 렌즈 lens 1에 대하여 가우스 렌즈공식을 적용하면

$$\frac{1}{o_1}+\frac{1}{i_1}=\frac{1}{f_1} \tag{2-17}$$

$$\frac{1}{i_1}=\frac{1}{f_1}-\frac{1}{o_1}$$

$$\therefore\ i_1=\frac{o_1f_1}{o_1-f_1}$$

이 성립한다. $o_1>f_1$과 $f_1>0$일 때 $i_1>0$이므로 중간상(intermediate image)은 첫 번째 렌즈 lens 1의 오른쪽에 있다. 중간상이 두 번째 렌즈 lens 2에 대하여 물체가 되므로 두 번째 렌즈 lens 2의 물체거리 o_2는 다음과 같이 쓸 수 있다.

$$o_2=d-i_1 \tag{2-18}$$

만약 $d>i_1$이면 두 번째 렌즈 lens 2에 대한 물체거리 o_2는 $o_2>0$이므로 실물체가 되고 $d<i_1$이면 두 번째 렌즈 lens 2에 대한 물체거리 o_2는 $o_2<0$이므로 허물체가 된다.

두 번째 렌즈 lens 2에 대하여 가우스 렌즈공식을 다시 적용하면

$$\frac{1}{o_2}+\frac{1}{i_2}=\frac{1}{f_2}$$

이며

$$i_2=\frac{o_2f_2}{o_2-f_2} \tag{2-19}$$

$$=\frac{(d-i_1)f_2}{d-i_1-f_2}$$

$$=\frac{df_2-\dfrac{o_1f_1f_2}{o_1-f_1}}{d-f_2-\dfrac{o_1f_1}{o_1-f_1}}$$

를 얻을 수 있다. i_2는 두 번째 렌즈 lens 2의 상거리임과 동시에 렌즈 조합 (lens 1+lens 2)의 상거리이다.

예제 2.11

얇은 렌즈의 조합

조점거리가 30 cm, 50 cm인 볼록렌즈 두 개가 20 cm 떨어져 있다. 이 렌즈계의 왼쪽 정점으로부터 50 cm 지점에 물체가 놓여있다면 이 렌즈계에 의해 형성되는 물체의 상거리를 구하시오.

풀이

먼저 첫 번째 렌즈에 대하여 식 (2-17)을 사용하면

$$\frac{1}{o_1}+\frac{1}{i_1}=\frac{1}{f_1} \rightarrow \frac{1}{50}+\frac{1}{i_1}=\frac{1}{30}$$

$$i_1=75\text{ cm},\ o_2=d-i_1=20-75=-55\text{ cm}$$

이다. 두 번째 렌즈에 대해서도 식 (2-17)을 사용하면

$$\frac{1}{o_2}+\frac{1}{i_2}=\frac{1}{f_2} \rightarrow \frac{1}{-55}+\frac{1}{i_2}=\frac{1}{50}$$

$$\therefore\ i_2=26.2\text{ cm}$$

상거리의 부호가 (+)인 것은 결상이 상공간 즉, 두 번째 렌즈의 정점 오른쪽에 생겼으며 실상임을 의미한다.

2.2.6 수차(Aberration)

일반적으로 구면렌즈를 통과하는 광선들은 한 점으로 정확히 수렴하지 않는다. 렌즈의 광축에서 벗어나 있는 지점으로 렌즈에 입사하는 광선은 이상적인 렌즈의 초점(가우스의 렌즈공식을 만족하는 렌즈의 초점) 보다 더 가까이에 수렴하게 되어 한 점에 상이 결상되지 않는다. 이와 같이 광학계와 빛의

물리적인 성질에 의해서 상의 왜곡(distortion)이 발생하는 현상을 **수차**(aberration)라고 한다.

수차는 광학계를 제조하는 과정에서 발생하는 물리적인 결함과 물리적인 결함이 없어도 발생하는 자연현상 이다. 아래에 열거된 여러 가지 수차들 중에서 1-5까지는 단색광에서 발생하기 때문에 단색수차(monochromatic aberration)라고 한다. 반면에 입사한 광선의 파장이 최소한 두 가지 이상의 파장인 광선에서 발생하는 수차를 색수차(chromatic aberration)라고 한다. 수차의 종류는 다음과 같다.

1. 구면수차
2. 코마
3. 비점수차
4. 상면만곡
5. 왜곡수차
6. 색수차

구면을 통과하는 빛이 어떻게 굴절되는지를 규명하기 위하여 우리는 Snell의 법칙을 유도했다. 광학계로 입사하는 광선을 근축광선으로 한정할 경우, 입사각이 매우 작기 때문에 Snell의 법칙

$$n_1 \sin\theta_1 = n_2 \sin\theta_2$$

을 다음과 같이 표현할 수 있다.

$$n_1 \theta_1 = n_2 \theta_2 \qquad (2\text{-}20)$$

이러한 근사는 입사하는 광선이 광축에 가까운 근축광선에 대해서만 성립한다. 그러나 입사각이 클 경우 $\sin\theta \neq \theta$이기 때문에 식 (2-20)은 성립하지 않는다. 따라서 근사적으로 입사광선이 근축광선이라고 가정하고 렌즈 제작자의 공식과 가우스 렌즈공식을 유도하여 초점을 정의하였기 때문에 근축광선의 범위를 벗어나는 광선들과 광축에 평행하지 않은 비축광선의 경로는 이상적인 가우스 렌즈공식을 만족할 수가 없다. 따라서 결상이 이상적으로 형성되지 않고 상이 퍼지거나 왜곡되는 수차를 동반하게 된다.

위의 기술을 단순한 수학적인 방법을 도입해서 설명해 보자. 입사광선이 광축과 큰 각으로 입사할 경우 sine은 급수로 표현할 수 있다.

$$\sin\theta = \theta - \frac{1}{3!}\theta^3 + \frac{1}{5!}\theta^5 - \frac{1}{7!}\theta^7 + \cdots$$

만약에 첫 번째 항까지 근사($\sin\theta \simeq \theta$)를 할 경우 1차 광학(first-order optics) 또는 가우스 광학이라고 하며 두 번째 항까지 근사($\sin\theta \simeq \theta - \frac{1}{3!}\theta^3$)를 하면 3차 광학(third-order optics)이라고 한다. 이와 같이 몇 차 항까지 고려하느냐에 따라 나타나는 수차의 종류와 정도는 달라진다.

연습문제

1. 다음 그림에 있는 오목렌즈의 초점거리를 구하시오. 단 C는 렌즈의 곡률의 중심이다.

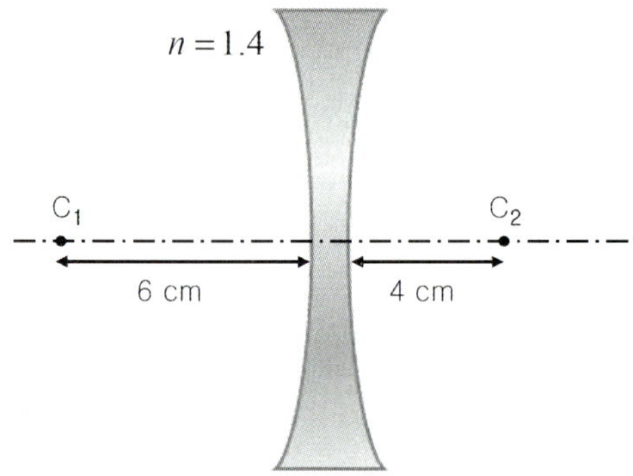

2. 그림과 같이 조각상이 초점거리 5 cm인 볼록렌즈의 15 cm 앞에 위치해 있다. 렌즈 중심에서 상까지의 거리를 구하시오. 렌즈에 의하여 결상된 상은 물체보다 (크다, 같다, 작다), (실상, 허상), (정립, 도립)인지 맞는 곳에 체크하시오.

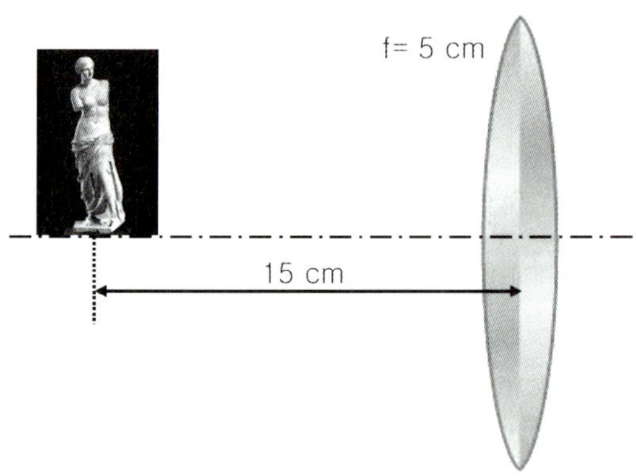

3. 공이 평면거울의 50 cm 앞에 놓여 있다. 공과 공에 의해 생긴 상과의 거리를 구하시오.

4. 그림과 같이 물체(화살표)가 볼록 렌즈 앞에 서있다. 볼록 렌즈에 의해 생기는 물체의 상을 ray tracing으로 작도하고, 상이 물체보다 (크다, 같다, 작다, 같다), (실상, 허상), (정립, 도립)인지 맞는 곳에 체크하시오.

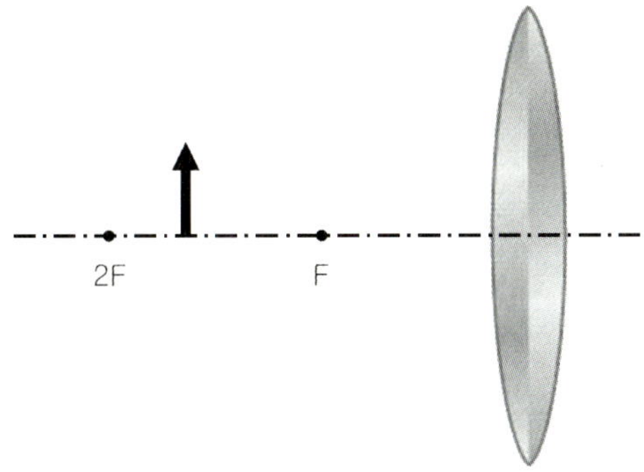

5. 그림과 같이 직사각형 모양의 용기 안에 알 수 없는 액체가 가득 담겨 있다. 용기의 밑변과 높이의 비가 4:3이다. 용기에 수평으로 보면 용기의 반대편 모서리 E 를 볼 수 있다. 용기에 담겨있는 액체의 굴절률은 얼마인가?

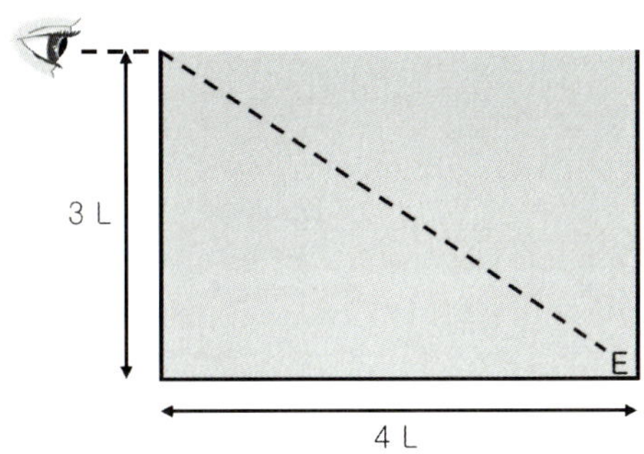

6. 구면 거울의 초점 거리는 곡률 반경의 몇 배인가?

7. 그림과 같이 오목 거울의 전방에 6으로 표시된 지점에 물체가 있다. 그 물체의 상이 역시 6으로 표시된 지점에 생겼다면 이 거울의 곡률 반경과 초점거리는 각각 얼마인가?

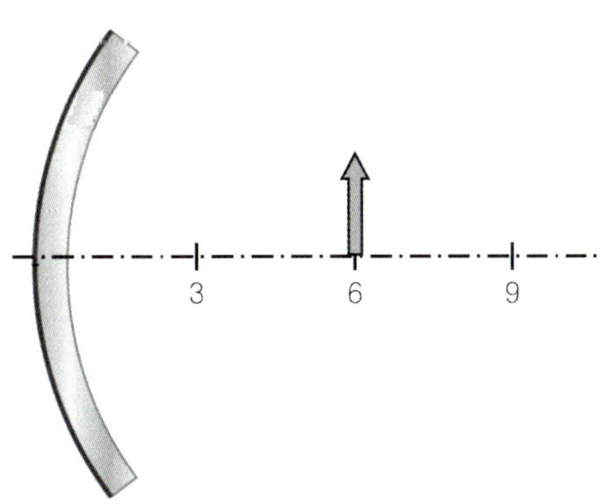

8. 곡률 반경이 12 cm이고 굴절률이 2인 볼록렌즈로 입사하는 평행광은 어느 점에 모이겠는가?

9. 물체가 초점거리 +10 cm인 렌즈의 정점으로부터 20 cm 왼쪽에 놓여있다. 초점거리가 +12.5 cm인 두 번째 렌즈가 첫 번째 렌즈로부터 30 cm 오른쪽에 있다. 물체와 최종 상까지 거리는 얼마인가?

10. 초점거리가 각각 f_1과 f_2인 두 얇은 렌즈가 붙어 있다면 이 렌즈계의 등가 초점거리는 얼마인가?

11. 그림과 같이 두 렌즈 A와 B가 있고, 렌즈 A의 왼쪽으로부터 평행광이 입사하고 있다. 두 번째 렌즈를 점차 첫 번째 렌즈 쪽으로 천천히 움직이면 출력광은 시간에 따라 어떻게 변하겠는가?

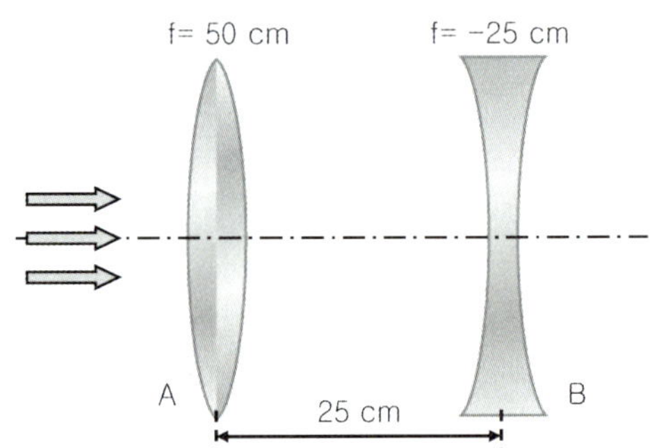

12. 그림과 같이 두 개의 볼록 렌즈가 있다. 상의 위치를 변화시키지 않고 세 번째 렌즈를 추가할 수 있다. 렌즈의 종류와 위치를 구하라.

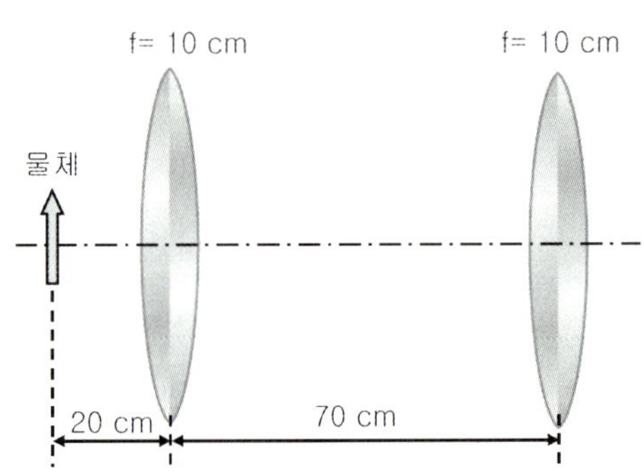

Chapter 3 빛의 간섭

잔잔한 호수에 돌을 던지면 원형 물결이 생긴다. 원형 물결은 동심원을 그리며 연속적으로 발생되고 순차적으로 퍼져나간다. 호수 위의 한 점을 관찰하면 물 표면이 주기적으로 오르락내리락 하는 것을 볼 수 있다. 이와 같이 일반적으로 파동은 압력, 변위 등과 같은 물리량이 주기적으로 변하면서 공간을 따라 전파되어 나가는 것을 말한다.

파동에는 음파, 수면파, 전자기파, 지진파, 줄의 진동 등이 있다. 보통 파동을 형성하는 물리량은 연속적으로 변해야 하기 때문에 공간상의 각 점에서 서로 영향을 주고받을 수 있도록 유기적으로 연결되어 있어야 하고 또한 평형 상태로 되돌아가려고 하는 탄성이 있어야 한다. 자연현상에서는 이러한 조건을 충족시키는 여러 가지 종류의 파동이 있고, 그 전파 모양이나 진동 모양이 각기 다르다. 그러나 어느 경우든지 파동을 전달하는 매질 자체가 전파되어 나가는 것이 아니라, 그 매질의 성질이 전파되어 나가는 것이다.

한 파원에서 나온 파동이 서로 다른 경로를 거쳐 임의의 지점에 도달하면 합성 파동은 보강되거나 상쇄되어 공간적으로 파동의 강 · 약에 따른 무늬가 생긴다. 이러한 현상이 파동의 간섭이며, 이 무늬를 간섭무늬라 한다.

일반적으로 두 개 이상의 파동에 대한 파동함수의 합과 같은 파동함수로 표시되는 파동이 존재한다. 따라서 두 개 이상의 파동을 그대로 중첩시켜 생각해도 무방하다. 이것이 파동의 중첩원리이다. 이 원리는 파동광학의 기초가 된다. 본 장에서는 이러한 파동에 대한 수학적 표현과 중첩의 물리적 현상을 규명해 보기로 한다.

3.1 파동운동의 수학적 표현과 종류

빛은 전자기파의 일종이기 때문에 빛과 물질과의 상호작용(interaction)을 전자기파와 물질과의 상호작용으로 간주해도 크게 무리가 없다. 존재하는 모든 전자기파는 Maxwell의 미분방정식을 만족하는 파동함수로 표현할 수 있으며 Maxwell 방정식은 다음과 같다.

$$\nabla \times \vec{E} = -\mu_0 \frac{\partial \vec{H}}{\partial t} \tag{3-1}$$

$$\nabla \times \vec{H} = \varepsilon_0 \frac{\partial \vec{E}}{\partial t}$$

$$\nabla \cdot \vec{E} = 0$$

$$\nabla \cdot \vec{H} = 0$$

여기서 $\vec{E}$는 전기장 벡터, $\vec{H}$는 자기장 벡터, ε_0는 자유공간에서의 유전상수, μ_0는 자유공간에서의 투자율이다.

임의의 벡터 $\vec{A}$에 대한 관계식 $\nabla \times (\nabla \times \vec{A}) = \nabla(\nabla \cdot \vec{A}) - \nabla^2 \vec{A}$와 식 (3-1)을 이용하면

$$\nabla \times (\nabla \times \vec{E}) = \nabla(\nabla \cdot \vec{E}) - \nabla^2 \vec{E}$$

$$-\nabla^2 \vec{E} = \nabla \times \left(-\mu_0 \frac{\partial \vec{H}}{\partial t}\right)$$

$$= -\mu_0 \frac{\partial}{\partial t}(\nabla \times \vec{H})$$

$$= -\varepsilon_0 \mu_0 \frac{\partial^2 \vec{E}}{\partial t^2}$$

$$\therefore \nabla^2 \vec{E} = \varepsilon_0 \mu_0 \frac{\partial^2 \vec{E}}{\partial t^2} \tag{3-2}$$

인 3차 미분 파동방정식을 얻을 수 있다. 계산을 단순히 하기 위하여 1차원의 경우로 한정하기로 하자. 일정한 속력 v로 $+x$방향으로 진행하는 어떤 파동함수 Ψ는

$$\Psi(x, t) = f(x - vt) \tag{3-3}$$

이다. 파동함수는 $\Psi(x, t)$의 형태가 특정한 어떤 형태를 가짐에 따라 조화파, 평면파, Gaussian, Lorentzian 등으로 명명된다.

3.1.1 조화파(Harmonic Wave)

파동은 여러 가지 다양한 형태, 보다 정확하게 말하면 임의의 모양을 할 수 있다. 예를 들어 줄의 한쪽을 손으로 진동시켜서 파동을 발생 시키는 경우를 생각해 보자. 이 때 손으로 흔드는 폭을 시간에 따라서 임의로 변화시킬 수 있고, 이 경우 줄을 따라 전파되어 가는 파동이 공간에 펼쳐진 모습도 임의의 함수 모양이 된다. 파동의 형태가 sine이나 cosine 곡선으로 주어지는 가장 단순한 파동을 삼각함수파, 단순 조화파, 또는 **조화파**(harmonic wave)라고 한다. 모든 파동은 이러한 조화파들의 중첩으로 표현할 수 있기 때문에 특별한 중요성을 갖는다. 조화파의 파동함수는 파장, 주기, 진동수, 진폭으로 아래 식과 같이 표현할 수 있다.

$$\Psi(x, t) = A\sin k(x - vt) = f(x - vt) \qquad (3\text{-}4)$$

여기서 양의 상수인 k는 **파수**(wave number), 또는 **전파상수**(propagation number)이고, kx의 단위는 radian이다. Sine 곡선은 ± 1 사이에서 변하기 때문에 최대값이 A인데 이것을 파동의 **진폭**(amplitude)이라고 한다.

식 (3-4)에서 x나 t를 고정시킬지라도 삼각함수의 분포를 가지게 되므로 파동함수는 시간과 공간에 대해 주기적이다. 공간주기(spatial period)를 **파장**(wavelength)이라고 하며 λ로 표시한다(그림 3-1 참조). 공간에 대해 주기적이라 함은 $\Psi(x, t) = \Psi(x \pm \lambda, t)$를 만족한다는 의미이다. 즉,

$$\begin{aligned} \sin k(x - vt) &= \sin\{k(x \pm \lambda) - kvt\} \\ &= \sin(kx \pm k\lambda - kvt) \end{aligned}$$

이다. 조화파인 경우에는 sine 함수가 $\pm 2\pi$ 변한 것과 동등하다. 따라서

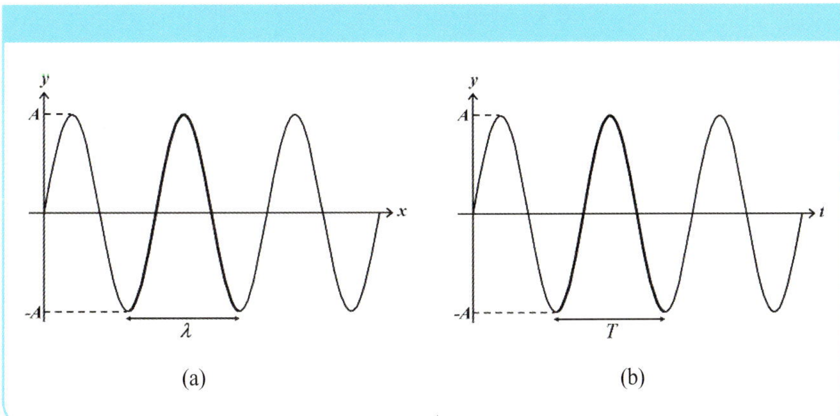

그림 3-1
(a) 위치 x와 (b) 시간 T에 대한 sine 함수

$$|k\lambda|=2\pi$$

이고 k와 λ가 모두 양수이므로 다음과 같다.

$$k=\frac{2\pi}{\lambda} \tag{3-5}$$

동일한 방법으로 시간 **주기**(temporal period) T를 유도할 수 있다. 시간에 대해 주기적이라 함은 $\Psi(x, t)=\Psi(x, t\pm T)$를 만족한다는 것이다. 즉,

$$\begin{aligned}\sin k(x-vt)&=\sin k\{x-v(t\pm T)\}\\&=\sin(kx\pm kvT-vt)\end{aligned}$$

이다. 따라서 $|k\lambda T|=2\pi$을 만족해야 하며 k, v, 그리고 T가 모두 양수이므로

$$kvT=2\pi \tag{3-6}$$

$$\frac{2\pi}{\lambda}vT=2\pi$$

$$\therefore T=\frac{\lambda}{v}$$

를 얻을 수 있다. 파장, 주기 주파수(진동수), 각진동수, 그리고 파수(전파상수) 등은 모든 공간과 시간에서 파동의 반복적인 성질을 나타낸다. 따라서 이것들은 조화파 뿐 아니라 주기적으로 반복하는 파동을 표현하는 데 사용할 수 있다.

예제 3.1

조화파의 파동함수(1)

다음과 같이 표현되는 조화파의 파동함수가 있다. 이 파동함수의 진폭, 파장, 진동수, 그리고 파동의 속도를 구하시오.

$$\Psi(x, t)=10\sin(1.2566\times10^7x+3.770\times10^{15}t\pm\frac{\pi}{2})$$

풀이

조화파인 파동함수의 일반적인 표현은 다음과 같이 쓸 수 있다.

$$\begin{aligned}\Psi(x, t)&=A\sin(kx-\omega t)\\&=A\sin2\pi(\frac{x}{\lambda}-ft)\end{aligned}$$

따라서 진폭.......10

$$\text{파장}\ldots\ldots\lambda=\frac{2\pi}{k}=\frac{2\pi}{1.2566\times10^{7}}$$
$$=5\times10^{-7}(\text{m})$$
$$=500(\text{nm})$$

$$\text{진동수}\ldots f=\frac{\omega}{2\pi}=\frac{3.770\times10^{15}}{2\pi}$$
$$=6\times10^{14}(\text{Hz})$$

$$\text{속도}\ldots\ldots v=\lambda f=5\times10^{-7}\times6\times10^{14}$$
$$=3.0\times10^{8}(\text{m/s})$$

임의의 진행하는 조화파를 다음과 같이 표현할 수 있다.

$$\begin{aligned}\Psi(x,\ t)&=A\sin k(x\pm ft)\\&=A\sin 2\pi\left(\frac{x}{\lambda}\pm\frac{t}{T}\right)\\&=A\sin(kx\pm\omega t)\\&=A\sin 2\pi f\left(\frac{x}{v}\pm t\right)\end{aligned}\tag{3-7}$$

식 (3-7) 중에 첫 번째와 세 번째 식이 가장 많이 사용된다.

예제 3.2

조화파의 파동함수(2)

진폭이 3 cm, 파장이 5 cm, 진동수가 30 Hz인 파동함수를 나타내고 이 파동함수의 각진동수와 주기를 계산하시오.

풀이

조화파인 파동함수의 일반적인 표현은 다음과 같이 쓸 수 있다.

$$\Psi(x,\ t)=A\sin(kx-\omega t)$$
$$=A\sin 2\pi\left(\frac{x}{\lambda}-ft\right)$$

문제에서 주어진 조건의 파동함수는 $\Psi(x,\ t)=3\sin 2\pi\left(\frac{x}{5}-30t\right)$로 나타낼 수 있다. 따라서 진폭은 3 cm, 파장은 5 cm이다.

그리고 각진동수 $\omega=2\pi f$이므로 $\omega=2\pi\times 30=188.5$ rad/s이며 주기 T는

$$T=1/f=1/30$$
$$=0.033\ (\mathrm{s})$$

이다.

3.1.2 횡파와 종파

파동은 횡파(transverse wave)와 종파(longitudinal wave)로 구분할 수 있다. 횡파와 종파는 파동의 진동 방향과 파동의 진행 방향에 따라 구분한다. 매질을 따라 전파해 가는 파는 매질의 진동 방향과 파동이 퍼져나가는 방향을 비교한다. 그러나 빛과 같이 매질 없이 진동하는 파는 파동 자체의 진동 방향과 파동이 퍼져나가는 방향을 비교한다. 이 때 빛의 진동은 전기장과 자기장의 진동을 말한다.

일반적으로 빛을 제외한 모든 파는 매질을 통해 전파된다. 횡파는 매질의 진동 방향과 파동이 진행해 나가는 방향이 수직인 파를 말한다. 횡파의 파동은 주기적으로 상하 왕복운동을 한다. 이러한 주기적인 운동을 통해 파동은 계속해서 옆으로 이동하면서 퍼져 나간다. 이와 함께 에너지가 주변으로 퍼져나간다. 또 다른 횡파의 예로 대표적인 것이 전자기파이다. 전자기파에는 감마선, X선, 적외선, 가시광선, 자외선, 전파 등이 모두 포함되어 있기 때문에 방송에 사용하는 전파나 빛 모두 같은 전자기파이다. 지진파의 S파도 횡파에 해당한다.

종파는 매질의 진동방향과 파동이 진행해 나가는 방향이 나란한 파를 말한다. 지진파의 P파, 음파가 종파의 대표적인 예이다. 사람이 목소리를 낼 때, 목청이 떨리는 것을 알 수 있다. 목청이 떨림이 주변의 공기 분자들에게 전달되어 공기분자들의 밀도가 주기적으로 변하면서 사방으로 퍼져 나간다.

마찬가지로 소리굽쇠를 두드리면 소리굽쇠의 진동이 그 주위에 있는 공기를 주기적으로 밀었다가 당겼다 하여 공기의 밀도가 변하게 되고 그 결과로 인한 공기의 진동이 종파의 형태로 전달된다. 공기 분자는 단지 앞뒤로 진동만 할 뿐 공기 분자는 직접 이동하지 않고, 단지 그 진동 상태가 진동 방향과

그림 3-2

(a) 횡파와 (b) 종파

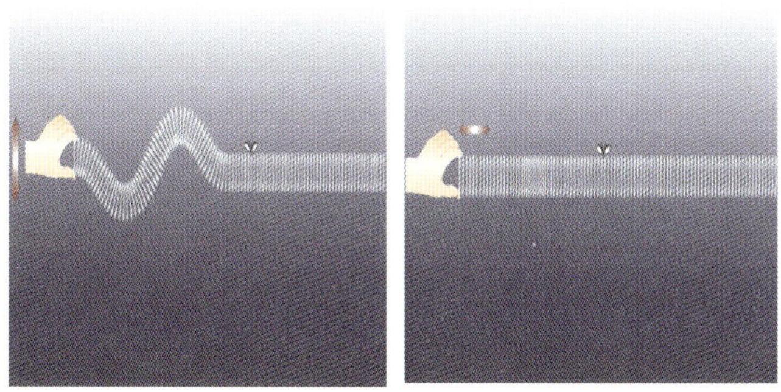

(a) (b)

같은 방향으로 전달되는 것이 종파이다.

소리는 공기의 밀도 변화가 전달된다고 생각할 수 있다. 따라서 공기가 밀한 곳은 압력이 높고 공기가 소한 곳은 압력이 낮다. 그림 3-3은 소리굽쇠의 진동에 의해 관속 공기의 밀도 변화를 나타낸 것으로 그림 3-3에서 C는 공기가 압축되어 압력이 높은 밀한 곳이며, R은 공기가 팽창되어 압력이 낮은 소한 곳을 나타내고 있다. 흔히 물결파를 횡파의 대표적인 예로 들고 있는데, 물결파는 횡파가 아니다. 앞에서 언급한 바와 같이 횡파는 매질이 상하로 진동하는 파를 일컫는데, 물결파의 매질은 상하와 앞뒤 방향으로 진동한다. 따라서 횡파적 성질과 종파적 성질을 모두 가지고 있는 것이다. 물결이 치고 있는 바다 위에 떠 있는 부표는 상하 진동이 아닌 원운동(상하좌우 진동)을 한다. 그리고 얕은 바다의 속(바닥 쪽)에서는 좌우 진동만 일어난다. 즉, 얕은

그림 3-3

음파가 공기 중에 퍼져나갈 때 공기분자의 밀도분포

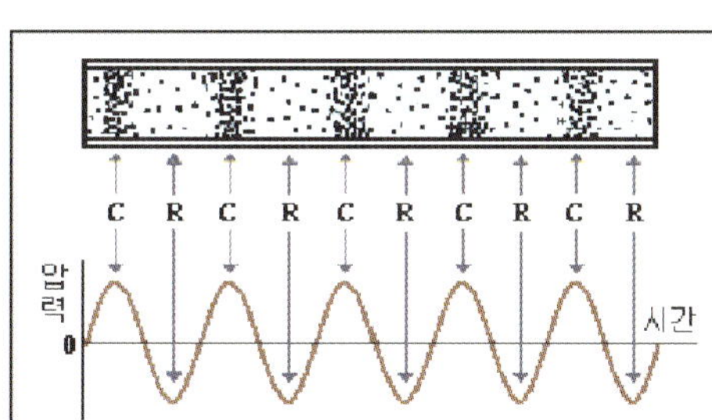

바닥의 속에서는 종파 진동이 발생한다.

3.1.3 정상파(Standing Wave)

넓은 호수에 종이배를 띄어 놓고 계속해서 물결파를 발생시키면 종이배는 점점 멀어져 간다. 반면에 좁은 풀장에 종이배를 띄어 놓고 물결파를 만들면 종이배는 짧은 시간동안 멀어져 가지만 그 후로는 제자리에서 오르락내리락한다. 물결파에 있어서 전자는 진행파이고 후자는 정상파이다. 진행파인 경우 파동에 의하여 먼 곳으로 에너지가 전달되고 정상파인 경우 에너지의 전달이 없다. 따라서 좁은 풀장에 떠있는 종이배는 멀어져 가지 않고 제자리에서 상하 진동만 할 뿐이다. 일반적으로 물리학에서 정상이란 용어는 시간에 따른 물리량의 변화가 없는 경우를 일컫는데, 이 경우 에너지 전달이 없다는 뜻으로 받아들여질 수 있다.

정상파를 설명할 때, 고정단과 자유단을 도입하곤 한다. 줄의 끝이 단단하게 묶여 있어 움직이지 않는 상태를 고정단(고정된 끝)이라 한다. 벽 끝에 줄을 묶은 경우나 가는 줄(가벼운 줄) 다음에 굵은 줄(무거운 줄)이 연결된 경우를 고정단이라 할 수 있다. 벽 끝에 줄을 묶고 흔드는 경우는 줄을 따라 펄스파가 가다가 고정단(벽)에 부딪히면 펄스의 모양이 뒤집혀 벽으로부터 튕겨(반사) 나온다. 이 경우 반사파만이 생긴다.

반면에 줄을 2개 연결한 고정단에서도 같은 반사가 일어나지만 이 경우는 투과하는 펄스파도 생긴다. 반사파는 입사파와 뒤집혀 진행하지만 투과파는 입사파와 같은 모양으로 그대로 진행한다. 물론 에너지가 반사파와 투과파로 나누어지므로 진폭이 입사파의 경우보다 작아진다. 또한 투과파는 입사파보

그림 3-4

고정단과 자유단

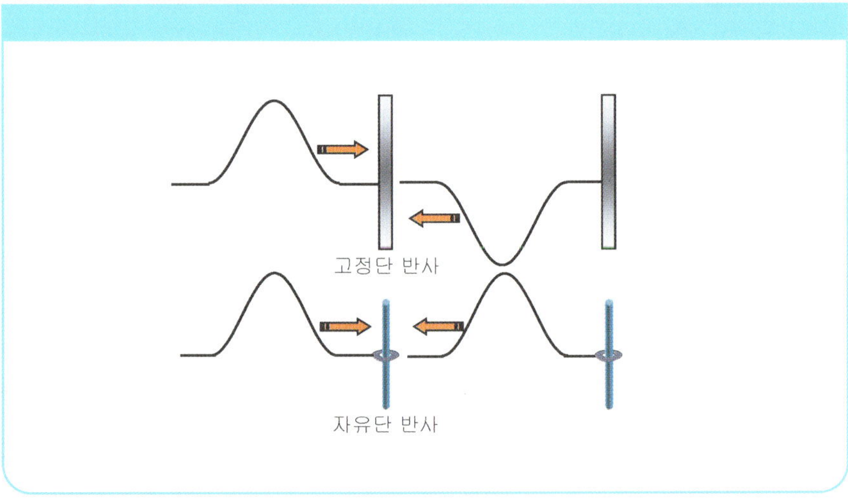

다 속도가 느려진다. 가벼운 줄을 매질로 삼아 진행하다가 무거운 줄을 매질로 삼아 진행하려니까 속력이 느려지는 것이다.

줄의 끝이 자유롭게 움직일 수 있도록 된 경우나 굵은 줄(무거운 줄) 다음에 가는 줄(가벼운 줄)이 연결되어 있는 경우가 이에 해당한다. 펄스 파가 줄을 따라 가다가 자유단 끝에서 반사가 일어나면 반사파는 뒤집어짐 없이 그대로 되 튕겨 나온다. 반면에 굵은 줄에서 가는 줄로 펄스파가 들어가는 순간 반사파는 그대로 튕겨 나오고 투과파도 그대로 계속 진행하게 된다. 물론 두 파의 진폭은 처음보다 작아진다. 또한 무거운 부분(굵은 줄)을 달리던 입사파는 가벼운 지역(가는 줄)에 들어가는 순간 투과파는 입사파보다 속도가 빨라진다.

파장과 진폭이 같은 두 개의 파동이 서로 반대 방향에서 와서 겹치면 파동이 정지한 것처럼 보이는 현상이 일어난다. 이러한 파동을 **정상파**라고 한다. 마루와 골이 같은 장소에서 교대하므로 마치 정지한 것처럼 보이는 것이다. 이 때 잘록한 부분을 마디, 불룩 나온 부분을 배라고 한다. 항상 마디와 마디 사이의 거리는 파장의 반이다. 당연히 마디와 배 사이는 파장의 1/4이다.

이제 sine 파로 진행파와 정상파를 설명해 보자. 한 쪽이 고정되어 있는 현에 sine 파가 전파되어 고정단에 도달하면 진폭 반사율 -1로 반사된다. 즉 반사파와 입사파의 진폭은 같고, 위상차는 π radian(180°)이다. 이런 경우 두 개의 파동이 중첩하여 정상파가 생긴다. 입사파가 왼쪽에서 오른쪽으로 진행한다고 하자. 이 때 입사파의 방정식은

$$\Psi(x, t) = A\sin(kx - \omega t) \tag{3-8}$$

이고 반사파는 오른쪽에서 왼쪽으로 진행하므로 $-\omega t$는 $+\omega t$로 대체된다. 따라서 반사파의 방정식은

$$\Psi'(x, t) = A\sin(kx + \omega t) \tag{3-9}$$

와 같이 기술된다. 정상파는 파장과 진폭이 거의 비슷한 두 개의 파동이 서로 반대 방향으로 진행하여 중첩되어 나타나므로, (3-8) 식과 (3-9) 식을 중첩의 원리를 이용하여 전개하면

$$\begin{aligned}\Psi''(x, t) &= A\{\sin(kx - \omega t) + \sin(kx + \omega t)\} \\ &= 2A\sin kx \cos\omega t\end{aligned}$$

이 된다. 정상파에서는 현의 각 점이 입사 sine 파의 진동수로 진동한다. 고정단에서부터 거리가 반파장의 정수배가 되는 위치에 마디, 즉 진동 진폭이 항상 0이 되는 장소가 생긴다. 마디가 생기는 조건은 $\sin kx = 0$을 만족하는 점들

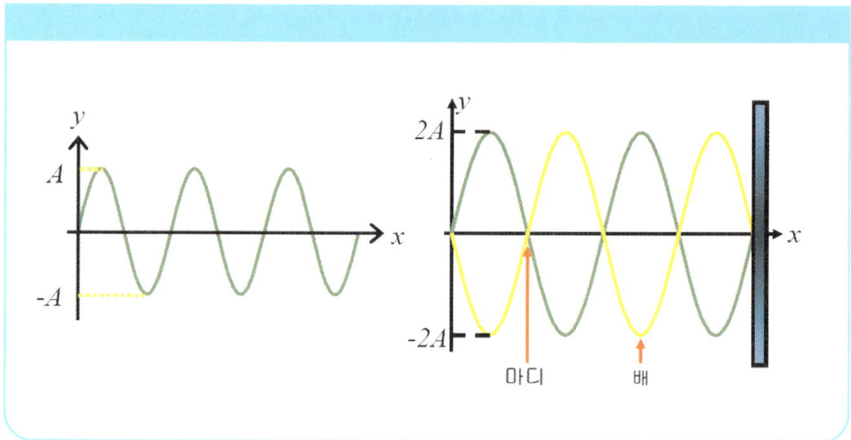

그림 3-5 (a) $\Psi(x, t) = A\sin(kx - \omega t)$인 입사파, (b) 정상파의 배와 마디

로 $\sin n\pi = 0(n=0, 1, 2, 3\cdots)$이다. 여기에서 이웃하는 마디와 마디 중간에 배, 즉 진폭이 최대가 되는 곳이 생긴다. 배가 생기는 조건은 $\sin kx = \pm 1$을 만족하는 점들이다. 정상파의 마디와 배에서는 에너지 흐름이 항상 0이고, 가장 근접한 마디와 배 사이에 있는 현 위에서 파동의 에너지 흐름이 왕복한다.

3.1.4 평면파와 구면파

3차원 공간을 전파하는 파동에서는 파동의 위상이 일정한 값이 되는 평면으로 전파되어 나간다. 파동의 위상이 일정한 값이 되는 표면을 파면이라고 한다. 파면이 평면이면 파동은 평면파이며, 파면이 한 점을 중심으로 하는 구면이면 파동은 구면파이다.

평면파는 3차원 파동의 가장 간단한 예이다. 평면파는 주어진 시간에 대하여 위상이 일정한 값이 되는 면이 파동의 진행방향과 직각을 이루고 있다. 대부분의 광학계 설계에 있어서 복잡함을 피하기 위하여 아주 정밀한 고가의 광학계가 아니면 입사 광파를 평면파로 취급하는 예가 많다.

그림 3-6에서 주어진 파 벡터 $\vec{k}$와 수직이고 임의의 점 (x_0, y_0, z_0)와 (x, y, z)를 포함하는 평면에 대한 수학적 표현은 다음과 같다.

$$(\vec{r} - \vec{r_0}) \cdot \vec{k} = 0 \tag{3-10}$$

식 (3-10)은 $k_x(x-x_0)+k_y(y-y_0)+k_z(z-z_0)$이며 다음과 같이 쓸 수 있다.

$$k_x x + k_y y + k_z z = a$$

여기서 a는 $a = k_x x_0 + k_y y_0 + k_z z_0 = \text{constant}$이다. 따라서 파 벡터 $\vec{k}$와 수직을 이루는 평면에 대한 표현은

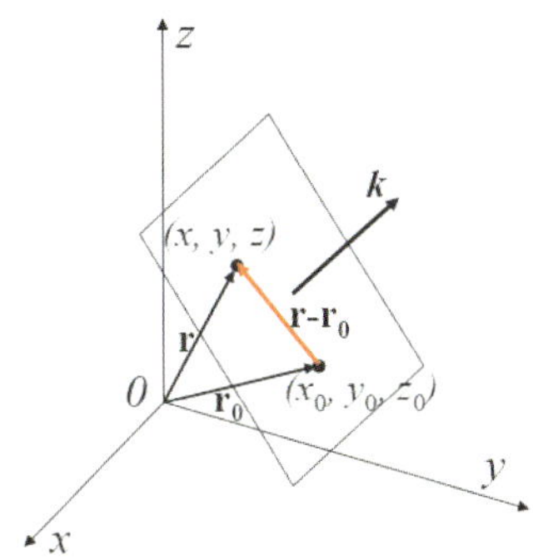

그림 3-6
$\vec{k}$ 방향으로 진행하는 평면파

$$\vec{k}\cdot\vec{r}=\text{constant}=a \tag{3-11}$$

로 쓸 수 있으며 (3-11)을 만족하는 평면은 $\vec{k}$방향으로 같은 투영을 갖는 위치 벡터들의 집합이다.

따라서 공간상에서 삼각함수 꼴로 변하는 조화 평면파의 파동함수는 다음과 같이 나타낼 수 있다.

$$\Psi(\vec{r})=A\sin(\vec{k}\cdot\vec{r})$$
$$\Psi(\vec{r})=Ae^{i\vec{k}\cdot\vec{r}}$$

이상적인 점광원에서 나온 광파는 모든 방향으로 고르게 등방적으로 퍼져나간다. 이와 같이 등방성이 있는 광원에서 나온 파면들은 주위의 공간으로 퍼져나감에 따라 그림 3-7에 보는 바와 같이 반경이 증가하는 동심구들로 되어 있다. 구면파의 파면들이 갖고 있는 대칭성 때문에 파동함수의 표현은 구

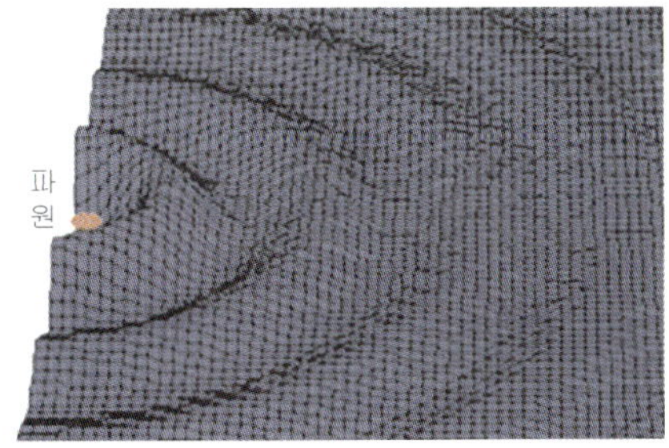

그림 3-7
파원으로부터 퍼져나가는 구면파

좌표계를 사용하는 것이 편리하다. 구면파는 구대칭(θ와 ϕ에 의존하지 않는다)이므로 다음과 같이 나타낼 수 있다.

$$\Psi(\vec{r})=\Psi(r,\ \theta,\ \phi)=\Psi(r) \tag{3-12}$$

따라서 $\Psi(r)$의 Laplacian은 다음과 같이 간단히 쓸 수 있다.

$$\nabla^2\Psi(r)=\frac{1}{r^2}\frac{\partial}{\partial r}\left(r^2\frac{\partial\Psi}{\partial r}\right) \tag{3-13}$$

약간의 수학적 계산(연습문제로 남겨 둔다)을 하면 (3-13) 식은 다음과 같이 표현할 수도 있다.

$$\begin{aligned}\nabla^2\Psi(r)&=\frac{1}{r^2}\frac{\partial}{\partial r}\left(r^2\frac{\partial\Psi}{\partial r}\right)\\&=\frac{\partial^2\Psi}{\partial r^2}+\frac{2}{r}\frac{\partial\Psi}{\partial r}\\&=\frac{1}{r}\frac{\partial^2}{\partial r^2}(r\Psi)\end{aligned} \tag{3-14}$$

3차 미분 파동방정식 (3-2)에 식 (3-14)를 적용시키면

$$\frac{1}{r}\frac{\partial^2}{\partial r^2}(r\Psi)=\frac{1}{v^2}\frac{\partial^2\Psi}{\partial t^2}$$

로 쓸 수 있으며 양변에 r을 곱하여 정리하면 다음과 같다.

$$\frac{\partial^2}{\partial r^2}(r\Psi)=\frac{1}{v^2}\frac{\partial^2}{\partial t^2}(r\Psi) \tag{3-15}$$

식 (3-15)는 공간변수가 r이고 파동함수가 $r\Psi$인 경우에 대한 1차 미분 파동방정식 (3-2)와 같음을 알 수 있다. 식 (3-15)의 해는

$$\begin{aligned}r\Psi(r,\ t)&=f(r-vt)\\\Psi(r,\ t)&=\frac{f(r-vt)}{r}\end{aligned} \tag{3-16}$$

이다. 식 (3-16)은 임의의 함수형태 f를 가지며 일정한 속력 v로 원점으로부터 방사상으로 퍼져 나가는 구면파를 나타낸다. 식 (3-16)의 특별한 경우인 조화구면파(harmonic spherical wave)는

$$\Psi(r,\ t)=\frac{A}{r}\sin k(r\mp vt),\ \Psi(r,\ t)=\frac{A}{r}\ e^{i(r\mp vt)} \tag{3-17}$$

로 표현된다. 구면파의 진폭은 구면의 반지름에 반비례해서 감소하고, 강도는 반지름의 제곱에 반비례해서 감소하며 구면을 통하여 흐르는 에너지 흐름의 총량의 시간평균은 구면의 반지름과 무관하다.

3.2 빛의 간섭

3.2.1 빛의 중첩이론

간섭은 가간섭적(coherent)인 여러 빛이 임의의 관측점에서 중첩되었을 때 밝고 어두운 무늬가 반복적으로 나타나는 현상을 말한다. 빛의 간섭 이론은 전자기파의 선형 중첩 원리에 기초를 두고 있다. 각각의 파원에서 방출된 빛의 파동함수를 $\vec{E}_{(1)}$, $\vec{E}_{(2)}$, $\vec{E}_{(3)}$, …라고 하면 $\vec{E}_{(1)}$, $\vec{E}_{(2)}$, $\vec{E}_{(3)}$, …는 다음과 같이 표현할 수 있다.

$$\vec{E}_{(1)}=\vec{E}_1 e^{i(\vec{k}_1\cdot\vec{r}-\omega t+\phi_1)} \tag{3-18}$$

$$\vec{E}_{(2)}=\vec{E}_2 e^{i(\vec{k}_2\cdot\vec{r}-\omega t+\phi_2)}$$

$$\vec{E}_{(3)}=\vec{E}_3 e^{i(\vec{k}_3\cdot\vec{r}-\omega t+\phi_3)}$$

$$\cdots\cdots\cdots\cdots$$

여기서 $\vec{E}_1$, $\vec{E}_2$, $\vec{E}_3$ … ϕ_1, ϕ_2, ϕ_3 …는 각 파동함수의 진폭벡터와 초기 위상을 나타낸다. 임의의 관측점에서의 합성 파동함수 $\vec{E}$는

$$\vec{E}=\vec{E}_{(1)}+\vec{E}_{(2)}+\vec{E}_{(3)}+\cdots \tag{3-19}$$

과 같다. 각각의 파원들이 Maxwell 방정식의 해라는 사실을 단순히 적용하여 그들의 합도 해가 된다는 것을 수학적으로 표현한 것이다. 이것에 대한 분석은 대단히 복잡하다.

이제 제일 간단한 경우로, 위상과 진동수가 동일한 경우에 대해서 논의해 보기로 한다. 위상과 진동수가 동일한 두 파동을 중첩시키면 중첩된 파동 $\vec{E}$는 $\vec{E}=\vec{E}_{(1)}+\vec{E}_{(2)}$가 된다. 그리고 파동의 강도(intensity) I는 $I\propto(\vec{E}_{(1)}+\vec{E}_{(2)})^2$와 같이 파동함수 합의 제곱에 비례한다. 계산의 간편함을 위하여 비례상수는 1로 두고 초기 위상이 다르고 진동수가 동일한 두 광파의 중첩을 생각해 보기로 하자.

식 (3-7)에서 두 광파 $\vec{E}_{(1)}$, $\vec{E}_{(2)}$의 초기 위상 ϕ_1과 ϕ_2가 시간이 경과함에 따라 항상 일정하다면 중첩된 파동의 강도 I는

$$I=\vec{E}\cdot\vec{E}^*$$

$$=(\vec{E}_{(1)}+\vec{E}_{(2)})\cdot(\vec{E}_{(1)}+\vec{E}_{(2)})^*$$
$$=\vec{E}_{(1)}\cdot\vec{E}^*_{(1)}+\vec{E}_{(2)}\cdot\vec{E}^*_{(2)}+\vec{E}_{(1)}\cdot\vec{E}^*_{(2)}+\vec{E}_{(2)}\cdot\vec{E}^*_{(1)}$$

와 같다.

그리고 $I_1=\vec{E}_{(1)}\cdot\vec{E}^*_{(1)}$, $I_2=\vec{E}_{(2)}\cdot\vec{E}^*_{(2)}$이며 $\vec{E}_{(1)}\cdot\vec{E}^*_{(2)}$, $\vec{E}_{(2)}\cdot\vec{E}^*_{(1)}$는 다음과 같이 나타낼 수 있다.

$$\begin{aligned}\vec{E}_{(1)}\cdot\vec{E}^*_{(2)}&=\vec{E}_1\cdot\vec{E}_2e^{i(\vec{k}_1\cdot\vec{r}-\omega t+\phi_1)-i(\vec{k}_2\cdot\vec{r}-\omega t+\phi_2)}\\&=\vec{E}_1\cdot\vec{E}_2e^{i(\vec{k}_1\cdot\vec{r}-\vec{k}_2\cdot\vec{r}+\phi_1-\phi_2)}\end{aligned}$$

$$\begin{aligned}\vec{E}^*_{(1)}\cdot\vec{E}_{(2)}&=\vec{E}_1\cdot\vec{E}_2e^{-i(\vec{k}_1\cdot\vec{r}-\omega t+\phi_1)+i(\vec{k}_2\cdot\vec{r}-\omega t+\phi_2)}\\&=\vec{E}_1\cdot\vec{E}_2e^{-i(\vec{k}_1\cdot\vec{r}-\vec{k}_2\cdot\vec{r}+\phi_1-\phi_2)}\end{aligned}$$

따라서 중첩된 파동의 강도 I는

$$\begin{aligned}I&=I_1+I_2+\vec{E}_{(1)}\cdot\vec{E}^*_{(2)}+\vec{E}_{(2)}\cdot\vec{E}^*_{(1)}\\&=I_1+I_2+\vec{E}_{(1)}\cdot\vec{E}_{(2)}\{e^{i(\vec{k}_1\cdot\vec{r}-\vec{k}_2\cdot\vec{r}+\phi_1-\phi_2)}+e^{-i(\vec{k}_1\cdot\vec{r}-\vec{k}_2\cdot\vec{r}+\phi_1-\phi_2)}\}\\&=I_1+I_2+2\vec{E}_{(1)}\cdot\vec{E}_{(2)}\cos\theta\end{aligned}$$

$$\therefore\ I=I_1+I_2+2\sqrt{I_1I_2}\cos\theta \tag{3-20}$$

이다. 여기서 θ는 $(\vec{k}_1\cdot\vec{r}-\vec{k}_2\cdot\vec{r}+\phi_1-\phi_2)$이다. 식 (3-20)의 $2\sqrt{I_1I_2}\cos\theta$항은 **간섭항**(interference term)이라고 한다. 간섭항은 θ의 값에 따라 I가 I_1+I_2보다 클 수도 있고 작을 수도 있다. 간섭항의 최대값은 $\cos\theta=1$일 때 일어난다. 따라서 중첩된 파동의 최대 강도 $I_{\max}$는

$$I_{\max}=I_1+I_2+2\sqrt{I_1I_2}$$

이다. 이 때 θ는 $\theta=0,\ \pm2\pi,\ \pm4\pi,\ \cdots$이다. 이 경우 두 파의 위상차는 2π의 정수배이고 광파는 동일한 위상을 갖는다. 이것을 **완전보강간섭**(total constructive interference)이라고 한다. $\cos\theta$의 값이 $0<\cos\theta<1$일 때 광파의 위상은 같지 않고 $I_1+I_2<I<I_{\max}$이며 이것을 **보강간섭**(constructive interference)이라고 한다.

반대로 $\cos\theta=-1$이면 간섭항은 최소값을 갖는다. 따라서 중첩된 파동의 최소 강도 $I_{\min}$은

$$I_{\min}=I_1+I_2-2\sqrt{I_1I_2}$$

이다. 이 때 θ는 $\theta=\pm\pi,\ \pm3\pi,\ \pm5\pi,\ \cdots$이며 **완전소멸간섭**(total destructive

그림 3-8

가간섭성이 있는 두 광파가 만드는 간섭무늬

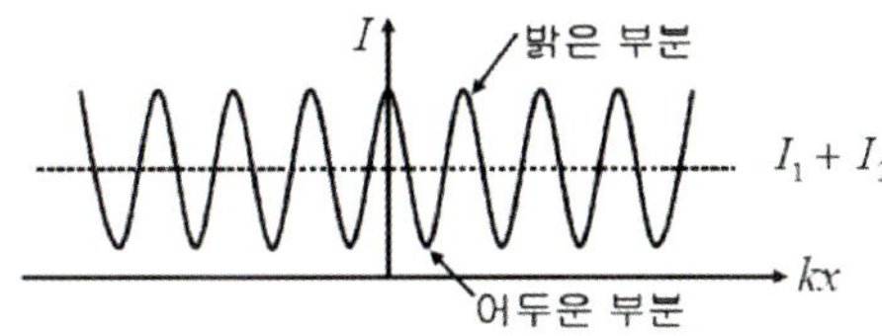

interference)이라고 한다. $\theta=\pi/2$, $\cos\theta=0$에서 광파는 90° 의 위상차가 있으므로 $I=I_1+I_2$이다. $\cos\theta$의 값이 $0>\cos\theta>1$일 때 파동의 강도는 $I_1+I_2>I>I_{min}$이며 이것을 **소멸간섭**(destructive interference)이라고 한다.

만약 광파 $\vec{E}_{(1)}$과 $\vec{E}_{(2)}$가 가간섭적이면, θ가 $\vec{r}$의 함수이므로 간섭무늬의 강도(중첩된 파동의 강도 I)는 공간의 주기적인 변화로 나타난다. 그러나 두 광파들이 비가간섭적이면 두 광파들의 초기 위상의 차 $\phi_1-\phi_2$가 random하게 변하기 때문에 $\cos\theta$의 시간 평균값이 0이 되어 간섭무늬가 나타나지 않는다. 서로 다른 두 광원을 가지고 간섭실험을 할 경우 간섭무늬를 관찰할 수 없는 이유가 바로 이것이다. 태양광선, 백열등, 형광등 등과 같은 광원으로부터 나온 빛으로는 보강간섭과 소멸간섭을 볼 수 없다. 원자 준위에서 볼 때 이들 광원에서 나오는 빛은 수많은 독립적인 광원에 의해 방사된 것이다. 수많은 독립적인 광원에서 나오는 파동은 비가간섭적이므로 그들 사이의 위상차를 일정한 값으로 유지할 수가 없어서 간섭현상을 관찰할 수가 없다.

또 두 광파들이 편광되었을 경우, 간섭항은 광파의 편광에 의존성을 갖는다. 특히 두 광파의 편광이 서로 직교한다면 $\vec{E}_1 \cdot \vec{E}_2=0$되어 이 경우 역시 간섭무늬를 관찰할 수가 없다. 이 조건은 선편광된 광파뿐 아니라 원편광이나 타원편광의 경우에도 마찬가지로 적용된다. 그림 3-8은 식 (3-20)의 빛의 강도를 축을 따라가면서 도해한 것이다. 이 때 기본 강도 I_1+I_2를 중심으로 빛이 세기가 cosine 함수 모양으로 변하는 것을 볼 수 있는데 이것이 간섭무늬이다.

3.2.2 영(Young)의 이중 슬릿에 의한 간섭실험

토마스 영(Thomas Young)은 단일 광원으로부터 두 개의 가간섭적인 광원을 만드는 기법(이중 슬릿)을 사용하여 간섭실험을 최초로 수행하였다. 그림 3-9는 영의 이중 슬릿에 의한 간섭실험을 설명하기 위한 도해도이다.

그림 3-9

영의 이중슬릿에 의한 간섭실험의 도해도와 간섭무늬

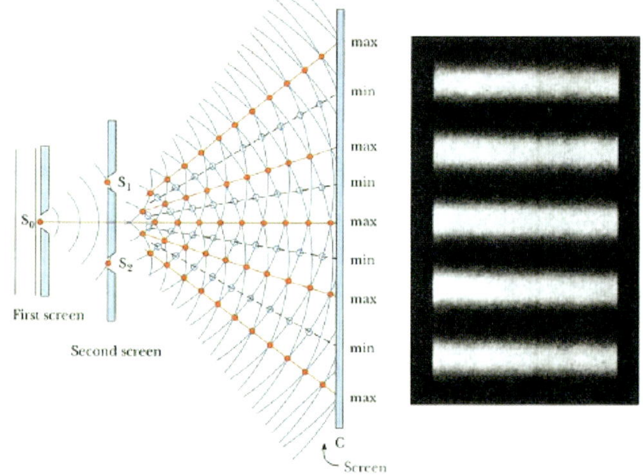

그림 3-9에서 S_0를 통과한 광파가 평행하고 좁은 이중 슬릿(slit) S_1과 S_2가 있는 두 번째 스크린에 도달한다. S_1과 S_2를 통과한 두 광파는 같은 파면에서 출발하여 동일한 위상을 가지고 있으므로 한 쌍의 가간섭적인 광원이 된다. 여기서 S_0는 첫 번째 스크린의 슬릿 S_1과 S_2는 두 번째 스크린에 있는 두 개의 슬릿을 의미하며 스크린에는 S_1과 S_2에서 나온 두 광파가 서로 간섭하여 형성된 간섭무늬가 나타나게 된다.

그림 3-10을 이용하여 영의 실험을 정량적으로 설명할 수 있다. 스크린 상에 있는 임의의 관측점 P에서의 간섭을 생각하자. 그림에서 슬릿간격(S_1과 S_2 사이의 거리)은 d이고, 그 중간의 지점이 원점 Q이다. 슬릿과 스크린 사이의 거리는 L인데, 이것은 슬릿간격 d에 비해 대단히 큰 값이라고 가정한다. 즉, 다음의 조건을 만족한다.

$$L \gg d$$

영의 실험에서 생기는 간섭무늬를 정밀하게 구하기 위해서는 S_1과 S_2를 통과한 광파의 파동함수(전기장 벡터) $\vec{E}_{(1)}$과 $\vec{E}_{(2)}$를 각각 정의하고, 그 합을 계산함으로써 광파의 강도가 공간적으로 어떻게 되는지 알아내야 한다.

그림 3-10에서 보듯이 S_1과 S_2를 통과한 광파를 구면파로 가정하면 광파는 슬릿을 중심으로 등방적으로 동일하게 퍼져 나간다. 따라서 광파의 파동함수는 슬릿으로부터의 거리 r에 따른 sine이나 cosine 함수 형태로 표현할 수 있다. 이것을 복소수 형태로 나타내면 다음과 같다.

그림 3-10 영의 이중슬릿에 의한 간섭

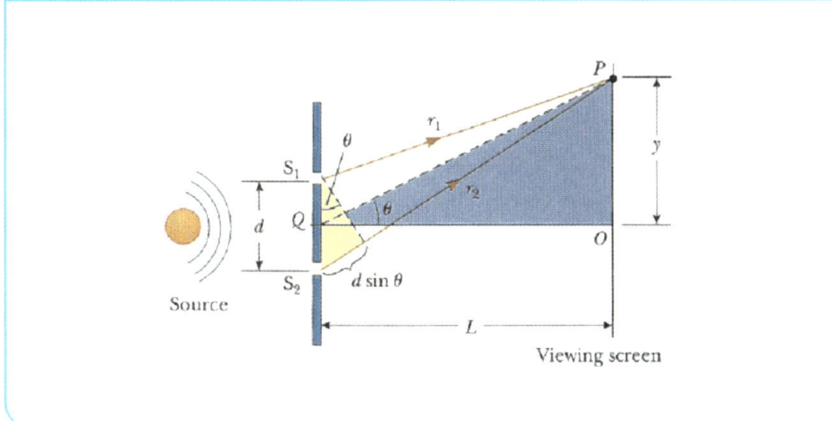

$$E(r, t) = \frac{E_0}{r} e^{i(kr - \omega t)} \tag{3-21}$$

또한 광파에 대한 파동함수의 표현에서 벡터 표현을 사용하지 않은 것은, 어차피 간섭을 일으키는 두 빛의 편광은 서로 같은 성분끼리가 될 것이기 때문이다. 물론 이것이 원래 편광까지 다 고려해야 하는 복잡한 현상을 너무 단순화한 것이라고 할 수도 있겠으나 실제로 간섭무늬의 모양을 정확히 설명할 수 있고 간섭현상만을 보다 더 집중해서 이해하기 쉬우므로 이 방법을 택하기로 한다.

이러한 몇 가지 전제를 하면, 간섭무늬가 생기는 스크린의 중심에서부터 높이 y지점인 점 P에서 슬릿 S_1을 통과한 빛의 전기장 E_1과 슬릿 S_2를 통과한 빛의 전기장 E_2는 다음과 같이 표현할 수 있다.

$$E_1(r_1, t) = \frac{E_0}{r_1} e^{i(kr_1 - \omega t)} \tag{3-22}$$

$$E_2(r_2, t) = \frac{E_0}{r_2} e^{i(kr_2 - \omega t)}$$

식 (3-22)에서 r_1과 r_2는 각 슬릿에서 P점까지의 거리로 다음과 같다.

$$r_1 = \sqrt{L^2 + \left(y - \frac{d}{2}\right)^2}$$

$$r_2 = \sqrt{L^2 + \left(y + \frac{d}{2}\right)^2}$$

여기서 $L \gg d$ 조건을 적용하면

$$r_1=\sqrt{L^2+\left(y-\frac{d}{2}\right)^2} \tag{3-23}$$
$$=L\left\{1+\frac{l}{2}\left(\frac{y-d/2}{L}\right)^2\right\}^{\frac{1}{2}}$$
$$\simeq L+\frac{L}{2}\left(\frac{y^2}{L^2}-\frac{yd}{L^2}\right)$$
$$r_2=\sqrt{L^2+\left(y+\frac{d}{2}\right)^2} \tag{3-24}$$
$$=L\left\{1+\frac{l}{2}\left(\frac{y+d/2}{L}\right)^2\right\}^{\frac{1}{2}}$$
$$\simeq L+\frac{L}{2}\left(\frac{y^2}{L^2}+\frac{yd}{L^2}\right)$$

가 된다. 실제로 그림 3-9에서 보듯이 r_1과 r_2는 거의 비슷한 값이므로 식 (3-22)에서 한 번 더 근사를 하여 다음과 같이 쓸 수 있다.

$$\frac{E_0}{r_1}\simeq\frac{E_0}{L+\frac{L}{2}\left(\frac{y^2}{L^2}-\frac{yd}{L^2}\right)}\simeq\frac{E_0}{L+\frac{y^2}{2L}} \tag{3-25}$$
$$\simeq\frac{E_0}{L+\frac{L}{2}\left(\frac{y^2}{L^2}-\frac{yd}{L^2}\right)}\simeq\frac{E_0}{L+\frac{y^2}{2L}}\simeq\frac{E_0}{r_2}$$

식 (3-25)로부터 다음과 같이 E_0'를 정의하자.

$$E_0'=\frac{E_0}{r_1}=\frac{E_0}{r_2}$$

관측점 P에서의 광파의 파동함수 E는 E_1과 E_2의 합으로 나타낼 수 있으므로

$$E=E_1+E_2 \tag{3-26}$$
$$=E_0'e^{-i\omega t}(e^{ikr_1}+e^{ikr_2})$$
$$=E_0'e^{i(kr_1-\omega t)}\{1+e^{ik(r_2-r_1)}\}$$

이다. 빛의 강도는 파동함수 크기의 제곱이므로 관측점 P에서의 빛의 강도 I는

$$I=|E|^2=E\cdot E^*$$
$$=E_0'^2\{1+e^{ik(r_2-r_1)}\}\{1+e^{-ik(r_2-r_1)}\}$$
$$I=E_0'^2\{2+e^{ik(r_2-r_1)}+e^{-ik(r_2-r_1)}\} \tag{3-27}$$
$$=2E_0'^2[1+\cos\{k(r_2-r_1)\}]$$
$$=2E_0'^2[1+\cos\{2\pi(r_2-r_1)/\lambda\}]$$

로 나타낼 수 있다. 우리가 앞의 가정에서 비록 r_1과 r_2는 거의 비슷한 값이라고 했지만, λ가 매우 작은 값이기 때문에 $(r_2-r_1)/\lambda$가 큰 값이 되어 무시할 수 없게 된다. 따라서 식 (3-27)에 있는 r_2-r_1에 대한 근사값을 식 (3-23)과 (3-24)를 이용하여 계산해 보기로 하자.

$$r_2-r_1 \simeq \left\{L+\frac{L}{2}\left(\frac{y^2}{L^2}+\frac{yd}{L^2}\right)\right\}-\left\{L+\frac{L}{2}\left(\frac{y^2}{L^2}-\frac{yd}{L^2}\right)\right\} \quad (3\text{-}28)$$

$$=\frac{yd}{L}$$

식 (3-28)을 (3-27)에 적용하면,

$$I=2E_0'^2[1+\cos\{2\pi(r_2-r_1)/\lambda\}] \quad (3\text{-}29)$$
$$=2E_0'^2[1+\cos(2\pi yd/\lambda L)]$$

를 얻을 수 있다. 식 (3-29)에서 관측점 P에서의 빛의 강도는 cosine 함수 값이 1이 될 때, 최대값을 갖게 되며 그 조건은 다음과 같다.

$$\frac{yd}{\lambda L}=m$$

또는

$$r_2-r_1=\frac{yd}{L}=m\lambda \quad (3\text{-}30)$$

여기서 m은 정수이다. 즉, 두 광파의 경로차 r_2-r_1이 광파의 파장의 정수배가 될 때 관측점 P에서의 빛의 강도(간섭한 두 빛의 강도)는 최대값을 갖는다. 이러한 경우를 두 빛이 보강간섭(constructive interference)을 일으켰다고 말한다.

반대로 빛의 강도가 가장 약한 0이 될 경우는 cosine 함수가 -1의 값을 가질 때이며 다음 조건이 만족될 때이다.

$$\frac{yd}{\lambda L}=m+\frac{1}{2}$$

또는

$$r_2-r_1=\frac{yd}{L}=\left(m+\frac{1}{2}\right)\lambda \quad (3\text{-}31)$$

두 광파의 경로차 r_2-r_1이 광파의 파장의 정수 배보다 반 파장만큼 더 될 때 관측점 P에서의 빛의 강도(0)는 최소가 된다. 이러한 경우를 두 빛이 소멸간섭(destructive interference)을 일으켰다고 말한다.

그림 3-11은 이러한 것을 종합적으로 나타내는 것으로, 식 (3-29)로부터

그림 3-11

위치($yd/\lambda L$)의 함수)에 따른 간섭무늬의 강도 변화

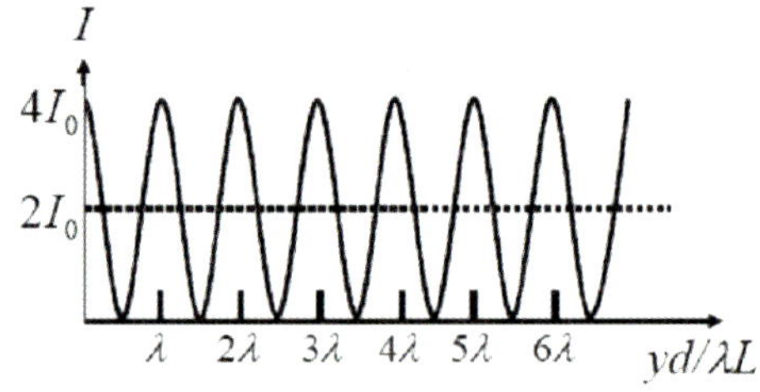

$yd/\lambda L$값에 대한 간섭무늬의 강도 변화를 그린 것이다.

식 (3-30)과 (3-31)은 정확한 계산을 하지 않더라도 예상할 수 있는 결과인데, 두 파동의 위상이 일치하여 서로 산과 산이 겹칠 때 파동이 강해지고 두 파동의 위상이 서로 180° 어긋나서 산과 마루가 서로 겹치면 파동이 소멸되어 약해짐을 알 수 있다. 그림 3-12는 이와 같은 상황을 직관적으로 보여주는 그림이다.

그림 3-12

(a) 보강간섭에 의해 생성된 파형 (b) 상쇄간섭에 의해 생성된 파형

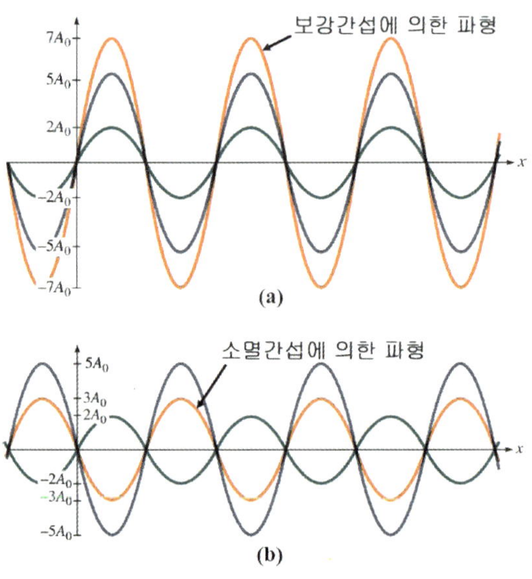

예제 3.3

영의 실험(1)

파장이 550 nm인 초록색 광원을 사용하여 영의 실험을 했다. 슬릿과 스크린 사이의 거리는 1 m이고 슬릿의 폭이 15 μm일 때 3차 밝은 무늬는 중심선으로부터 얼마나 떨어져 있겠는가?

풀이

간섭무늬의 밝은 무늬 조건은 식 (3-30)으로 주어진다.

$$y_m = m\frac{\lambda L}{d}$$

$$= \frac{3\times 550 \times 10^{-9}\times 1}{15\times 10^{-6}}$$

$$= 0.11\text{m} = 11\text{cm}$$

예제 3.4

영의 실험(2)

영의 실험을 하여 그림 3-8과 같은 간섭무늬를 얻었다. 무늬간격(밝은 무늬 사이의 간격 or 어두운 무늬 사이의 간격), Δy를 계산하시오.

풀이

영의 실험에서 m번째 밝은 무늬는 스크린의 중심선으로부터 만큼 떨어져 있으며 $y_m = m\frac{\lambda L}{d}$으로 주어진다. 그리고 $(m+1)$번째 밝은 무늬는 스크린의 중심선으로부터 y_{m+1}만큼 떨어져 있으며 $y_{m+1} = (m+1)\frac{\lambda L}{d}$으로 쓸 수 있다. 따라서 무늬간격, Δy는 $\Delta y = y_{m+1} - y_m$이므로

$$\Delta y = (m+1)\frac{\lambda L}{d} - m\frac{\lambda L}{d}$$

$$= (m+1-m)\frac{\lambda L}{d}$$

$$= \frac{\lambda L}{d}$$

이 된다.

예제 3.5

영의 실험(3)

영의 실험은 식 (3-20)인 $I=I_1+I_2+2\sqrt{I_1 I_2}\cos\theta$에서 $I_1=I_2=I_0$인 경우에 해당된다. 식 (3-20)이 $4I_0\cos^2\frac{\theta}{2}$ 임을 증명하시오.

풀이

$I_1=I_2\equiv I_0$이므로 $I=I_1+I_2+2\sqrt{I_1 I_2}\cos\theta=2I_0(1+\cos\theta)$

$$=2I_0\left\{1+\left(\cos^2\frac{\theta}{2}-\sin^2\frac{\theta}{2}\right)\right\}$$

$$=2I_0\left(2\cos^2\frac{\theta}{2}\right)=4I_0\cos^2\frac{\theta}{2}$$

3.3 여러 가지 간섭계

빛의 간섭현상을 이용하여 물질에 대한 정보를 얻거나 물체의 운동을 분석하거나 혹은 온도, 압력, strain, 전압, 전류, 회전 속도 등 각종 물리량을 측정하는 장치를 간섭계(interferometer)라고 한다. 간섭계는 빛의 위상 차이를 검출할 수 있는 장치이므로 파장의 수십 분의 1 정도 되는 작은 변화까지도 감지하기 때문에 매우 정밀한 측정에 적용이 가능하다. 실제 간섭계가 응용되는 곳은 너무 많아 일일이 열거하기가 어려울 정도이며 용도에 따라 간섭계의 구조도 무척 다양하다.

레이저를 광원으로 사용한 간섭계(레이저 간섭계)는 레이저의 간섭현상을 이용하여 미세한 변위나 정밀한 운동을 측정하는 시스템으로써 표준기의 길이측정 및 측정기기의 오차측정을 위해 사용될 뿐 아니라 정밀기기에서는 그 내부에 장착되어 calibration point를 검출하는 위치 검출기로 사용되고 있다. 레이저 간섭계를 이용하는 광학적인 측정방법은 시스템이 비교적 간단하고 장비의 가격이 저렴할 뿐 아니라 ~10^{-8} m까지의 길이변형이나 형상오차를 실시간으로 측정할 수 있는 장점이 있다. 특히 레이저 간섭계는 고도의 정밀도가 요구되는 반도체 소자 제조에 있어서 집적화된 회로 패턴을 탑재한 웨이퍼와 마스크의 위치 결정을 위한 변위측정 제어 시스템으로 아주 적합하다.

그러나 영의 실험에서 본 바와 같이 간섭의 기본적인 원리를 이해한다면 간섭계의 종류나 적용분야가 달라지더라도 새로운 간섭계에 대해 쉽게 접근할 수 있다. 그러므로 여기서는 간섭계의 원리를 이해하기 위해 우선 가장 널리 사용되고 있는 마이켈슨(Michelson) 간섭계를 살펴보고, 다음으로 광섬유로 구성된 마하-젠더(Mach-Zehnder) 간섭계에 관하여 공부하기로 한다. 다른 간섭계에 대해서도 간단히 그 구조 및 용도를 제시하도록 하겠다.

3.3.1 마이켈슨 간섭계

마이켈슨 간섭계(Michelson interferometer)는 가장 널리 알려진 간섭계로서, 광학의 기본적인 지식을 배울 때 간섭계의 예로 이것을 인용하는 것이 일반적이다.

그림 3-13은 마이켈슨 간섭계의 구조이다. 광원에서 출발한 빛은 중앙의 광속분할기 S(beam splitter)에서 일부(50%)가 한쪽 팔(arm)로 반사되어 거울 M_2으로 가고, 일부(50%)는 S를 그대로 통과하여 거울 M_1로 진행한다. 각 거울에서 빛은 다시 반사되어 이번에는 S를 향해 반대로 진행한다. 이 때 아까와 마찬가지로 M_1에서 반사된 빛의 일부(50% 중의 1/2, 25%)가 S에서 광 검출기(detector)로 반사되고, M_2에서 반사된 빛의 일부(25%)는 S를 통과하여 광 검출기로 진행한다. 광 검출기 앞에는 거울에서 반사되어 오는 빛들을 모아줄 수 있는 수렴렌즈를 놓아둔다. S에서 빛을 반사하는 면은 그림에서 회색으로 보이는 부분이다. M_1에서 반사되는 빛은 내부를 한 번만 거치게 되지만, M_2에서 반사되는 빛은 S 내부를 세 번 거치게 된다. 이것은 두 빛의 경로 상에 동일성을 훼손하므로 이를 막기 위해 M_1과 S의 중간에 반사판이 없이 S와 같은 두께의 유리판을 놓아둔다. 이 유리판을 보정판(CP: compensat-

그림 3-13 마이켈슨 간섭계의 구조도

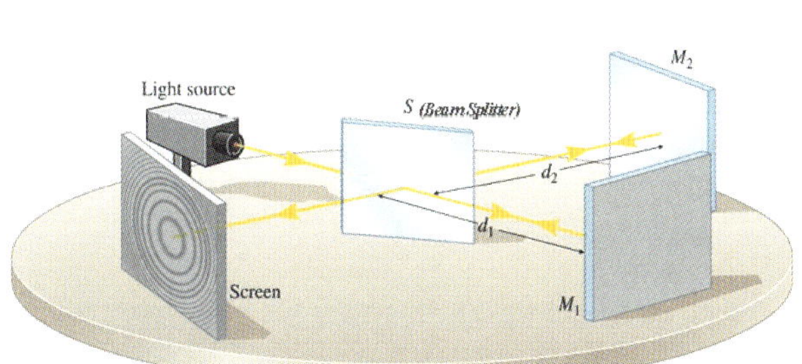

ing plate)라고 부르며, M_1과 M_2에서 반사된 빛의 광학적 길이를 같게 하는 역할을 한다.

이 보정판으로 인해 S에서 M_1과 M_2까지의 거리가 똑같은 경우, 반사된 두 빛의 위상은 180° (π)만큼의 차이만 나게 된다. 거울 M_2로 가는 빛은 S에서 반사될 때 S 내부를 거친 후 반사면에서 반사되고, 거울 M_1에서 반사된 빛은 S의 내부를 거치지 않고 바로 S 표면에서 반사되기 때문에 180°의 위상 차이가 생긴다.

레이저와 같이 빛이 나오는 면적이 매우 작은 것도 광원으로 사용이 가능하지만, 수은램프와 같이 발광 면적이 어느 정도 큰 것도 사용이 가능하다. 어떤 광원을 사용하든지, 간섭계가 광섬유 간섭계가 아니기 때문에 한 점에 아닌 공간상의 일정한 영역에서 서로 다른 두 경로를 거친 빛이 간섭을 일으키게 된다. 즉, 광 검출기 영역에 스크린을 설치하면 스크린에 영의 실험에서와 마찬가지로 어떤 패턴을 가지는 간섭무늬(그림 3-14 참조)가 생기게 될 것이다.

지금부터는 실제적인 실험을 통하여 되먹임 회로(feed-back circuit)로 제어되는 마이켈슨 레이저 간섭계에 의한 미세변위를 측정하는 방법을 설명하고자 한다. 그림 3-14 (a)는 되먹임 회로의 제어 시스템을 이용하여 nano-scale의 미세변위를 측정하기 위한 마이켈슨 레이저 간섭계의 계략도이다.

일반적으로 마이켈슨 레이저 간섭계의 광원은 편광이 되고, 파장이 632.8

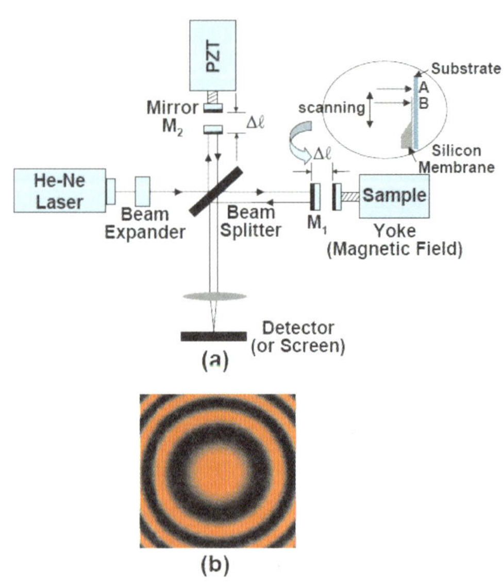

그림 3-14 (a) 되먹임 회로의 제어 시스템을 이용한 nano- scale의 미세변위 측정용 마이켈슨 레이저 간섭계의 계략도와 (b) 스크린에서 관찰한 간섭무늬 사진

nm인 He-Ne 레이저를 사용한다. 특히, 측정의 정밀도와 검출기를 통하여 획득한 간섭신호의 signal to noise(S/N) ratio를 높이기 위하여 주파수가 안정화된 레이저를 사용하는 것이 좋다. 그리고 빔 확대기(beam expander)로 레이저를 평행광으로 만들어 레이저 빔의 divergence를 줄일 경우 검출기(혹은 스크린)에서 균일한 상과 안정적인 신호를 얻을 수 있다.

광 분할기(beam splitter)는 파장이 632.8 nm, 편광이 s-polarization, 입사각이 45° 인 레이저 빔의 강도가 50:50으로 나누어지도록 설계 · 제작되었으며 분할된 레이저 빔을 간섭계 양쪽 팔의 반사경 M_1, M_2쪽으로 분할시키는 역할을 한다. 반사경 M_1과 M_2는 파장이 632.8 nm인 광파에 대하여 높은 반사율을 가지는 거울로써 반사경 M_1은 측정하고자 하는 시료(혹은 시료 자체가 반사율이 높은 경우 시료를 반사경으로 사용함)에 부착하며 반사경 M_2는 되먹임 회로와 연결된 piezoelectric transducer(PZT)의 끝에 부착시킨다. 반사경 M_1과 M_2에서 반사된 레이저 빔은 광 분할기를 거쳐 검출기(스크린)에서 관찰할 수 있다. 그림 3-14 (b)는 검출기의 위치에 스크린을 놓아 관찰한 간섭무늬의 사진이다.

스크린의 임의의 한 점에서 관찰된 간섭무늬의 빔 강도 I는 He-Ne 레이저에서 나온 빔이 간섭계의 서로 다른 팔을 왕복하면서 스크린에서 다시 서로 만나 일으키는 간섭현상에 의해 결정되며 식 (3-20)을 적용하면 다음과 같이 표현할 수 있다.

$$I = I_1 + I_2 + 2\sqrt{I_1 I_2}\cos\left(\frac{2\pi \cdot \Delta l}{\lambda}\right) = I_1 + I_2 + 2\sqrt{I_1 I_2}\cos(\delta_L) \qquad (3\text{-}32)$$

여기서 I_1, I_2는 간섭계의 각 팔에서 진행하는 레이저 빔의 강도이고, Δl은 각 팔을 거쳐 온 레이저 빔들의 이동거리 차이(OPD: optical path difference)이다. 그리고 δ_L은 OPD에 해당하는 두 광의 위상차로서 다음과 같이 정의된다.

$$\delta_L = \frac{2\pi \cdot \Delta l}{\lambda} \qquad (3\text{-}33)$$

만일 M_1이 앞뒤로 움직이게 되면 Δl이 변하므로, 식 (3-32)에 의해 스크린에 나타나는 레이저 빔의 강도가 변하게 된다. 간섭무늬의 전체적인 움직임으로 보면, Δl의 변화에 따라 간섭무늬가 안쪽 또는 바깥쪽으로 이동하는 현상이 나타난다. 그러므로 스크린의 어떤 한 점에서 간섭무늬가 이동한 수를 세면 Δl이 얼마나 변했는지 알 수 있다.

그림 3-14에서 외부의 영향에 의한 시료의 길이(박막의 경우는 두께)변화를 d라고 하면, Δl은 그 두 배인 $2d$가 된다. 그 이유는 레이저 빔이 M_1으로 향하는 경로를 왕복하기 때문이다. 그런데 간섭무늬가 한 개 이동하려면 Δl이

광원의 파장만큼 증가 또는 감소해야 한다. 그러므로 시료의 길이(두께) 변화가 광원 파장의 반인 $\lambda/2$를 넘을 때마다 간섭무늬의 이동 숫자가 하나씩 증가하게 된다. 따라서 이동한 간섭무늬의 수를 m과 시료의 길이(두께) 변화 d는 다음과 같은 관계가 성립한다.

$$d = m\frac{\lambda}{2} \tag{3-34}$$

이러한 관계를 이용하여, 이동한 간섭무늬의 수 m을 측정하면, 외부의 영향에 의한 시료의 길이(두께)변화의 크기를 측정할 수 있다. 식 (3-34) 대신에 식 (3-32)를 활용하여 레이저 빔의 강도 변화로부터 직접 δ_L의 변화를 알아내고, 다시 식 (3-33)을 활용하여 Δl과 d를 알아낼 수도 있다.

마이켈슨 레이저 간섭계는 동일한 위상과 파장을 갖는 광원으로부터 방출된 레이저 빔을 광 분할기를 이용하여 두 개의 빔으로 분리한 다음 하나의 빔(기준 빔)은 광 분할기로부터 일정한 거리에 고정되어 있는 고정거울(M_2)에서 반사시키고 다른 하나의 빔(측정 빔)은 측정물(시료)에 부착된 거울(M_1)에서 반사시켜 관측점에서 다시 합성된다. 이 때 합성된 빔에서 기준 빔은 항상 일정한 위상을 갖는 반면 측정 빔은 측정물의 길이변화에 따라 위상이 변하게 된다.

예제 3.6

마이켈슨 간섭계(1)

그림 3-13에서 보는 것 처럼 마이켈슨 간섭계의 두 거울 M_1과 M_2 중에서 M_1은 고정시켜 놓고 M_2를 31.64 μm 움직였더니 100 개의 밝은 무늬가 지나갔다. 간섭계의 광원으로 사용한 레이저의 파장을 구하시오.

풀이

식 (3-34)를 이용하면 간섭계에 사용된 레이저의 파장은 $\lambda = \frac{2d}{m}$ 이다.

$$\lambda = \frac{2d}{m} = \frac{2 \times 31.64 \times 10^{-6}}{100}$$

$$= 632.8 \text{ nm}$$

예제 3.7

마이켈슨 간섭계(2)

그림 3-13과 같은 마이켈슨 간섭계에서 두 거울 M_1과 M_2 중에서 M_1은 고정시켜 놓고 M_2를 0.5 cm 이동시킬 때, 몇 개의 밝은 간섭무늬가 지나갔겠는

가? 간섭계의 광원으로 사용한 레이저의 파장은 500 nm이다.

풀이

식 (3-34)에서 두 거울 M_1과 M_2 중 하나를 $\lambda/2$만큼 이동하면 밝은 무늬가 하나 지나간다.

$$m = \frac{2d}{\lambda}$$

$$= \frac{2 \times 0.5 \times 10^{-2}}{500 \times 10^{-9}}$$

$$= 2.0 \times 10^4 \text{ 개}$$

합성된 빔은 기준 빔과 측정 빔의 위상차에 의하여 간섭이 일어나며 간섭무늬의 강도는 식 (3-32)와 같이 표현할 수 있으며 식 (3-34)에서 알 수 있듯이 간섭무늬의 수를 세는 방식으로 길이변화를 측정하는 방법은 길이변화 d에 $\lambda/2$ 이상의 변화가 있을 때마다 그 변화를 검출할 수가 있게 된다. 그러므로 이 방법을 사용하게 되면, 그 분해능은 평균적으로 $\lambda/4$ 정도로 제한이 생기게 되고, 최악의 경우는 $\lambda/2$까지도 측정 오차가 있을 수 있다. 그림 3-14와 같이 He-Ne 레이저를 사용하는 경우, 광원의 파장은 632.8 nm이므로, 두께 측정의 분해능은 평균적으로 0.15 μm정도가 될 것이다.

실제로 레이저 간섭계에 여러 가지 부가적인 장치들을 추가하고 적절한 신호처리 방법을 병행하면 간섭계의 분해능을 파장의 수십 분의 일까지 개선시킬 수 있다. 물론 이론적으로는 식 (3-32)에서 나타난 바와 같이 레이저 빔의 강도변화를 아주 정확하게 측정한다면, 분해능을 무한히 향상시킬 수 있을 것이다. 그러나 식 (3-32)에서 나타나는 cosine 함수의 선형성, 전자회로의 교란신호, 전압신호의 A/D 변환 시 분해능 등을 고려할 때, 분해능을 0.03 μm보다 더 좋게 만들기는 어렵다.

또한, 레이저 빔의 강도 변화를 길이변화의 크기로 환산해야 하는 과정도 거쳐야 하는데, 이때도 오차가 크게 발생할 수 있다. 예를 들어, 그림 3-14에서 보는 바와 같이 cosine 함수 내부의 δ_L이 $n\pi$의 값 근방에 있을 경우 (n은 정수), cosine 함수의 변화율은 0 에 가깝게 된다.

그림에서 x축은 길이변화에 따른 위상의 변화 δ_L이고, y축은 식 (3-32)에서 광의 세기 변화를 나타내는 $2\sqrt{I_1 I_2}\cos(\delta_L)$이다. δ_L의 값이 π의 정수 배가 될 때 $\cos(\delta_L)$은 1 또는 -1의 값을 가지는데, 이 때 그 지점에서 cosine 함수

그림 3-15

δ_L이 $n\pi$의 근처에서 변할 때 레이저 간섭계의 출력 변화

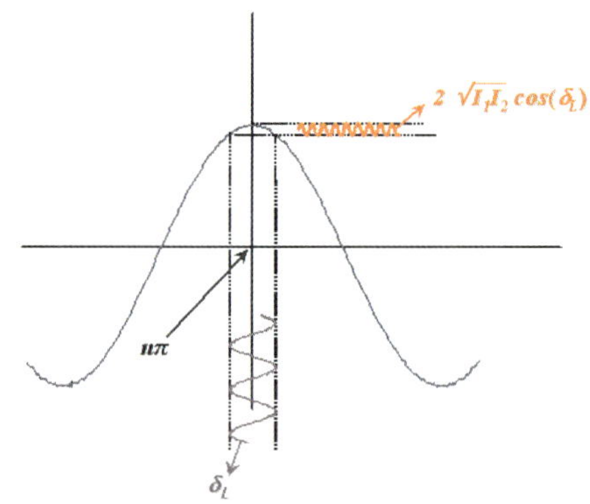

의 변화율은 0 이다. 따라서 δ_L이 이 근방에서 그림 3-15와 같이 변하고 있다면, 레이저 빔의 강도 변화 $2\sqrt{I_1 I_2}\cos(\delta_L)$는 그림에서 표시된 것과 같이 매우 작은 변화로서 나타나게 될 것이다.

이 근방에서는 sample의 길이변형이 많이 일어나더라도, 레이저 빔의 강도 변화가 별로 없기 때문에 그것을 감지하기 어렵다는 것이다. 이것을 다시 생각하면, 레이저 빔의 강도 변화를 시료의 길이변형으로 환산하는 것 역시 쉽지 않으며 오차가 발생할 가능성이 크다는 뜻이 된다.

만일, 최첨단 장치들의 도움을 받을 경우에는 위에서 설명한 이러한 단점들을 극복하고 1 nm 정도의 분해능을 가진 간섭계도 만들 수 있다. 또한 레이저 간섭계가 아닌 백색광 간섭계를 사용해도 1 nm 정도의 변위측정이 가능하다. 그러나 이러한 장치들은 대부분 매우 복잡한 구조 및 신호처리 알고리듬을 필요로 하거나, 측정범위가 매우 작은 문제들을 가지고 있어서 시료의 미세한 길이변형을 측정하기에 불편함을 가지고 있다.

미세변위를 nano-scale의 정밀도로 측정하기 위하여 단순한 마이켈슨 간섭계와는 달리 간섭계의 한쪽 반사경(M_2)을 되먹임 회로와 연결된 PZT의 끝에 부착시키면 측정의 정밀도를 개선할 수 있다. 전반사 거울 M_2가 부착된 PZT는 검출기에서 수신된 간섭신호를 되먹임 신호로 받아서 레이저 간섭계의 누 팔 사이의 광경로를 일정하게 유지시킨다. 즉 시료가 외부에서 인가되는 조건에 따라 시료의 길이가 늘어나거나 수축하여 미세한 변형이 일어나면, PZT는 PZT drive를 통하여 PZT에 전압을 공급함으로서 시료의 변형된 길이를 보상해 광경로가 일정하게 유지되도록 한다.

따라서 되먹임 신호에 의하여 PZT에 인가된 되먹임 회로의 전압을 측정하여 shift된 간섭무늬의 개수를 알 수 있으며 이것으로부터 시료의 변형된

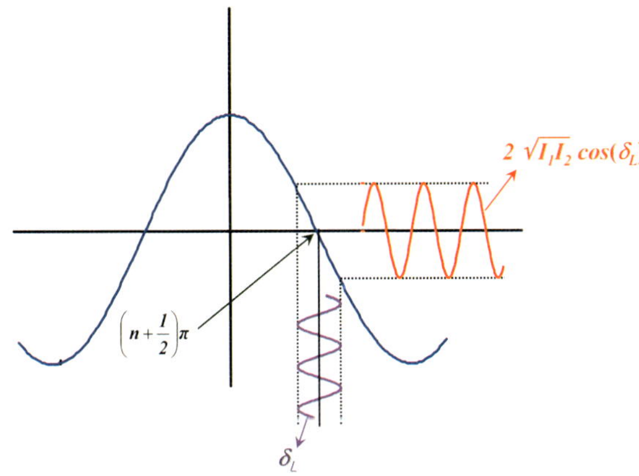

그림 3-16 이 근처에서 변할 때 레이저 간섭계의 출력 변화

길이를 산출할 수 있다. 만일 PZT의 특성이 잘 알려져 있는 것이라면, PZT에 가해진 전압의 크기를 알면 PZT의 길이변형을 알 수 있으므로, 시료의 미세 변형도 알 수 있게 된다.

기존의 일반적인 마이켈슨 간섭계에 비하여 이 방법은 그 구성이 간단할 뿐 아니라 시스템에서의 두 광경로 차이가 항상 일정하게 유지되기 때문에, 초기에 두 광의 위상차 δ_L을 $\pi/2$의 홀수 배에 위치하도록 간섭계를 조절해 놓으면 $\delta_L=(n+1/2)\pi$가 측정 과정 내내 그대로 유지된다.

그림 3-16의 경우는 그림 3-15와 달리 cosine 함수의 변화율의 크기가 0이 아니라 1이 되는 지점의 근처에서 δ_L이 변화하게 되므로, 그림과 같이 레이저 빔의 강도 변화도 상당히 크게 나타나게 된다. 그러므로 간섭계는 시료의 작은 길이변형에도 민감하게 반응을 할 수 있으므로 감도(sensitivity)가 높아지게 된다. 보통 감도가 높아지면 측정 가능한 범위(dynamic range)가 줄어드는 것이 일반적인 센서의 특징인데, 이 경우에는 PZT에 의해 전체 시스템의 측정 가능한 범위가 결정되므로 PZT만 특성이 좋은 것을 시스템에 사용할 경우, 이러한 문제점은 해결할 수가 있다.

또한 $\delta_L=(n+1/2)\pi$ 근처에서 cosine 함수의 선형성(linearity) 역시 $\delta_L=n\pi$ 영역에 비해 월등히 우수하므로 전체적으로 되먹임 회로의 동작에도 좋은 영향을 주게 된다. 그리고 PZT에 인가된 전압으로부터 바로 시료의 길이변형을 알 수 있으므로, 신호처리 측면에서도 일반적인 광학 간섭계들에 비해 매우 간편해진다.

그림 3-17은 간섭계의 한쪽 팔에 있는 PZT에 삼각파의 인가전압을 인가

그림 3-17

PZT의 인가전압(~11.0 V)에 따른 간섭무늬의 shift

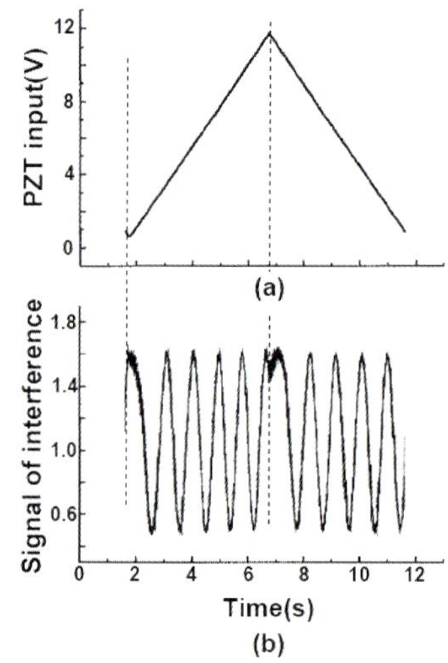

하여 PZT의 길이변화에 따른 간섭무늬의 shift를 관찰한 것으로 ~11.0 V의 인가전압에 대하여 ~5.5개의 간섭무늬가 이동한 것을 알 수 있다. 이와 같이 PZT에 여러 가지 전압을 인가하여 반복적인 실험을 수행하게 되면 인가전압에 따른 PZT의 길이변화의 특성을 관찰할 수가 있다. 정확하게 인가전압에 따른 PZT의 길이변화의 특성을 인지하고 있으면 PZT에 가해진 전압의 크기를 읽음으로 시료의 미세변형을 간접적으로 알 수 있게 된다.

그림 3-18은 여러 가지 전압을 PZT에 인가하여 인가전압에 따른 PZT의

그림 3-18

여러 가지의 PZT 인가전압에 따른 PZT의 길이변화 특성

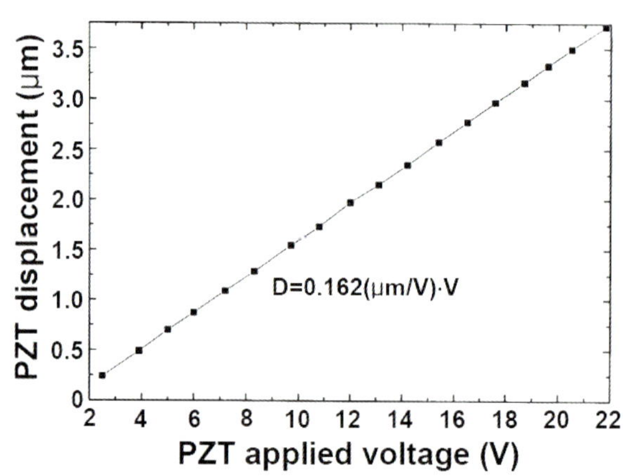

길이변화 특성으로 시스템에 사용한 PZT의 길이변화 상수가 0.162 μm/V임을 알 수 있다. 따라서 이 마이켈슨 레이저 간섭계의 PZT 입력전압(feedback voltage)은 0.1 V씩 제어되기 때문에 16.2 nm의 분해능을 가지고 측정할 수가 있다. 현재 일반적으로 사용되고 있는 고 감도의 PZT는 5~10 mV까지 정밀하게 제어되기 때문에 이러한 고 감도의 PZT를 사용할 경우 간섭계의 측정 분해능을 nano-scale 까지 개선할 수 있을 것으로 판단된다.

3.3.2 마하-젠더 간섭계

광섬유 마하-젠더(Mach-Zender) 간섭계의 동작을 알기 위해서는 우선적으로 방향성 결합기(DC: directional coupler)에 관한 기본적인 이해가 필요하다. 방향성 결합기는 일반적인 광학소자인 광속분할기(BS: beam splitter)와 동일한 역할을 하는 광섬유 소자이다. 즉, 그림 3-19에서 보듯이 방향성 결합기는 왼쪽의 광섬유 중 하나에 들어온 빛(입력신호)을 두 광섬유가 만나는 접합 부분에서 분할하여 오른쪽의 두 광섬유에 전송하는 광학소자이다.

그림 3-19
방향성 결합기

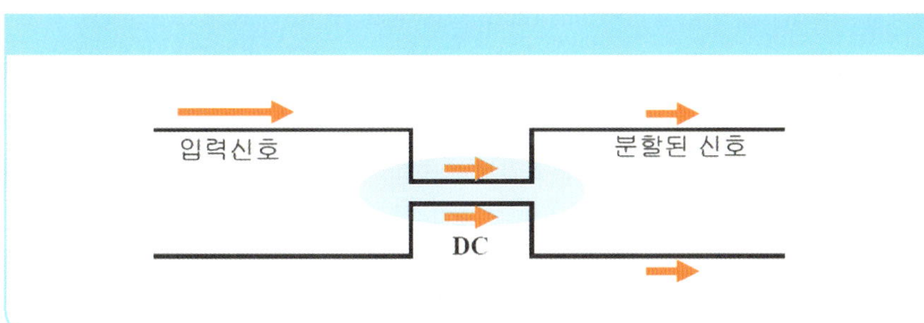

이 때, 접합부분에서 원래 광섬유를 따라 그대로 진행하는 빛과 비교하여 반대편 광섬유로 넘어가는 빛은 위상이 90° 더해지게 된다. 이러한 위상 차이가 생기는 것은 에너지 보존법칙과 시스템의 대칭성을 이용하면 증명할 수 있지만 여기서는 생략하도록 하겠다.

그림 3-20은 광섬유로 구성된 마하-젠더 간섭계를 보여주고 있다. 가는 선으로 나타낸 것이 광섬유이다. 왼쪽의 레이저 광원에서 광섬유로 들어온 빛은 첫 번째 방향성 결합기(DC1)에서 강도의 1/2이 반대편 광섬유로 넘어감으로써 두 갈래로 나뉘어 각각 다른 광섬유로 진행하게 된다. 이렇게 각각 다른 길을 진행한 두 빛은 다시 두 번째 방향성 결합기(DC2)에서 만나게 된다.

이 때, DC2에서 일어나는 현상은 다음과 같다. DC1에서 다른 광섬유로 넘어가지 않고 그대로 진행한 빛, 즉 그림에서 윗부분의 광섬유(Fiber1)를 따

그림 3-20 광섬유 마하-젠더 간섭계

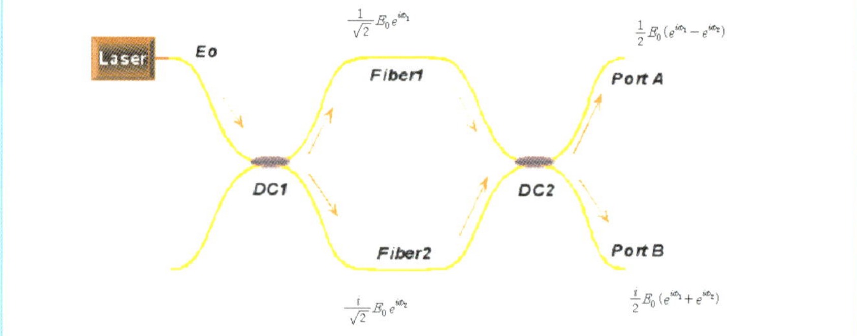

라서 진행한 빛은 DC2에서 1/2이 반대편 광섬유로 넘어간다. 마찬가지로 DC1에서 다른 광섬유로 넘어간 빛, 즉 그림에서 아랫부분의 광섬유(Fiber2)를 따라서 진행한 빛은 DC2에서 1/2이 반대편 광섬유로 넘어간다.

따라서 그림의 Port A로 나오는 빛의 반은 Fiber1을 따라서 진행한 빛이고, 나머지 반은 Fiber2를 따라서 진행한 빛으로 구성되어 진다. 이것은 Port B의 빛도 마찬가지이다. 이제 이러한 현상을 정리하여 빛의 전기장(파동함수)이 어떻게 수학적으로 변화하게 되는 것인지 살펴보도록 하자. 이 때 빛의 편광은 일정하다고 가정하여 전기장을 벡터 대신에 스칼라로 표현하기로 한다. 그리고 $e^{-i\omega t}$ 항도 모든 빛에 공통이므로 생략한다.

우선 레이저에서 나와서 DC1으로 들어가기 직전의 빛을 라고 E_0하자. DC1에서 Fiber1으로 그대로 가는 빛은 빛의 강도가 1/2로 줄어들게 되므로 전기장이 $E_0/\sqrt{2}$가 된다. 반면, DC1에서 Fiber2로 넘어가는 빛은 세기가 1/2이 되면서 동시에 위상이 90° (=π/2)만큼 더해지므로 전기장이 $E_0e^{i\pi/2}/\sqrt{2}=iE_0/\sqrt{2}$가 된다. 이 상태에서 각각 Fiber1과 Fiber2를 따라서 진행한 두 빛은 각자 진행한 길이에 따라 각각의 위상 ϕ_1, ϕ_2를 얻게 된다. (위상 항은 e^{ikz}임을 생각하라).

$$\phi_1=kL_1=2\pi L_1/\lambda=2\pi nL_1/\lambda_0 \tag{3-35}$$
$$\phi_2=kL_2=2\pi L_2/\lambda=2\pi nL_2/\lambda_0$$

식 (3-35)에서 n은 광섬유의 굴절률이고 L_1, L_2는 각각 Fiber1과 Fiber2의 길이이다. 또한, λ는 광섬유에서의 빛의 파장이고, λ_0는 진공 중에서의 빛의 파장이다. 그러므로 Fiber1과 Fiber2의 길이와 정확히 똑같지 않다면 위상 ϕ_1, ϕ_2는 서로 다른 값을 가지게 된다. 또한, 광섬유에 걸리는 온도, 압력, 스트레인 등이 달라지면 광섬유의 굴절률 n이 변하게 되어 위상도 또한 변하게 된다.

참고로 굴절률 n인 매질 내에서 빛이 일정한 거리 L을 진행했다면, 빛이 느끼게 되는 자신이 진행한 길이는 nL이 된다. 이것을 우리는 광학적 길이(optical distance)라고 부르고, 두 빛이 서로 다른 경로를 진행하여 생긴 광학적 길이의 차이를 광 경로차(OPD: Optical Path Difference)라고 부른다.

$$\text{OPD} = n_2L_2 - n_1L_1$$

그러므로 빛이 어떤 두 매질 내에서 같은 길이만큼 진행했다고 하더라도, 매질의 굴절률이 다르면 광 경로차가 생기고, 또한 얻게 되는 위상 값도 서로 다르게 된다.

다시 간섭계로 돌아와서, Fiber1과 Fiber2에서 빛이 얻은 위상을 각각 ϕ_1, ϕ_2라고 하였으므로, 빛이 DC2에 들어가기 직전에 Fiber1과 Fiber2를 거친 빛의 전기장 E_1과 E_2는 각각 다음과 같다.

$$E_1 = \frac{E_0}{\sqrt{2}} e^{i\phi_1}$$

$$E_2 = \frac{iE_0}{\sqrt{2}} e^{i\phi_2}$$

이제 DC2에서 Port A로 나가는 빛 E_A는 Fiber1에서 그대로 진행하는 빛 1/2과 Fiber2에서 반대편으로 넘어오는 빛 1/2의 합이므로 다음과 같이 된다.

$$E_A = \frac{E_1}{\sqrt{2}} + \frac{iE_2}{\sqrt{2}} = \frac{E_0}{2}(e^{i\phi_1} - e^{i\phi_2}) \tag{3-36}$$

마찬가지로, DC2에서 Port B로 나가는 빛 E_B는 Fiber2에서 그대로 진행하는 빛 1/2과 Fiber1에서 반대편으로 넘어오는 빛 1/2의 합이므로 다음과 같이 된다.

$$E_B = \frac{iE_1}{\sqrt{2}} + \frac{E_2}{\sqrt{2}} = \frac{iE_0}{2}(e^{i\phi_1} + e^{i\phi_2}) \tag{3-37}$$

Port A로 나오는 빛의 세기를 I_A라고 하면,

$$\begin{aligned} I_A = E_A \cdot E_A^* &= \frac{E_0^2}{4}(e^{i\phi_1} - e^{i\phi_2})(e^{-i\phi_1} - e^{-i\phi_2}) \\ &= \frac{E_0^2}{4}\{2 - e^{i(\phi_1 - \phi_2)} - e^{-i(\phi_1 - \phi_2)}\} \\ &= \frac{E_0^2}{2}\{1 - \cos(\phi_1 - \phi_2)\} \end{aligned}$$

$$I_A = E_A \cdot E_A^* = \frac{E_0^2}{2}\{1 - \cos(\phi_1 - \phi_2)\}$$

$$= E_0^2 \sin^2\left\{\frac{(\phi_1 - \phi_2)}{2}\right\} \tag{3-38}$$

이다. 마찬가지로 Port B로 나오는 빛의 세기를 I_B라고 하면,

$$I_B = E_B \cdot E_B^* = \frac{E_0^2}{4}(e^{i\phi_1} + e^{i\phi_2})(e^{-i\phi_1} + e^{-i\phi_2}) \tag{3-39}$$

$$= \frac{E_0^2}{4}\{2 + e^{i(\phi_1 - \phi_2)} + e^{-i(\phi_1 - \phi_2)}\}$$

$$= \frac{E_0^2}{2}\{1 + \cos(\phi_1 - \phi_2)\}$$

$$= E_0^2 \cos^2\left\{\frac{(\phi_1 - \phi_2)}{2}\right\}$$

가 된다. I_A와 I_B를 보면 식 (3-29)의 영의 실험과 비슷한 모양을 하고 있음을 볼 수 있는데, 이것은 우연의 일치가 아니다. 영의 실험과 마하-젠더 간섭계 모두가 서로 위상차이가 나는 두 빛의 간섭에 의해 빛의 세기가 결정되는데, 영의 실험에서는 두 슬릿에서 나온 빛이 서로 간섭할 때 그 위상차이가 스크린에서의 위치 y에 따라 달라진다. 그러므로 영의 실험에서는 위상차이 $(\phi_1 - \phi_2)$가 $(2\pi yd/\lambda L)$의 형태로 나타나는 것이다.

우리가 여기서 또 하나 눈여겨 볼 것은 식 (3-38)과 (3-39)가 에너지 보존 법칙을 만족하고 있다는 것이다. 간섭계의 양팔에서 나오는 빛의 세기 I_A와 I_B를 더하면 간섭계에서 나오는 총 빛의 세기 I_{out}을 다음과 같이 얻을 수 있다.

$$I_{\text{out}} = I_A + I_B = E_0^2\left[\sin^2\left\{\frac{(\phi_1 - \phi_2)}{2}\right\} + \cos^2\left\{\frac{(\phi_1 - \phi_2)}{2}\right\}\right] = E_0^2$$

그런데 E_0^2은 바로 간섭계로 들어가는 빛의 강도이다. 따라서 간섭계에 들어가는 빛과 나오는 빛의 강도가 동일함을 알 수 있고, 이것은 빛 에너지가 보존되고 있음을 보여주는 것이다. 마하-젠더 간섭계 내부의 어느 부분에서도 편광기와 같이 빛을 흡수하거나 빛을 방출하는 소자가 없으므로 빛 에너지는 보존되어야 옳다. 그러므로 이러한 사실로부터 우리는 식 (3-38)과 (3-39)가 틀리지 않다는 것을 어느 정도 추론할 수 있다. (물론 실제로는 방향성 결합기나 광섬유에서 약간의 빛의 손실이 생긴다. 그러나 여기서는 그런 손실을 없다고 가정한 이상적인 간섭계에 관해서 기술하고 있다).

다시, 식 (3-38)과 (3-39)로 돌아가면 각 Port로 나오는 빛의 세기가 Fiber1

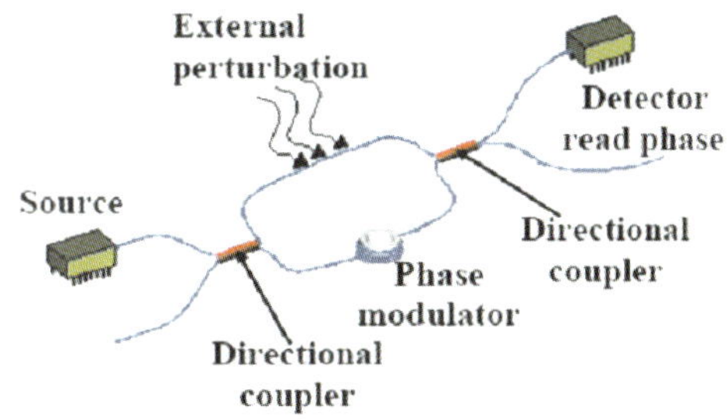

그림 3-21 마하-젠더 간섭계의 응용

및 Fiber2에서 얻은 위상의 차이 $\phi_1-\phi_2$의 함수가 됨을 알 수 있다. 즉, 서로 다른 경로를 지난 두 빛의 위상차이가 곧 빛의 강도로 나타나게 된다. 이러한 성질을 이용하면 우리는 측정하고자 하는 어떤 물리량을 알아낼 수 있다.

예를 들어 그림 3-21과 같이 Fiber1을 온도나 기타 외부 조건의 변화가 거의 없는 안정된 환경에 놓고, Fiber2는 전압이 걸린 PZT에 감아서 놓는다고 하자. PZT는 자신에게 인가된 전압에 따라 그 크기가 변하는 성질을 가지고 있는 물질로서, 광섬유를 원통형으로 생긴 PZT에 감게 되면 PZT의 부피 변화에 따라 광섬유도 역시 늘어나거나 줄어들게 된다.

그러면 Fiber1을 거쳐서 나온 빛의 위상은 항상 ϕ_1으로 일정할 것이지만, Fiber2를 거쳐 나온 빛의 위상 ϕ_2는 PZT에 걸리는 전압이 변하면 따라서 변화하게 된다. 식 (3-37) 또는 (3-38)에 의해 마하-젠더 간섭계의 출력 부분의 광섬유에 나오는 빛의 세기가 변화하게 되고, 이것을 광 검출기를 통해 측정함으로써 역으로 PZT에 걸린 전압의 크기를 알 수 있게 된다.

이 때, Fiber1을 통과하는 빛은 변하지 않는 안정된 위상을 가지게 되므로 이를 기준 광(reference light)이라 하고, 그러한 광 경로 Fiber1을 기준 팔(reference arm)이라고 한다. 한편 Fiber2에서는 빛이 상대적인 위상의 변화를 겪어 무언가를 감시하는데 이용되므로, Fiber2를 감지 팔(sensing arm)이라고 한다.

그러므로 많은 간섭계들은 마하-젠더 간섭계와 마찬가지로, 빛을 두 경로로 나누어 하나는 기준 팔을 통과시켜 위상의 변화가 없도록 하고, 다른 하나는 감지 팔을 통과시켜 기준 팔과는 다른 위상 변화를 유도한 후 두 빛의 위상차를 검출함으로써 원하는 물리량을 측정하고 있다.

지금까지는 광섬유 마하-젠더 간섭계에 대하여 설명을 했다. 이제 마이켈슨 간섭계와 비슷한 형태로 구성된 일반적인 마하-젠더 간섭계를 소개해 보

그림 3-22

마하-젠더 간섭계를 이용한 물질의 굴절률 측정

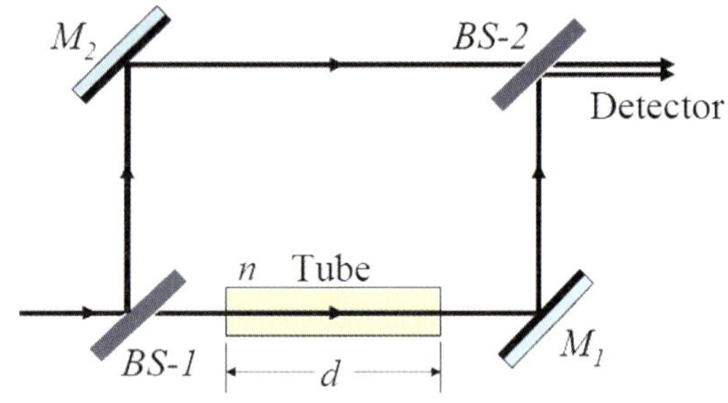

기로 하자. 마하-젠더 간섭계는 투명한 매질의 물리적 성질과 광학적 특성을 평가하기 위하여 사용되는 간섭계 중의 하나이다.

그림 3-22에서 보는 바와 같이 입사광이 첫 번째 광 분할기 BS-1로 입사하여 둘로 나누어진 다음 거울 M_1과 M_2에서 반사된다. 반사된 광선들은 두 번째 광 분할기 BS-2를 통과한 다음 중첩되어 간섭을 일으킨다. 여기서 광 분할기 BS-1과 BS-2는 45° 의 입사광에 대하여 50:50으로 분할하는 역할을 하며 거울 M_1과 M_2는 45° 의 입사광에 대하여 전반사하는 거울이다. 이러한 광학부품들은 당연히 사용하는 특정 파장에 국한되어 설계되어 있다.

이 간섭계는 그림 3-22에서와 같이 한 쪽 팔에 측정하고자 하는 투명한 매질을 놓으면 매질이 없을 때와 비교하여 광 경로가 달라지기 때문에 shift된 간섭무늬로부터 이 매질의 두께 또는 굴절률을 분석해 낼 수 있다.

굴절률이 n, 길이가 d인 매질을 빛이 진행할 경우, 빛이 진행한 광 경로는 nd로 정의된다. 즉, 광 경로란 임의의 매질을 통과하는데 걸린 시간동안 진공중에서 빛이 진행한 거리로 환산한 값을 의미한다.

측정하고자 하는 매질이 한 쪽 팔에 있을 때와 없을 때의 광 경로차 Δ는 다음과 같이 나타낼 수 있다.

$$\Delta=(n-1)d \qquad (3\text{-}40)$$

따라서 광 경로차 Δ와 측정하고자 하는 매질이 한 쪽 팔에 있을 때와 없을 때 발생하는 간섭무늬의 shift를 비교하면 매질의 두께 또는 굴절률을 측정할 수 있다.

예제 3.8

마하-젠더 간섭계

그림 3-21의 마하-젠더 간섭계의 한 쪽 팔에 어떤 가스가 담긴 길이가 10.15 cm인 tube를 끼워 넣었더니 243 개의 간섭무늬가 이동하였다. 파장이 632.8 nm인 He-Ne 레이저를 광원으로 사용했다면 tube에 담긴 가스의 굴절률은 얼마인가? 단 온도와 압력에 대한 의존성은 무시하기로 한다.

풀이

마하-젠더 간섭계에 의한 광 경로차 Δ는 $\Delta=(n-1)d$이다.

$$
\begin{aligned}
(n-1) &= \frac{N\lambda_0}{d} \\
&= \frac{243\times 632.8\times 10^{-9}}{10.15\times 10^{-2}} \\
&= 0.00151
\end{aligned}
$$

따라서 tube에 담긴 가스의 굴절률은 1.00151 이다.

3.3.3 트와이만-그린(Twyman-Green) 간섭계

그림 3-23에서 보는 바와 같이 트와이만-그린 간섭계는 마이켈슨 간섭계와 같은 구조를 가지고 있다. 단, 트와이만-그린 간섭계에서는 그림과 같이 간섭계에 들어가는 빛을 평행광을 사용한다는 것이 다른 점이다. 평행광을 얻기 위해 그림에서는 점광원을 렌즈의 초점거리에 놓아서 점광원으로부터 나오는 빛이 렌즈를 거쳐 평행광이 되도록 하고 있다.

트와이만-그린 간섭계에서는 많은 경우 두 거울 중 하나를 일부러 약간 기울여서 사용한다. 이렇게 하면 그림 3-23과 같이 스크린에 줄무늬 형태의 간섭무늬를 얻게 된다. 트와이만-그린 간섭계에서 BS와 두 거울 중 하나의 경로에 투명한 테스트 할 광학소자를 놓아두거나, 그림 3-24와 같이 거울 하나를 테스트할 광학소자로 바꾸면 테스트할 광학소자의 면이 평탄하지 않은 정도에 따라 그림과 같이 간섭무늬의 형태가 일그러지게 된다. 그리고 이 일그러진 간섭무늬를 분석하면 광학소자의 형태를 정량적으로 측정이 가능하기 때문에, 트와이만-그린 간섭계는 주로 광학소자들의 품질을 평가하는 데 많

그림 3-23

트와이만-그린 간섭계

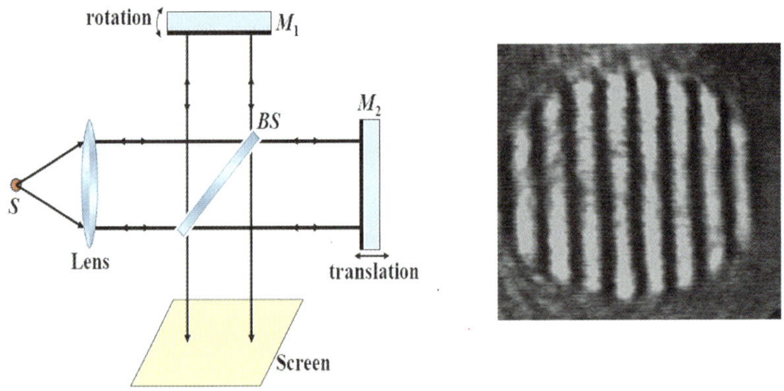

이 이용되고 있다.

또한 트와이만-그린 간섭계는 그림 3-25와 같이 박막의 두께를 측정하는데 응용할 수도 있다. 그림 3-25 (a)와 같이 기판에 박막을 코팅하고 이것을 간섭계의 빛의 한 경로에 걸쳐 놓았을 때, 3-25 (b)와 같은 간섭무늬를 얻을 수 있다. 그림 3-25 (b)를 보면 간섭무늬가 서로 약간 어긋나 있음을 볼 수 있는데, 이는 빛이 M_2에서 반사된 것과 박막의 표면에서 반사된 것의 위상이 서로 차이가 나기 때문이다.박막의 두께를 h라고 할 때, M_2에서 반사된 빛은 박막에서 반사된 것보다 $2h$만큼 더 긴 광 경로를 가지게 된다. 그러므로 두 빛의 위상차이 $\Delta\phi$는 다음과 같다.

그림 3-24

트와이만-그린 간섭계에서의 변형된 간섭무늬

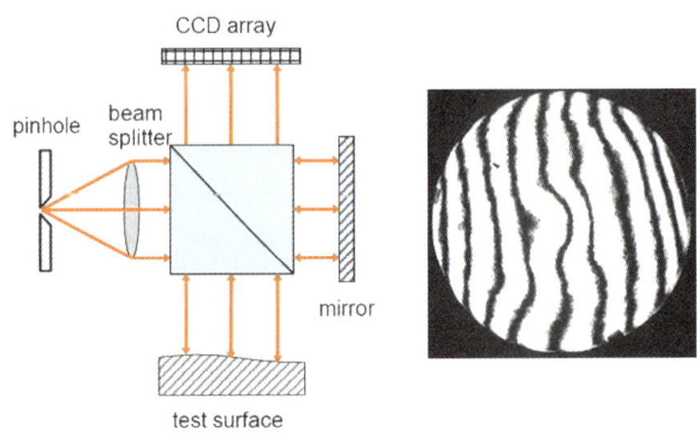

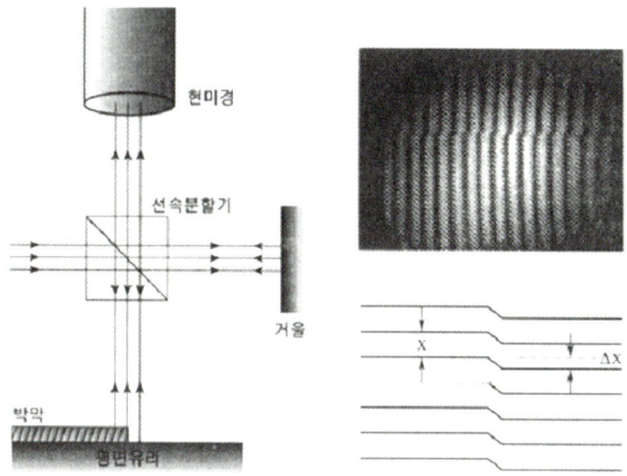

그림 3-25

(a) 박막 두께 측정용 실험장치 및 (b) 박막으로 인한 간섭무늬

$$\Delta\phi = k \cdot 2h = \frac{2\pi}{\lambda} \cdot 2h \tag{3-41}$$

그림에서 인접한 간섭무늬 사이의 위상차는 2π이므로, 인접한 간섭무늬 사이의 간격을 ζ라고 하고, 간섭무늬가 어긋난 정도를 $\Delta\zeta$라고 하면 다음과 같은 관계식이 성립한다.

$$\frac{\Delta\phi}{2\pi} = \frac{\Delta\zeta}{\zeta} \tag{3-42}$$

식 (3-41)과 (3-42)로부터 우리는 박막의 두께 h를 구할 수 있다.

$$h = \frac{\lambda}{2} = \frac{\Delta\zeta}{\zeta} \tag{3-43}$$

식 (3-43)은 간섭무늬를 관찰함으로써 박막의 두께를 측정할 수 있음을 보여준다.

연습문제

1. 자유공간에서 He-Ne 레이저의 파장은 632.8 nm 이다. 물($n=1.33$)속에서 k 값을 구하시오.

2. $\vec{\nabla}$연산자를 조화파의 파동함수 $f(\vec{r}, t)=e^{i(\vec{k}\cdot\vec{r})}$에 적용하면 그 결과가 다음과 같음을 증명하시오.

$$\vec{\nabla}f=i\vec{k}f$$

3. 파동함수 $\Psi(r)$의 Laplacian은 다음과 같이 간단히 쓸 수 있다.

$$\nabla^2\Psi(r)=\frac{1}{r^2}\frac{\partial}{\partial r}\left(r^2\frac{\partial\Psi}{\partial r}\right) \tag{3-13}$$

(3-13) 식으로부터 $\nabla^2\Psi(r)=\dfrac{\partial^2\Psi}{\partial r^2}+\dfrac{2}{r}\dfrac{\partial\Psi}{\partial r}=\dfrac{1}{r}\dfrac{\partial^2}{\partial r^2}(r\Psi)$임을 보이시오.

4. 다음의 파동들에 대한 파장을 계산하시오.
(1) 710 kHz AM 라디오 파
(2) 89.9 MHz FM 라디오 파
(3) 10.1 GHz 경찰 radar
(4) 5×10^{14} Hz의 광파
(5) 1.5×10^{18} Hz의 X-ray

5. 아래와 같이 표현되는 붉은색의 He-Ne 레이저 빔이 공간 속을 진행하고 있다. 다음 parameter를 구하시오.

$$\Psi(x, t)=5\sin(9.93\times10^6x-29.78\times10^{14}t)$$

(1) 파장
(2) 진동수
(3) 속도
(4) 주기
(5) 진폭
(6) 방향

6. Sodium 광에 대한 파동함수가 아래와 같은 파동함수로 표현된다. 다음 parameter를 구하시오.

$$\Psi(x, t)=10^3\sin\left(1.06675\times10^7x-3.20\times10^{15}t+\frac{\pi}{6}\right)$$

(1) 파장
(2) 진동수
(3) 속도
(4) 주기
(5) 진폭
(6) 방향
(7) 위상

7. 영의 이중슬릿에 의한 간섭실험에서 슬릿에서 스크린까지의 거리는 2 m이고 사용한 광원의 파장은 600 nm 이다. 1 mm의 무늬간격을 가진 간섭무늬를 얻기 위한 슬릿 간격을 계산하시오.

8. 문제 7의 실험에서 두께가 0.05 mm인 얇은 유리판($n=1.5$)을 두 슬릿 중, 한 슬릿 위에 놓았다. 이로 인하여 발생한 간섭무늬의 shift를 계산하시오.

9. 굴절률이 1.434인 CaF_2의 얇은 평판을 입사하는 광선에 수직하게 마이켈슨 간섭계의 한 쪽 팔에 삽입하였더니 35 개의 밝은 무늬가 지나갔다. CaF_2 평판의 두께를 구하시오. 마이켈슨 간섭계에 사용한 광원의 파장은 $\lambda_0=589$ nm 이다.

10. 단색광이 이중슬릿을 통과하여 간섭을 일으킨다. 슬릿의 간격은 1.2 mm, 슬릿과 스크린 사이의 간격은 5 m, 간섭무늬들 사이의 간격이 2 mm일 때 광원의 파장을 구하시오.

11. 마이켈슨 간섭계를 사용하여 임의의 기체의 굴절률(n)을 측정할 수 있다. 기체는 간섭계의 한 쪽 팔에 놓여져 있는 길이가 d인 tube 안으로 흐를 수 있도록 되어있다. 기체가 tube 내를 흐를 때 간섭무늬의 shift를 헤아려 기체의 굴절률을 측정할 수 있다. 기체가 tube 내를 흐를 때 밝은 간섭무늬의 shift의 개수를 N이라고 하면 $N=2d(n-1)/\lambda$임을 증명하시오.

12. Mirror의 표면으로부터 광원까지의 높이가 $d/2$인 Lloyd mirror가 있다(그림 참조). 광원으로부터 screen까지의 거리가 L일 때 다음 물음에 답하시오.

(1) Screen의 center에서 m번째 밝은 무늬까지의 거리를 구하시오.

(2) Screen의 center에서 무늬가 밝은지 어두운지를 정하고 그 이유를 설명하시오.

(3) m번째 밝은 무늬와 $(m+1)$번째 밝은 무늬사이의 간격을 계산하시오.

(4) Screen에서 번째 밝은 무늬를 어두운 무늬로 바꾸려고 한다. 간단한 방법을 이론적으로 설명하시오.

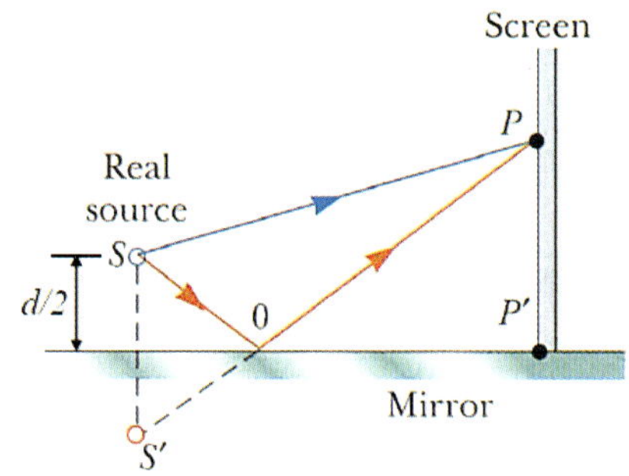

13. 굴절률이 1.65인 얇은 유리판을 Michelson 간섭계의 한 쪽 경로에 삽입하였더니 350 개의 밝은 무늬가 지나갔다. 이 유리판의 두께를 구하시오. 단 Michelson 간섭계에 사용된 광원의 파장은 633 nm이다.

14. 영의 실험을 이용하여 간섭무늬를 관찰하고자 한다. 파장이 550 nm인 초록색 광원을 사용하였으며 스크린은 슬릿으로부터 1 m 떨어져 있다. 슬릿 사이의 거리가 15 μm일 때, 중심에서 3 번째 밝은 무늬까지의 거리를 구하시오. 또, 중심에서 무늬가 밝은지 어두운지를 결정하고 그 이유를 설명하시오.

15. 광원의 파장이 λ인 Michelson 간섭계가 있다. 다음 물음에 답하시오.

(1) 간섭계의 한 쪽 거울을 미세하게 움직였더니 밝은 무늬와 어두운 무늬가 각각 200 개씩 지나갔다. Mirror가 움직인 거리를 계산하시오.

(2) 간섭계의 다른 한 쪽 팔에 두께가 d, 굴절률이 인 투명한 평행판을 삽입하였다. 평행판을 삽입함으로써 발생한 광 경로차를 구하시오.

(3) (2)의 경우 몇 개의 무늬가 움직이겠는가?

(4) (1)에서와 같이 한 쪽거울을 움직인 다음 (2)에 투명한 평행판을 삽입하여 양쪽 팔의 광 경로가 같아졌다면 평행판의 두께를 구하시오.

16. Young' s Experiment를 이용하여 간섭무늬를 관찰하고자 한다. 파장이 550 nm인 초록색 광원을 사용하였으며 스크린은 슬릿으로부터 1 m 떨어져 있다. 다음 물음에 답하시오.

(1) 1 mm 간격의 간섭무늬를 얻기 위한 슬릿 사이의 거리를 구하시오.

(2) 만약 두께가 0.05 mm의 얇은 유리판을 두 슬릿 중 하나의 슬릿 위에 놓았다면 스크린에서의 무늬 displacement에 대하여 논하시오.

(3) 중심에서 무늬가 밝은지 어두운지를 결정하고 그 이유를 설명하시오.

17. 파동함수 Ψ_1, Ψ_2가 다음과 같이 주어질 때, 합성 파동함수 $\Psi=\Psi_1+\Psi_2$를 구하시오.

$$\Psi_1=E_0\cos(kx+\omega t)$$
$$\Psi_2=E_0\cos(kx-\omega t)$$

Chapter 4

편광과 반사계수

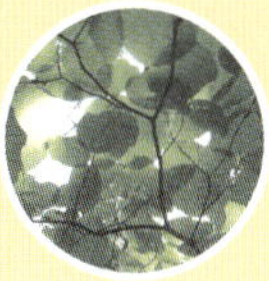

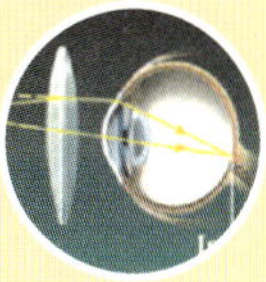

편광(Polarization)은 전자기파가 진행할 때 파를 구성하는 전기장이나 자기장이 특정한 방향으로 진동하는 현상을 가리킨다. 일반적인 의미의 전자기파는 모든 방향으로 진동하는 빛이 혼합된 상태를 말하지만, 특정한 광물질이나 광학필터를 사용해 편광된 상태의 빛을 얻을 수 있다.

자유공간이나 무한한 길이의 균일한 매질을 진행하는 전자기파는 진행방향에 서로 수직하는 전기장과 자기장을 갖는다. 일반적으로 벡터를 이용해 편광상태를 설명하는데, 전자기파를 이루는 전기장과 자기장의 벡터는 서로 수직하고 그 크기가 같기 때문에, 전기장의 벡터만을 설명하고 자기장 벡터는 흔히 생략한다.

파동의 진행방향을 z축으로 가정할 때, 전기장은 x축과 y축의 두 수직한 성분으로 구성된 임의의 벡터로 생각할 수 있다. 전기장 벡터의 진폭은 조화파(sine 혹은 cosine) 곡선의 형태로 변한다. 대부분의 전자기파에서 주파수와 진폭은 끊임없이 변화하는데 전자기파의 진행방향을 마주 보았을 때 그 벡터의 진동이 항상 특정한 방향을 갖는 것은 아니며 어떠한 규칙적인 행동을 보이는데 파동의 진동 양식을 파동의 편광상태라 하며 다음과 같은 세 종류로 나눌 수 있다.

빛의 경우에는 전기장과 자기장 중 관습적으로 전기장의 진동 행태로서 편광을 정의하게 되는데, 전기장의 변화 형태에 따라 선편광, 원편광 및 가장 일반적인 편광의 형태인 타원편광 등으로 구분하게 된다.

빛의 편광은 액정 디스플레이 장치 등 각종 광학적 장치 및 소자 등에서 널리 활용됨은 물론 우리의 일상생활에도 깊숙이 영향을 미치고 있다. 본 장에서는 이러한 빛의 편광에 대해 기초적인 구분부터 시작하여 수학적인 기술방법과 그 응용에 대해 고찰하고자 한다.

4.1 편광의 종류

4.1.1 선편광(Linear Polarization)

선편광은 선형 편광이라고도 하며, 가장 간단한 편광의 형태라고 할 수 있다. 아래 그림 4-1은 z축 방향으로 진행하는 빛의 전기장과 자기장의 진동 양식을 보여주고 있다. 그림에서 보는 바와 같이 전기장의 진동 방향을 보면 빛의 어느 부분에서나 x축 방향으로 진동하고 있음을 알 수 있다. 이러한 전기장(광파)의 진동 양식을 x축 방향으로 선편광되었다 또는 간단히 x축 방향으로 편광된 빛이라고 말한다.

예를 들어 z축 방향으로 진행하면서 그림 4-2와 같이 진동하는 횡파(진동하는 줄)를 생각해보자. 진동하는 횡파의 변위(진폭)는 $\pm x$축 방향이 될 수 있으며(그림 4-2 (a)의 경우) $\pm y$축 방향이 될 수도 있다(그림 4-2 (b)의 경우). 또는 xy 평면 내에서 임의의 방향이 될 수도 있다. 그림 4-2 (c)의 경우와 같이 평형 위치로부터 줄 위의 임의의 점의 변위는 x축과 θ의 각을 이루는 직선과 평행하다. 위에서 언급했듯이 이러한 전기장(광파)의 진동 양식을 x축 방향으로 선편광되었다고 한다. 특히 그림 4-2 (a)의 파동인 경우, 파동은 x축 방향(또는 $\pm x$축 방향)으로 편광되었다고 한다.

만일 z축 상에서 다가오는 빛을 바라본다면, 그림 4-3과 같이 전기장과 자기장의 진동을 볼 수 있을 것이다. 이 때, 전기장의 진동 방향은 x, 자기장의 진동 방향은 y로 고정되어 있음에 유의하라.

이렇게 x축 방향으로 선편광되어 있는 빛을 수학적으로 표현할 때는 다음과 같이 전기장 벡터 $\vec{E}$로 나타낼 수 있다.

그림 4-1

z축 방향으로 진행하는 전자기파

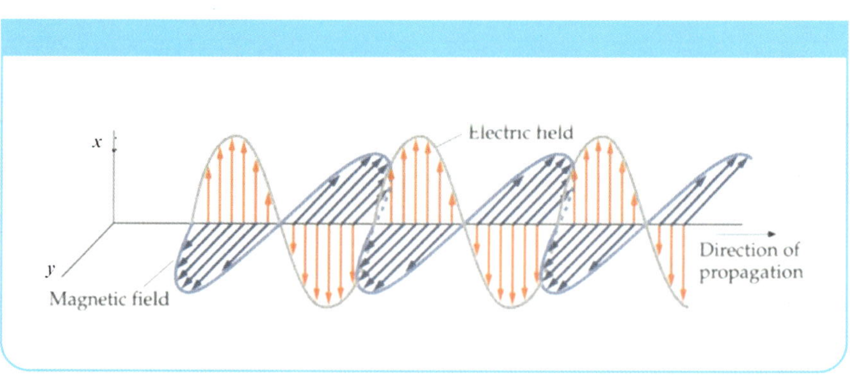

그림 4-2

세 방향으로 편광된 횡파

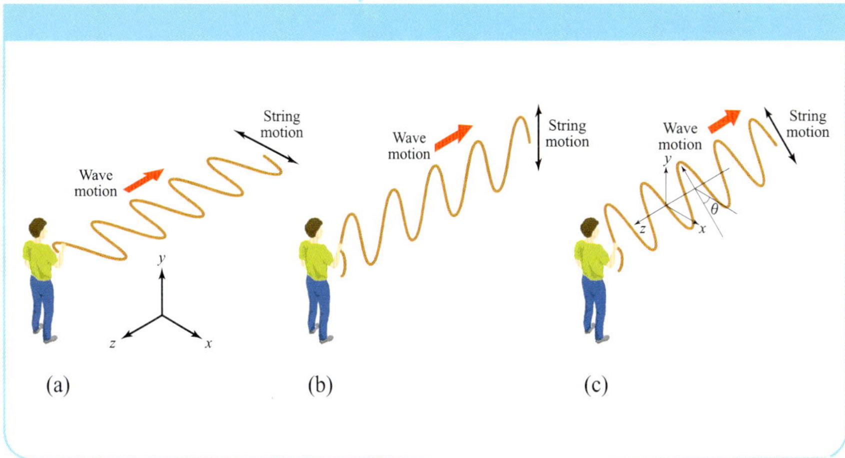

그림 4-3

전기장과 자기장의 방향

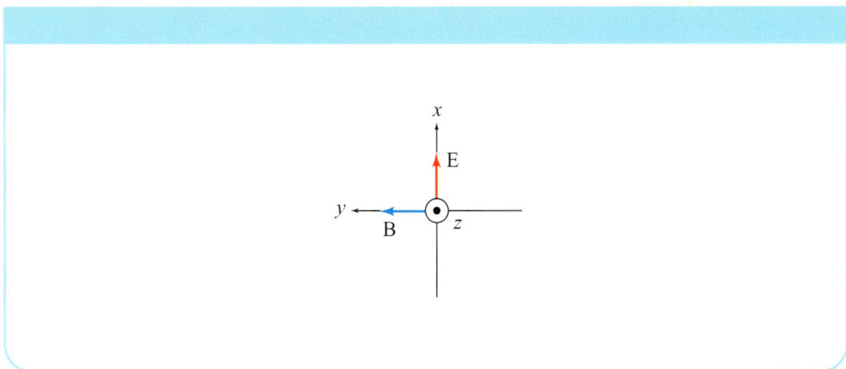

$$\vec{E}(z, t) = \vec{E_0}\cos(kz - \omega t) = E_0\hat{x}\cos(kz - \omega t) \tag{4-1}$$

식 (4-1)에서 E_0는 전기장의 진폭, k는 파수 벡터(wave vector)로서 $2\pi/\lambda$이고, ω는 빛의 각진동수(angular frequency)로서 $2\pi f$이며 $\hat{x}$는 x축 방향의 단위 벡터(unit vector)이다. 공간상의 어느 지점에서나 전기장의 방향은 x축 방향임을 수식에서 알 수 있다.

이와 비슷하게 그림 4-4는 전기장이 y축 방향으로 진동하면서 전파되는 모습을 보여주고 있다. 이 경우에는 빛은 $-z$축 방향으로 진행하며, 앞에서와 마찬가지로 다가오는 빛을 바라본다면 아래 그림 4-5와 같이 될 것이다. 만일 y축으로 편광된 빛을 수학적으로 나타낸다면 아래와 같이 될 것이다.

$$\vec{E}(z, t) = \vec{E_0}\cos(kz - \omega t) = E_0\hat{y}\cos(kz - \omega t) \tag{4-2}$$

식 (4-2)에서 전기장의 진폭을 나타내는 벡터 $\vec{E_0}$의 방향은 y축 방향임을 유의하라.

그림 4-4

전기장의 방향이 다른 전자기파

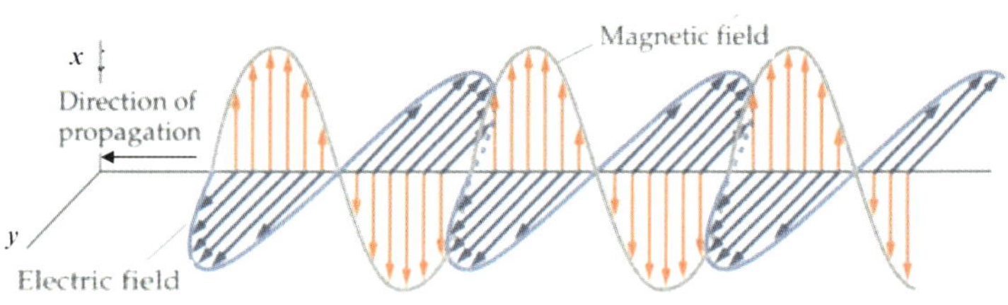

그림 4-5

전기장과 자기장의 방향

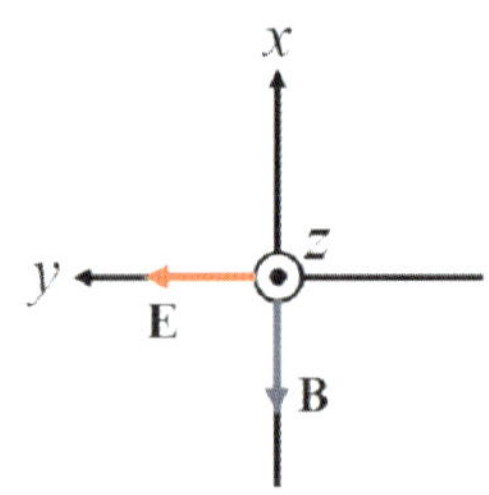

편광자

광학소자 중에서는 입사하는 광파의 편광 상태와 관계없이 특정한 편광의 광파만을 통과시키는 특성을 가진 것이 있는데 그러한 소자들을 **편광자**(polarizer)라고 한다. 그림 4-6은 줄이 만든 횡파에 대한 편광자의 성질을 설명한 것이다. 그림 4-6 (a)와 같이 수직 방향으로 홈이 나 있는 슬릿은 수직 방향으로 진동하는 광파를 마찰 없이(에너지의 손실이 없이) 통과시키지만 수평으로 진동하는 광파(그림 4-6 (b))는 슬릿을 통과하지 못하고 광파가 가지고 있는 에너지를 편광자가 모두 흡수하거나 반사시키게 된다. 반대로 수평으로 진동하는 광파는 에너지의 손실없이 모두 통과하게 된다.

따라서 편광자가 슬릿 방향으로 편광된 광파를 에너지의 손실없이 통과시키므로 슬릿 방향을 편광자의 투과축이라고 한다. 그림 4-6의 (c)에서와 같이 입사파가 투과축에 대하여 θ의 방향으로 선편광된 빛의 경우에 대하여 생각해 보자.

입사파는 투과축과 평행한 성분과 수직한 성분으로 분해될 수 있으며 평행한 성분은 그대로 슬릿을 통과한다. 입사파의 진폭이 A라면 투과파의 진폭은 $A\cos\theta$이다(그림 4-6 (d)).

그림 4-6

여러 가지 방향으로 편광된 빛에 대한 편광자의 성질

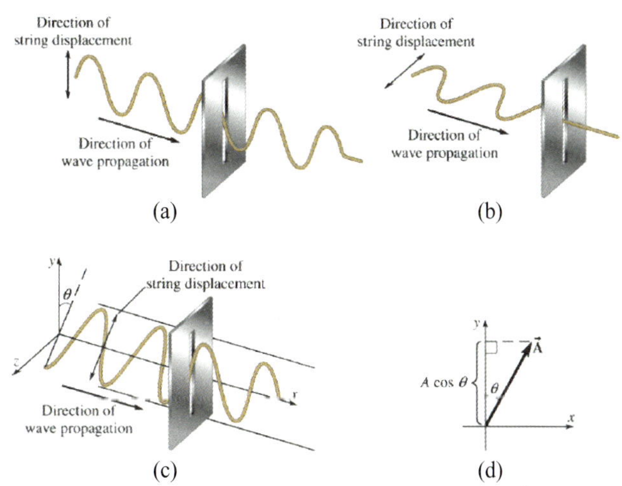

편광되지 않은 빛이 편광자에 입사하면 투과된 광파의 강도는 편광자의 투과축 방향에 관계없이 입사강도의 절반이 된다. 이것은 광파의 파동함수를 정의하고 그것을 시간평균하면 쉽게 계산할 수 있으므로 증명은 연습문제로 남겨둔다. 그것을 수식으로 표현하면

$$I=\frac{1}{2}I_0(\text{편광되지 않은 입사파}) \tag{4-3}$$

로 쓸 수 있다. 반면에 입사파가 선편광되었다면 투과축과 평행한 $\vec{E}$의 성분이 편광자를 통과하게 된다. 입사파의 편광면과 편광자의 투과축 사이의 각을 θ라고 하면 투과된 광파의 파동함수는

$$E=E_0\cos\theta$$

이며 투과된 광파의 강도는 파동함수의 제곱에 비례하므로 다음과 같이 표현된다.

$$I=I_0\cos^2\theta \tag{4-4}$$

이것을 **말러스**(Malus) **법칙**이라고 한다.

폴라로이드 필름

편광자로 사용될 수 있는 것들은 여러 가지가 있으나, 여기서는 그 중에서 폴라로이드(polaroid) 필름을 예를 들어 보겠다. 그림 4-7은 편광자의 일종인 폴

라로이드 필름이다. 그림에서 보는 바와 같이 필름은 편광축(polarization axis)을 가지는데, 그 축의 방향은 y축 방향이다. 만일 이러한 편광자에 z축으로 편광된 빛이 들어온다면 그 빛은 이 편광자를 통과하지 못하고 모두 흡수되거나 반사된다.

예제 4.1

말러스의 법칙

입사파의 강도가 I_0인 편광되지 않은 빛이 그림과 같이 두 개의 판 편광자에 입사한다. 첫 번째 편광자의 투과축은 수직이며 두 번째 편광자의 투과축은 수직축에 대하여 30° 기울어져 있다.두 편광자를 통과한 빛의 편광 상태와 강도를 구하시오.

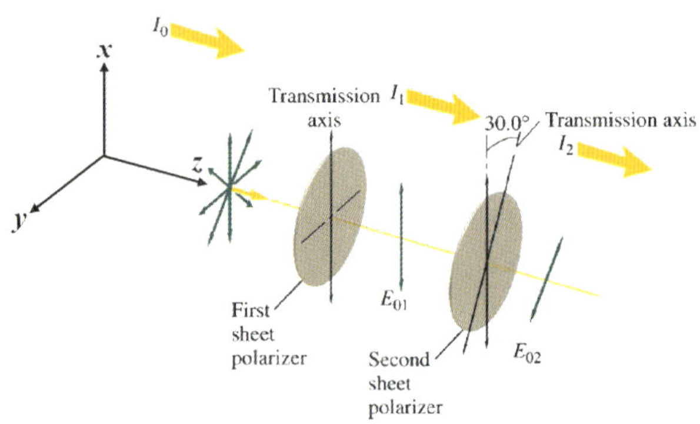

풀이

편광되지 않은 빛이 편광자에 입사하면 투과된 광파의 강도는 $I=\frac{1}{2}I_0$이므로 첫 번째 편광자를 통과한 빛의 강도 I_1은 $I_1=\frac{1}{2}I_0$이다. 말러스 법칙에 의하여 두 번째 편광자를 통과한 빛의 강도 I_2는

$$\begin{aligned} I_2 &= I_1\cos^2\theta \\ &= \left(\frac{1}{2}I_0\right)\cos^2 30 \\ &= 0.3755\ I_0 \end{aligned}$$

이며 편광 상태는 수직축에 대하여 30° 기울어져 있다.

그림 4-7

폴라로이드 필름의 편광축

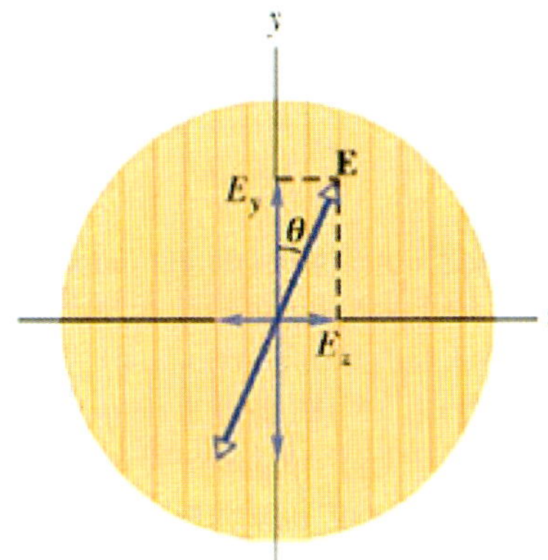

이와는 반대로 편광자의 편광축과 나란한 y축으로 편광된 빛이 편광자에 들어온다면, 빛은 편광자의 영향을 받지 않고 모두 통과하여 나갈 수 있다. 이러한 현상은 폴라로이드 필름(편광자)이 편광축과 수직인 전기장 성분을 선택적으로 흡수하기 때문이다. 따라서 편광자는 임의의 편광을 가진 빛을 편광축에 평행한 선편광 빛으로 변환시킨다고도 할 수 있다.

그렇다면 만일 그림 4-7과 같이 편광자에 선편광된 빛이 편광자의 편광축에 대하여 θ의 입사각으로 입사한 경우를 생각해 보자. 먼저 그림과 같이 전기장 $\overrightarrow{E}$를 편광축과 평행한 $\overrightarrow{E_y}$ 성분과 편광축과 수직인 $\overrightarrow{E_z}$ 성분으로 분리해서 생각해 보자. 여기서 $\overrightarrow{E_y}$ 성분은 편광축과 평행하므로 모두 편광자를 통과하게 되고, $\overrightarrow{E_z}$ 성분은 편광축과 수직이므로 모두 편광자에서 흡수되어 소멸된다.

이것을 수식을 사용하여 표현해 보면 다음과 같다. 편광자에 입사하는 빛을 $\overrightarrow{E_{\text{in}}}$, 편광자를 거쳐 나오는 빛을 $\overrightarrow{E_{\text{out}}}$이라고 하면, $\overrightarrow{E_{\text{in}}}$과 $\overrightarrow{E_{\text{out}}}$을

$$\overrightarrow{E_{\text{in}}} = E_y\hat{y} + E_z\hat{z} = E_{\text{in}}(\cos\theta\hat{y} + \sin\theta\hat{z}) \qquad (4\text{-}5)$$

$$\overrightarrow{E_{\text{out}}} = E_y\hat{y} = E_{\text{in}}\cos\theta\hat{y} \qquad (4\text{-}6)$$

로 나타낼 수 있다.

같은 방법으로 식 (4-5), (4-6)을 이용하면 편광자를 거치기 전후의 빛의 강도를 비교해 볼 수 있다. 편광자를 향해 들어가는 빛의 강도를 I_{in}, 편광자에서 나오는 빛의 강도를 I_{out}이라고 하면 I_{in}과 I_{out}을

$$I_{in}=|E_{in}|^2 \tag{4-7}$$

$$\begin{aligned}I_{out}&=|E_{out}|^2 \\ &=|E_{in}|^2\cos^2\theta \\ &=I_{in}\cos^2\theta\end{aligned} \tag{4-8}$$

로 표현할 수 있다.

폴라로이드 필름(편광자) 역시 식 (4-8)에서 보는 바와 같이 편광자를 거치기 전후의 빛의 강도는 $\cos^2\theta$에 비례하는 말러스의 법칙을 만족함을 알 수 있다. 만일 $\theta=90°$ (편광축과 빛의 편광이 서로 수직인 경우)라면 I_{out}은 0이 되어 빛이 편광자에서 모두 소멸됨을 알 수 있다.

4.1.2 원편광(Circular Polarization)

3차 미분 파동방정식인 Maxwell 방정식을 만족하는 해 Ψ_1, Ψ_2가 존재한다면 Maxwell 방정식의 선형성에 의해 그들의 합인 $\Psi=\Psi_1+\Psi_2$ 역시 미분 파동방정식의 해가 된다. 이것의 증명은 연습문제로 남겨둔다.

먼저 서로 수직하는 편광면을 가지고 같은 진폭을 가진 선편광된 두 광파를 생각해 보자. 두 광파들이 x축 방향과 y축 방향으로 선편광되었다고 가정하면 두 광파의 전기장 벡터는 다음과 같이 표현할 수 있다.

$$\begin{aligned}\vec{E}_x(z,t)&=E_0\hat{x}\cos(kz-\omega t) \\ \vec{E}_y(z,t)&=E_0\hat{y}\sin(kz-\omega t)\end{aligned} \tag{4-9}$$

식 (4-9)에서 보면 서로 수직한 두 빛은 서로 그 크기는 같고(전기장의 진폭), 위상은 각각 cosine과 sine 함수이므로 서로 90° 만큼 차이가 난다. 두 광파의 합성 전기장 벡터는 아래와 같이 표현될 것이다.

$$\begin{aligned}\vec{E}(z,t)&=\vec{E}_x(z,t)+\vec{E}_y(z,t) \\ &=E_0\{\cos(kz-\omega t)\hat{x}+\sin(kz-\omega t)\hat{y}\}\end{aligned} \tag{4-10}$$

식 (4-9)로 표현되는 전기장 벡터 $\vec{E}_x$, $\vec{E}_y$는 3차 미분 파동방정식인 Maxwell 방정식을 만족하는 해이며 이들의 합인 $\vec{E}=\vec{E}_x+\vec{E}_y$도 역시 Maxwell 방정식의 해가 된다.

만일 식 (4-10)으로 주어진 광파를, z를 고정시킨 $x-y$평면에서 그림 4-3과 같이 광파가 오는 쪽에서 바라본다면 시간에 따른 전기장 벡터의 움직임은 어떻게 될까? 식 (4-10)에서 z를 고정시키고 t를 변화시키면 그림 4-8과 같이 전기장 벡터가 시계방향으로 원을 그리면서 돌게 됨을 알 수 있다. 이와

그림 4-8

우원편광(RCP)

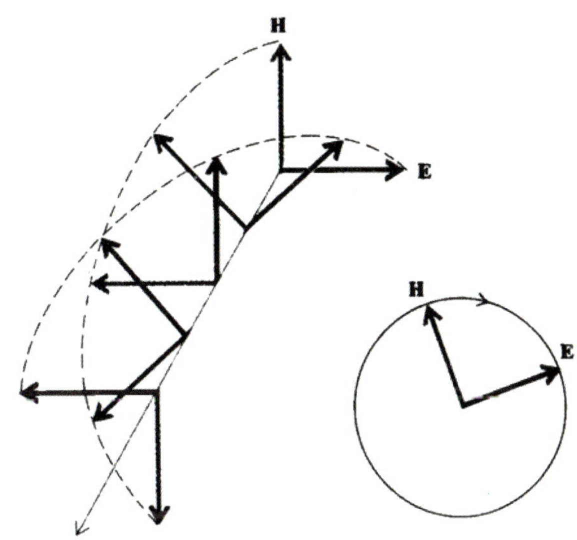

같이 전기장 벡터 $\vec{E}$가 원을 그리면서 돌게 되는 편광을 **원편광**이라고 부른다. 특히 그 회전 방향이 시계방향이라면 우원편광(RCP: Right Circularly Polarized)이라고 한다.

식 (4-9)로 표현되는 전기장 벡터 $\vec{E_x}$, $\vec{E_y}$가 3차 미분 파동방정식인 Maxwell 방정식을 만족하는 해일 때, 이들의 합인 $\vec{E}=\vec{E_x}+\vec{E_y}$도 해가 되지만 이들의 차인 $\vec{E}=\vec{E_x}-\vec{E_y}$ 역시 Maxwel 방정식의 해가 된다. 식 (4-9)로 표현되는 전기장 벡터 $\vec{E_x}$, $\vec{E_y}$의 차인 $\vec{E}=\vec{E_x}-\vec{E_y}$ 벡터는

$$\begin{aligned}\vec{E}(z, t)&=\vec{E_x}(z, t)-\vec{E_y}(z, t) \\ &=E_0\{\cos(kz-\omega t)\hat{x}-\sin(kz-\omega t)\hat{y}\}\end{aligned} \tag{4-11}$$

로 나타낼 수 있다.

예제 4.2

광파의 전기장 벡터에 대한 표현

광파의 전기장 벡터에 대한 일반적인 복소수 표현식은 다음과 같이 나타낼 수 있다.

$$\vec{E}(z, t)=E_0(\hat{x}+\hat{y}ce^{i\phi})e^{i(kz-\omega t)}$$

이 식이 광파의 전기장 벡터에 대한 실수 표현식

$$\vec{E}(z, t) = E_0\{\hat{x}\cos(kz-\omega t) + \hat{y}c\cos(kz-\omega t+\phi)\}$$

와 같다는 것을 보이시오.

풀이

$$\begin{aligned}\vec{E}(z, t) &= E_0(\hat{x} + \hat{y}ce^{i\phi})e^{i(kz-\omega t)} \\ &= E_0\{\hat{x}e^{i(kz-\omega t)} + \hat{y}ce^{i(kz-\omega t+\phi)}\}\end{aligned}$$

$e^{i\theta} = \cos\theta + i\sin\theta$이므로 위 식에서 실수부를 취하면 다음과 같이 나타낼 수 있다.

$$\vec{E}(z, t) = E_0\{\hat{x}\cos(kz-\omega t) + \hat{y}c\cos(kz-\omega t+\phi)\}$$

그림 4-8과 마찬가지로 이 광파의 전기장 벡터의 움직임을 시간에 따라서 관찰하게 되면 반시계방향으로 원을 그리는 것을 알 수 있다. 이렇게 반시계방향으로 회전하는 원편광의 빛을 좌원편광(LCP: Left Circularly Polarized) 되었다고 한다.

4.1.3 타원편광(Elliptical Polarization)

원편광은 같은 진폭을 가지고 위상이 서로 90° 만큼 차이진 선편광된 두 광파를 벡터적으로 합하거나 빼서 만든다. 식 (4-9)에서 좀 더 일반적인 경우로 확장하여 전기장 벡터의 진폭 E_0가 서로 다른 값을 가지는 경우를 생각해 보자.

우선 서로 수직하는 편광면을 가지고 x축 방향과 y축 방향으로 선편광된 두 광파의 진폭을 E_{0x}, E_{0y}라고 가정하면 두 광파의 전기장 벡터는 다음과 같이 표현할 수 있다.

$$\begin{aligned}\vec{E}_x(z, t) &= E_{0x}\hat{x}\cos(kz-\omega t) \\ \vec{E}_y(z, t) &= E_{0y}\hat{y}\sin(kz-\omega t)\end{aligned} \tag{4-12}$$

식 (4-12)로 표현되는 서로 수직인 두 선편광의 전기장 벡터를 합하면 다음과 같은 합성 전기장 벡터를 얻는다.

$$\begin{aligned}\vec{E}(z, t) &= \vec{E}_x(z, t) + \vec{E}_y(z, t) \\ &= E_{0x}\cos(kz-\omega t)\hat{x} + E_{0y}\sin(kz-\omega t)\hat{y}\end{aligned} \tag{4-13}$$

그림 4-9

타원편광

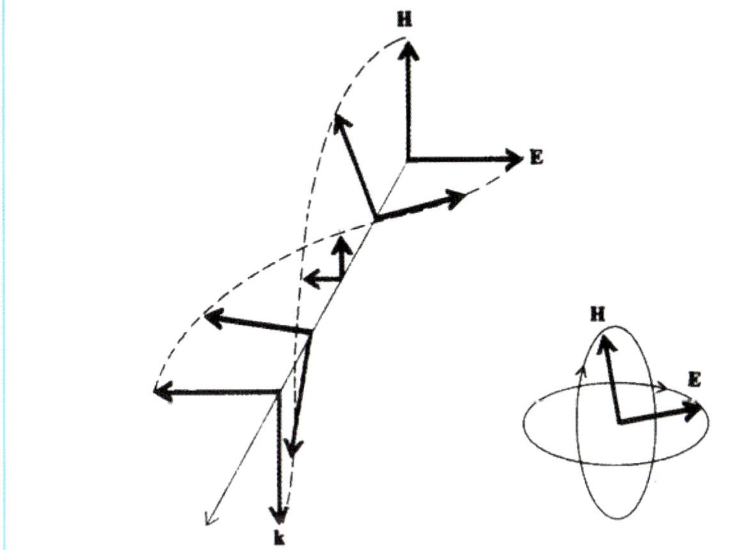

식 (4-13)으로 주어진 광파를, z를 고정시킨 $x-y$ 평면에서 그림 4-3과 같이 광파가 오는 쪽에서 바라본다면 시간에 따른 전기장 벡터의 움직임은 일반적으로 그림 4-9와 같이 타원을 그리면서 돌게 된다. 여기서 E_{0x}와 E_{0y}가 같은 경우에는 전기장 벡터 $\vec{E}(z,\ t)$의 궤적이 타원에서 원이 되어 원편광 상태를 나타내게 된다.

그리고 $E_{0x}=0$인 경우에는 $\vec{E}(z,\ t)$가 y축 방향으로 선편광이 되고, $E_{0y}=0$이면 x축 방향의 선편광을 나타내게 된다. 따라서 타원편광이 가장 일반적인 편광의 형태라고 할 수 있으며 선편광이나 원편광은 타원편광의 특수한 경우라고 하겠다.

4.1.4 존스 벡터(Jones Vector)

지금까지 여러 가지 편광에 대해 전기장 벡터의 움직임을 중심으로 알아보았는데, 이러한 편광을 수학적으로 보다 간단히 표현하는 방법으로 존스 벡터라는 것이 있다. 존스 벡터를 이용하여 편광을 표현하려면 우선, 전기장 벡터의 표현을 복소수를 사용하여 나타내는 방법을 알아야 한다.

이를 위해 x축으로 편광된 빛을 나타내는 식 (4-9)를 다시 살펴보도록 하자.

$$\vec{E}_x(z,\ t)=\vec{E}_0\cos(kz-\omega t)=E_0\hat{x}\cos(kz-\omega t)$$

전기장은 물리적인 실체이므로 허수를 포함하는 복소수와는 원래 아무런 관련이 없다. 그러나 전자기학에서는 계산상의 편의를 위해 종종 전기장이나 자기장을 복소수를 사용해서 표현한다. 즉, 실제로는 복소수의 실수 부분만이 전기장에 해당하고, 허수 부분은 계산의 편의를 위해 일부러 붙여두는 것이다. 식 (4-9)를 복소수를 사용한 표현으로 만들어 주면 다음과 같다.

$$\begin{aligned}\vec{E_x}(z,t) &= E_0\hat{x}\{\cos(kz-\omega t)+i\sin(kz-\omega t)\} \\ &= E_0 e^{i(kz-\omega t)}\hat{x}\end{aligned} \tag{4-14}$$

마찬가지로 y축으로 편광된 광파의 표현, 식 (4-9)를 복소수로 표현하면 다음과 같이 쓸 수 있다.

$$\begin{aligned}\vec{E_y}(z,t) &= E_0\hat{y}\{\cos(kz-\omega t)+i\sin(kz-\omega t)\} \\ &= E_0 e^{i(kz-\omega t)}\hat{y}\end{aligned} \tag{4-15}$$

식 (4-10), $\vec{E}(z,t)=\vec{E_x}(z,t)+\vec{E_y}(z,t)$를 이용하여 RCP의 경우를 복소수($x$축을 실수축으로 y축을 허수축으로 사용함)로 표현하면

$$\begin{aligned}\vec{E}(z,t) &= E_0\{\cos(kz-\omega t)+i\sin(kz-\omega t)\}\hat{x} \\ &\quad +iE_0\{\cos(kz-\omega t)+i\sin(kz-\omega t)\}\hat{y} \\ &= E_0 e^{i(kz-\omega t)}(\hat{x}+i\hat{y})\end{aligned} \tag{4-16}$$

이고, 같은 방법으로 LCP에 대하여

$$\begin{aligned}\vec{E}(z,t) &= E_0\{\cos(kz-\omega t)+i\sin(kz-\omega t)\}\hat{x} \\ &\quad -iE_0\{\cos(kz-\omega t)+i\sin(kz-\omega t)\}\hat{y} \\ &= E_0 e^{i(kz-\omega t)}(\hat{x}-i\hat{y})\end{aligned} \tag{4-17}$$

로 나타낼 수 있으며, 마지막으로 가장 일반적인 타원편광은 다음과 같이 쓸 수 있다.

$$\begin{aligned}\vec{E}(z,t) &= E_{0x}\{\cos(kz-\omega t)+i\sin(kz-\omega t)\}\hat{x} \\ &\quad -iE_{0y}\{\cos(kz-\omega t)+i\sin(kz-\omega t)\}\hat{y} \\ &= e^{i(kz-\omega t)}(E_{0x}\hat{x}-iE_{0y}\hat{y})\end{aligned} \tag{4-18}$$

모든 수식에서 E_0, E_{0x}, E_{0y}는 원래 전기장 벡터에서 진폭의 크기를 나타내는 것으로 복소수가 아닌 실수임을 기억하자. 식 (4-14)부터 (4-18)을 기초로 편광의 존스 벡터 표현을 만드는 방법은 다음과 같다. 수식에서 $\hat{x}$ 벡터와 $\hat{y}$ 벡터를 각각 다음과 같이 나타낸다.

$$\hat{x}=\begin{pmatrix}1\\0\end{pmatrix},\ \hat{y}=\begin{pmatrix}0\\1\end{pmatrix}, \tag{4-19}$$

표 4-1

각 편광의 존스 벡터 표현

편광		Jones vector
선편광	x방향	$\begin{pmatrix}1\\0\end{pmatrix}$
	y방향	$\begin{pmatrix}0\\1\end{pmatrix}$
원편광	RCP	$\begin{pmatrix}1\\i\end{pmatrix}$
	LCP	$\begin{pmatrix}1\\-i\end{pmatrix}$
타원편광		$\begin{pmatrix}E_{0x}\\-iE_{0y}\end{pmatrix}$

식 (4-19)를 각 편광의 복소수 표현에 적용하여 공통인 부분을 제외하면 벡터 부분이 바로 존스 벡터가 되는데, 그것을 정리하면 표 4-1과 같이 된다. 표 4-1의 타원편광에 관련된 부분에서 만일 $E_{0x}=0$이라면 존스 벡터는

$$\begin{pmatrix}0\\-iE_{0y}\end{pmatrix}=-iE_{0y}\begin{pmatrix}0\\1\end{pmatrix}$$

이 되는데, 광파의 편광 상태는 벡터 부분만 고려하면 되므로 이는 다름 아닌 y축 방향으로 선편광된 상태를 의미하는 것이다.

마찬가지로 $E_{0y}=0$이면 x축 방향으로 선편광된 것이고, $E_{0x}=E_{0y}$이면 RCP, $E_{0x}=-E_{0y}$이면 LCP를 나타내게 된다. 이것은 우리가 앞에서 이미 살펴본 바와 같이 타원편광이 편광의 가장 일반적인 형태이기 때문에 존스 벡터에서도 이것을 확인할 수 있는 것이다.

4.2 편광의 응용

4.2.1 복굴절(Birefringence)과 파장판

빛이 임의의 물질 속을 진행할 때의 속력(v)은 보통 진공 중에서의 속력($c=3.0\times10^{8}$ m/s)과는 다르다. 앞의 1.1에서 기술한 바와 같이 이 속력의 비, 즉 n

$=c/v$ 를 그 물질의 굴절률(n)이라고 부른다.

또한, 같은 물질이라고 하더라도 빛의 파장(또는 주파수)에 따라 물질 내에서의 속력이 달라지는 것이 일반적이므로 굴절률도 역시 파장(또는 주파수)의 함수가 된다.

$$n=n(\lambda),\ \text{또는}\ n=n(f) \tag{4-20}$$

스넬의 법칙(Snell' s law)에 의하면 굴절률이 n_1인 한 물질에서 굴절률이 n_2인 다른 물질로 빛이 진행할 때, 그 입사각과 굴절각의 관계는 $n_1\sin\theta_1=n_2\sin\theta_2$로 주어진다. 즉, 굴절률에 따라서 빛이 굴절되는 각도도 달라지는 것이다. 햇빛을 프리즘에 통과시키면 나타나는 무지개 빛깔은 프리즘을 구성하는 유리의 굴절률이 햇빛의 여러 파장에 대해 다르기 때문에 나타나는 현상이다.

그런데 어떤 물질들은 동일한 파장에 대해서도 빛의 편광상태에 따라 굴절률이 달라지는 특성을 가지고 있다. 이러한 물질 대부분은 결정구조를 가지고 있으며, 그 중에서도 특히 어떤 것들은 서로 수직한 두 개의 선편광에 대해 다른 굴절률을 가지며 이러한 물질들을 **선복굴절**(linear birefringence)이 있다고 말한다.

또한 어떤 물질들은 RCP와 LCP에 대해 서로 다른 굴절률을 가지는데 이러한 물질들을 **원복굴절**(circular birefringence), 또는 **광활성**(optical activity)을 가진다고 말한다. 선복굴절을 가진 대표적인 물질로서 방해석을 들 수 있다. 방해석은 그림 4-10과 같이 고속축(fast axis)과 저속축(slow axis)를 가지고 있어서 그러한 축에 평행한 전기장에 대해 각각 다른 굴절률을 가지고 있다. 즉, 그림에서 고속축과 평행한 x축으로 편광된 빛에 대해서는 굴절률이 n_f이고, 저속축과 평행한 y축으로 편광된 빛에 대해서는 굴절률이 n_s가 된다.

고속축과 저속축이라는 이름이 붙은 이유는 n_s가 n_f에 비해 더 큰 값을 가지기 때문이다. 즉, $n_f<n_s$이므로 각 편광의 속력을 보면 아래와 같이 x축으로 편광된 빛이 y축으로 편광된 빛에 비해 방해석 내부에서 더 빨리 진행한다.

$$v_x(=c/n_f)\ >\ v_y(=c/n_s) \tag{4-21}$$

그런데 그림 4-11과 같이 편광축이 고속축에 대하여 θ의 각으로 선편광된 빛이 선복굴절을 가지는 길이가 l인 물질을 통과했다고 하면 빛의 편광은 어떻게 될 것인가? 이것을 분석하려면, 우선 그림과 같이 빛의 전기장 벡터 $\overrightarrow{E}$를 고속축에 해당하는 x축 성분 $\overrightarrow{E_x}$와 저속축에 해당하는 y축 성분 $\overrightarrow{E_y}$로 분해하는 것이 좋다.

그림 4-10

선복굴절을 가진 물질의 고속(빠른)축과 저속(느린)축

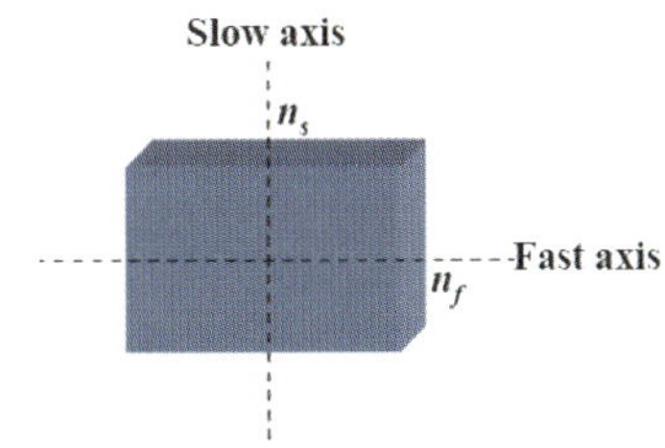

그림 4-11

물질 내의 편광변화를 알기 위한 편광의 분해

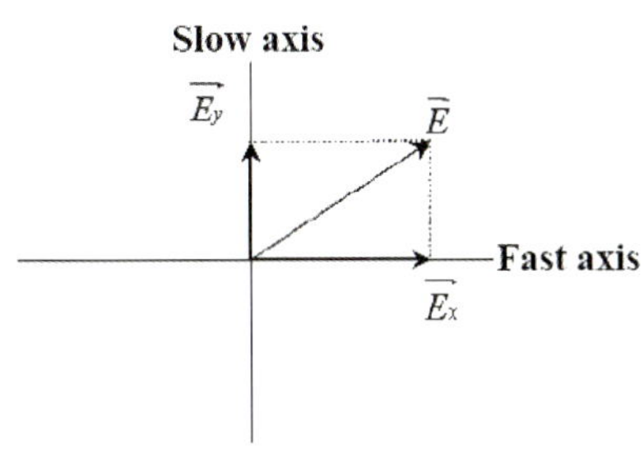

$$
\begin{aligned}
\overrightarrow{E}(z, t) &= \overrightarrow{E_0}e^{i(kz-\omega t)} \qquad (4\text{-}22)\\
&= \overrightarrow{E_x}(z, t) + \overrightarrow{E_y}(z, t)\\
&= (E_{0x}\hat{x} + E_{0y}\hat{y})e^{i(kz-\omega t)}\\
&= (E_0\cos\theta\hat{x} + E_0\sin\theta\hat{y})e^{i(kz-\omega t)}
\end{aligned}
$$

식 (4-22)는 빛이 물질로 들어가기 전의 전기장 벡터 $\overrightarrow{E}$를 분해한 것이다. 빛이 물질로 들어가게 되면 $\overrightarrow{E_x}$와 $\overrightarrow{E_y}$는 각각 다른 굴절률을 겪게 된다. 물질 내에서도 빛의 수파수는 변함이 없으므로 $\omega=2\pi f$는 변함이 없지만, 파수 벡터 k는 다음과 같이 굴절률에 따라 각각 그 값이 달라진다.

$$
k = \frac{2\pi}{\lambda} = \frac{2\pi n}{\lambda_0} \qquad (4\text{-}23)
$$

식 (4-23)에서 λ_0는 진공 중에서의 빛의 파장이다. 물질 내부에서는 x축으로 편광된 빛의 파수 벡터 $k_f=2\pi n_f/\lambda_0$를 경험하게 되고, y축으로 편광된 빛은 파수 벡터 $k_s=2\pi n_s/\lambda_0$를 경험하게 된다. 따라서 물질의 시작점을 $z=0$으로 하면 물질에 들어가기 직전의 빛은 다음과 같이 표현된다.

$$\vec{E}(0,\ t)=(E_0\cos\theta\hat{x}+E_0\sin\theta\hat{y})e^{-i\omega t} \tag{4-24}$$

이 빛의 편광상태를 존스 벡터를 이용하여 표현하면 $\begin{pmatrix}\cos\theta\\ \sin\theta\end{pmatrix}$가 된다. 즉, x축과 θ의 각을 이루는 선편광이다. 한편, 물질 속에 들어가서 이제 물질을 막 빠져나오는 빛의 전기장 벡터는 다음과 같다.

$$\vec{E}(l,\ t)=(E_0\cos\theta\cdot e^{ik_f l}\hat{x}+E_0\sin\theta\cdot e^{ik_s l}\hat{y})e^{-i\omega t} \tag{4-25}$$

이 때의 편광상태는 아래와 같이 된다.

$$\begin{pmatrix}\cos\theta\cdot e^{ik_f l}\\ \sin\theta\cdot e^{ik_s l}\end{pmatrix}=e^{ik_f l}\begin{pmatrix}\cos\theta\\ \sin\theta\cdot e^{i(k_s-k_f)l}\end{pmatrix}=e^{ik_f l}\begin{pmatrix}\cos\theta\\ \sin\theta\cdot e^{2\pi i(n_s-n_f)l/\lambda_0}\end{pmatrix} \tag{4-26}$$

식 (4-26)에서 $e^{ik_f l}$은 공통 성분이므로 실제 물질을 빠져 나온 빛의 편광상태는 다음과 같이 쓸 수 있다.

$$\begin{pmatrix}\cos\theta\\ \sin\theta\cdot e^{2\pi i(n_s-n_f)l/\lambda_0}\end{pmatrix} \tag{4-27}$$

식 (4-27)을 원래 물질에 들어가기 전의 존스 벡터 $\begin{pmatrix}\cos\theta\\ \sin\theta\end{pmatrix}$와 비교해 보면, y축 성분의 위상이 x축 성분에 비해 $2\pi(n_s-n_f)l/\lambda_0$만큼 더해진 것을 볼 수 있다. 이와 같이 한 성분의 위상이 다른 성분에 대해서 상대적으로 덜 증가하기 때문에, 고속축과 저속축 생긴다. 이렇게 고속축과 저속축을 가진 물질을 **위상 지연판**(phase retarder)라고도 부른다. 식 (4-27)의 존스 벡터는 θ 및 $(n_s-n_f)l/\lambda_0$의 값에 따라 표 4-2와 같이 다양한 편광이 될 수 있다.

우선 $\theta=0$ 또는 $\theta=\pi/2$인 경우에는 입사하는 빛의 편광이 고속축 또는 저속축과 평행한 경우이므로, 위상 지연판의 길이 l과 관계없이 출력 편광의 형태가 변하지 않게 된다. 또한 l이 $\lambda_0/(n_s-n_f)$의 정수배가 되는 경우에는 $e^{2\pi i(ns-nf)l/\lambda_0}=1$이 되므로, θ와 관계없이 입력 편광과 출력 편광이 모두 $\begin{pmatrix}\cos\theta\\ \sin\theta\end{pmatrix}$로 동일하게 됨을 알 수 있다.

특별히 $\theta=\pi/4$인 경우, 즉 입력 편광의 x축 성분과 y축 성분의 크기가 동일할 때에는 흥미로운 현상을 발견할 수 있다. 위상 지연판의 길이가 $\lambda_0/4(n_s-n_f)$의 정수배가 될 때마다 출력 편광은 LCP, 선편광(입력 존스 벡터와 방향이 정반대), RCP, 선편광(입력 존스 벡터와 방향이 동일함)을 반복하게 되고, 그 사이에서는 선편광과 원편광을 제외한 타원편광이 된다.

위상 지연판의 길이가 $\lambda_0/4(n_s-n_f)$가 되는 경우를 특히 1/4 파장판(quarter-wave plate), $\lambda_0/2(n_s-n_f)$이 되는 경우를 1/2 파장판(half-wave plate)라고 부른다. 표 4-2로부터 선편광을 원편광으로 변환하고자 할 때에는 1/4 파장판의 고속축 혹은 저속축과 45° 방향으로 선편광을 넣어주면 됨을 알 수 있다.

표 4-2

파장판에서의 입력 및 출력 편광

θ	입력 편광	l	출력 편광
0	$\begin{pmatrix}1\\0\end{pmatrix}$	any value	$\begin{pmatrix}1\\0\end{pmatrix}$
$\pi/2$	$\begin{pmatrix}0\\1\end{pmatrix}$	any value	$\begin{pmatrix}0\\e^{2\pi i(ns-nf)l/\lambda_0}\end{pmatrix}$ $=e^{2\pi i(ns-nf)l/\lambda_0}\begin{pmatrix}1\\0\end{pmatrix}$
$\pi/2$	$\begin{pmatrix}1\\1\end{pmatrix}$	$m\lambda_0/(n_s-n_f)$ $(m=1, 2, 3,\cdots)$	$\begin{pmatrix}1\\1\end{pmatrix}$
		$(4m+1)\lambda_0/4(n_s-n_f)$ $(m=0, 1, 2, 3,\cdots)$	$\begin{pmatrix}1\\e^{i\pi/2}\end{pmatrix}=\begin{pmatrix}1\\i\end{pmatrix}$
		$(2m+1)\lambda_0/2(n_s-n_f)$ $(m=0, 1, 2, 3,\cdots)$	$\begin{pmatrix}1\\e^{i\pi}\end{pmatrix}=\begin{pmatrix}1\\-1\end{pmatrix}$
		$(4m+3)\lambda_0/4(n_s-n_f)$ $(m=0, 1, 2, 3,\cdots)$	$\begin{pmatrix}1\\e^{i3\pi/2}\end{pmatrix}=\begin{pmatrix}1\\-i\end{pmatrix}$
		$l\neq m\lambda_0/4(n_s-n_f)$ $(m=1, 2, 3,\cdots)$	$\begin{pmatrix}1\\e^{2\pi i(ns-nf)l/\lambda_0}\end{pmatrix}$
$\theta\neq 0$ $\theta\neq\pi/2$ $\theta\neq\pi/4$	$\begin{pmatrix}\cos\theta\\\sin\theta\end{pmatrix}$	$m\lambda_0/(n_s-n_f)$ $(m=1, 2, 3,\cdots)$	$\begin{pmatrix}\cos\theta\\\sin\theta\end{pmatrix}$
		$l\neq m\lambda_0/(n_s-n_f)$ $(m=1, 2, 3,\cdots)$	$\begin{pmatrix}\cos\theta\\\sin\theta\cdot e^{2\pi i(ns-nf)l/\lambda_0}\end{pmatrix}$

예제 4.3

복굴절을 이용한 1/4 파장판 만들기

석영으로 546.0 nm인 파장에서 사용할 1/4 파장판을 만들고자 한다. 석영의 두께를 계산하시오. 단, 상온에서 석영의 n_s는 1.55535, n_f는 1.54617이다.

풀이

파장판을 통과한 후의 광경로차는 $\Delta = d(n_s - n_f)$이다. 따라서 석영의 두께 d는 다음과 같이 계산할 수 있다.

$$d = \frac{\Delta}{(n_s - n_f)} = \frac{\frac{1}{4} \times 546.0 \times 10^{-9}}{1.55535 - 1.54617} = 14.87 \times 10^{-6}(\text{m}) = 14.87\ \mu\text{m}$$

4.2.2 패러데이 효과(Faraday Effect)

1845년 패러데이(Michael Faraday)는 자기장 안에 있는 유리조각에 입사한 빛의 선편광 방향이 회전하는 것을 발견하였다. 이 효과는 특히 빛의 진행 방향과 자기장의 방향이 일치할 때 크게 나타났는데 이를 **패러데이 효과**라고 한다(그림 4-12 참조).

패러데이 효과에서 선편광의 편광축이 회전한 각도 β는 다음과 같음이 실험적으로 알려져 있다.

$$\beta = VBl \tag{4-28}$$

식 (4-28)에서 B는 정 자속밀도(static magnetic flux density), l은 빛이 물질 내에서 진행한 길이, 그리고 V는 비례상수인 베르데 상수(Verdet constant)이다. 베르데 상수는 물질의 종류, 빛의 파장이나 온도 등에 따라 달라진다.

선편광의 방향이 회전한다는 점에서 패러데이 효과는 광활성과 같지만 실제로 두 현상은 다른 것이며 다음과 같은 중요한 차이가 있다. 광활성의 물질을 거치면서 편광의 방향이 임의의 어떤 방향으로 회전했다면, 반대 방향으로 빛을 다시 보내게 되면 편광이 원래의 자리로 되돌아가게 된다. 즉, 광활성 물질에서는 좌선성이나 우선성이 물질의 종류에 따라 정해지는 것이고 빛의 진행방향과는 관계가 없다.

반면 패러데이 효과의 경우에는 빛이 자기장과 나란하게 진행할 때에 좌선성을 나타냈다면 같은 물질에서 자기장과 반대 방향으로 빛이 진행하게 되

그림 4-12

패러데이 효과

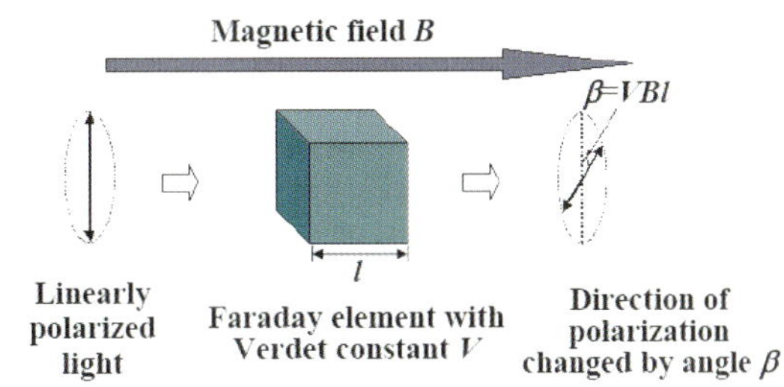

그림 4-13

빛의 진행방향에 따른 패러데이 효과

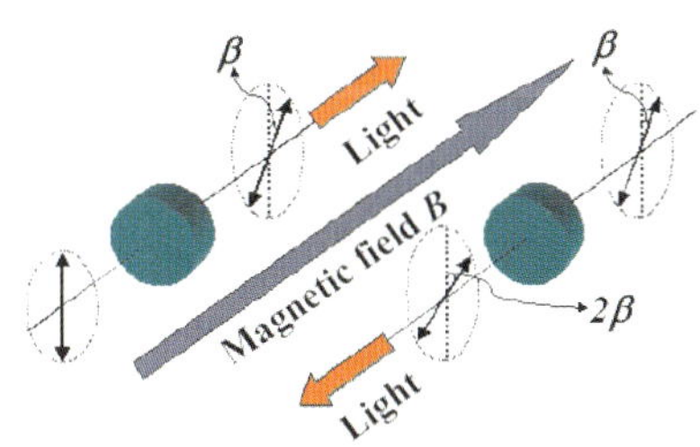

면 우선성을 나타내게 된다. 따라서 거울 등의 반사체를 사용하여 물질을 왕복시키게 되면 패러데이 효과에서는 편광의 회전각이 두 배가 된다.

그림 4-13은 패러데이 효과에서 빛이 반대로 진행할 때 선편광의 방향이 계속하여 같은 방향으로 회전하는 것을 보여주고 있다. 이러한 패러데이 효과의 특성을 이용하면 광분리기(optical isolator)라는 소자를 만들 수 있다. 광분리기는 빛을 어떤 한 방향으로는 그냥 통과시키지만 반대방향으로 가는 빛은 완전히 차단시키는 광학 소자이다.

빛은 가역성(reciprocity)이 있기 때문에 자신이 통과한 길을 언제든지 반대로 정확하게 갈 수가 있다. 그러나 광분리기에서만은 한 방향으로만 빛을 통과시킬 수 있으며, 이것은 자기장이 특수한 비대칭성을 가지고 있기 때문이다.

혹시 어떤 사람들은 자동차의 선팅이나 건물의 유리창 등이 안에서 밖만 보이고 밖에서는 안이 보이지 않으므로 거기서도 빛이 한 방향으로만 갈 수 있는 것이 아닐까 하고 의심을 할 수도 있다. 그러나 보통의 유리에 코팅을 하는 정도로는 절대로 빛의 가역성을 막을 수는 없다는 점을 기억하기 바란다.

일반적인 광분리기의 원리는 그림 4-14에 나타나 있다. 그림에서 보듯이 빛을 하나의 편광으로 만들어주기 위해 선편광기(Polarizer A)가 맨 앞에 있고, 다음으로 패러데이 효과를 이용하여 선편광의 방향을 45° 만큼 회전시키는 부분이 나온다. 이 부분을 패러데이 회전기(Faraday rotator)라고 부른다. 마지막에 나오는 선편광기(Polarizer B)의 편광축은 처음 선편광기의 편광축과 45° 의 각을 이룬다.

이렇게 구성된 광분리기에 빛이 들어오면 Polarizer A에 의해 선편광된 빛이 패러데이 회전기로 들어가고 거기에서 45° 만큼 편광 방향이 회전을 하게 된다. 그런데 그 편광 방향은 Polarizer A의 편광축과 평행하므로 그대로 Polarizer A를 통과하여 나갈 수 있다.

반면, 거꾸로 들어오는 빛의 경우를 생각해 보자. Polarizer B로 들어온 빛은 Polarizer B의 편광축과 나란하게 선편광이 되고, 패러데이 회전기에서 45° 회전한다. 이 때 선편광의 회전방향은 빛이 진행하는 방향의 왼쪽이 되므로 최종적으로 선편광의 방향은 수평 방향이 된다. 그런데 Polarizer A의 편광축은 수직방향이므로 빛의 편광과는 서로 90° 각도를 이룬다. 식 (4-4)의 말러스의 법칙에 의해 이 빛은 Polarizer A에서 모두 소멸되어 빛이 밖으로 나갈 수 없으므로 반대방향으로는 빛이 진행할 수 없다.

패러데이 효과와 같이 자기장이 물질에 영향을 주어 빛의 성질을 변화시키는 것을 **자기광학 효과**(magneto-optic effect)라고 한다. 또 다른 자기광학

그림 4-14

광분리기의 구성

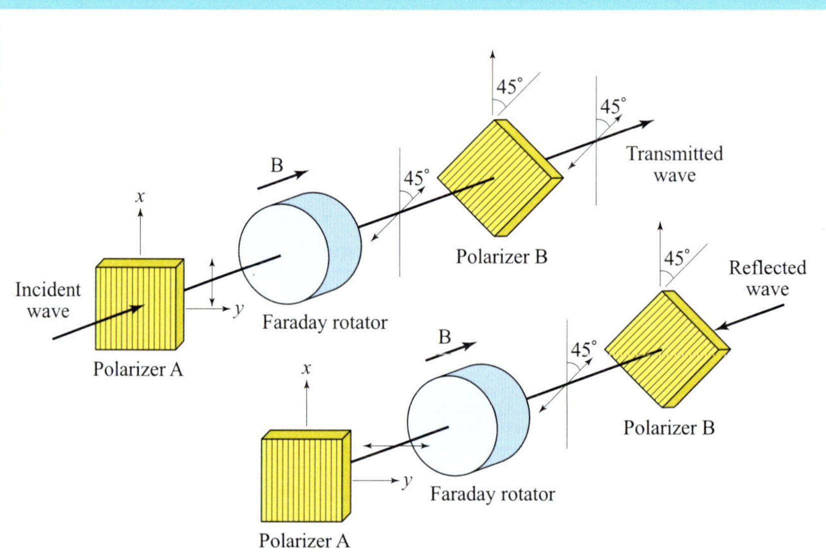

효과로는 **보이그 효과**(Voigt effect)와 **코튼-모튼 효과**(Cotton-Mouton effect)가 있다. 이것들은 모두 투명한 물질에 빛의 진행방향에 대해 수직으로 자기장이 걸렸을 때 일어나는데, 앞의 것은 물질이 기체인 경우이고 뒤의 것은 액체인 경우이다.

4.2.3 전기광학 효과(Electro-Optic Effect)

자기광학 효과와 비슷하게 전기장과 물질의 반응으로 인해 빛의 편광특성이 변화하는 전기광학 효과가 1875년 커(Kerr)에 의해 처음으로 발견되었다. 그는 특정한 광학물질이 전기장 벡터 $\vec{E}$ 내에 있을 때, 인가된 전기장과 평행한 방향의 굴절률 $n_{\parallel}$과 그에 수직한 방향의 굴절률 $n_{\perp}$이 서로 다르게 됨을 알았다. 두 굴절률의 차이 Δn_k는 다음과 같음을 실험적으로 규명하였다.

$$\Delta n_k = \lambda_0 K E^2 \tag{4-29}$$

이 때 K는 커 상수(Kerr constant)로서 각 물질마다 고유한 값을 가지게 된다. 이와는 별도로 **포켈스 효과**(Pockels effect)라고 하는 전기광학 효과가 있는데, 이것은 1893년 포켈스(Friedrich Carl Alwin Pockels)에 의해 연구되었다. 포켈스 효과는 커 효과가 나타나는 물질과는 분자 구성이 다른 물질들에서 발견되었는데 굴절률의 차이 Δn_p가 걸어준 전기장의 크기에 비례한다는 점이 커 효과와는 큰 차이가 있다.

$$\Delta n_p \propto E \tag{4-30}$$

그림 4-15는 포켈스 효과를 이용한 변조기의 원리를 보여준다. 서로 90°로 편광축이 직교하는 두 선편광기 사이에 포켈스 효과를 일으키는 물질과 전기장을 걸어주는 전극이 함께 자리 잡고 있다. 이것을 Pockels cell이라고

그림 4-15
포켈스 광변조기

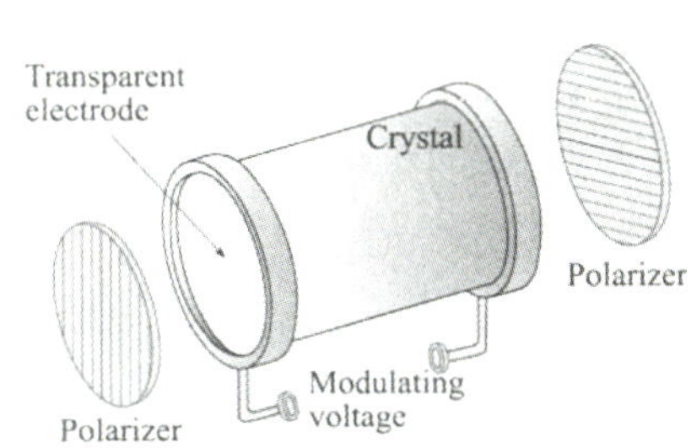

부른다. 만일 전극에 아무런 전압을 걸어주지 않으면 하나의 선편광기를 거치면서 선편광된 빛은 그 편광방향이 다른 선편광기의 편광축과 수직이 되므로 변조기를 통과할 수 없게 된다.

그러나 전극에 전압을 걸기 시작하면 Pockels cell은 선복굴절을 띠게 되어 일종의 파장판 역할을 하게 되므로 하나의 선편광기를 통과한 빛의 편광이 cell을 거치면서 변화하게 된다. 만일 걸어준 전압이 적절하다면 cell이 1/2 파장판이 되어 선편광의 방향이 90° 만큼 회전하여 다른 선편광기에서 모든 빛이 통과하여 나갈 수도 있다.

이렇게 전극에 걸어주는 전압의 크기에 따라 Pockels cell을 통과하는 빛의 양을 조절할 수 있으므로 광변조기로 사용이 가능해진다. 실제 전기광학 효과는 그 반응속도가 매우 빠르기 때문에 포켈스 효과를 이용한 광변조기의 경우 광변조 속도를 수 십 GHz 까지도 빠르게 할 수 있다.

예제 4.4

패러데이 효과

선편광된 광파가 20℃의 상온에서 $B=1.0\times10^4$ G의 자기장 내에 놓여있는 길이 1.0 cm의 물기둥을 통과하였다. 선편광된 광파의 편광축이 회전한 각도를 계산하시오. 단 20℃의 상온에서 물의 베르데 상수 V_{H_2O}는 $V_{H_2O}=0.0131$ (min of arc/G · cm)이다.

풀이

패러데이 효과에서 선편광의 편광축이 회전한 각도 β는 다음과 같음이 실험적으로 알려져 있다.

$$\beta=VBl$$

20℃에서 물의 베르데 상수가 $V_{H_2O}=0.0131$(min of arc/G · cm)이며 단위가 min of arc/G · cm인 것에 주의해야 한다.

$$\begin{aligned}\beta&=V_{H_2O}Bl\\&=\frac{1}{60}\times0.0131\times1.0\times10^4\times1.0\\&=2.18^\circ\\&=2^\circ\,11'\end{aligned}$$

4.3 부분 편광(Partial Polarization)

지금까지 제 4장에서는 빛의 편광에 관해 여러 가지 고찰을 해 보았고 빛에 대한 파동함수를 표현할 때 식 (4-1)이나 (4-13) 등과 같이 전기장을 사용하여 표현하는 방법을 사용했다. 그러나 우리가 일상생활에서 흔히 접하는 태양이나 전구 등의 광원으로부터 나오는 빛은 이렇게 간단한 수학식으로는 표현할 수가 없다. 그 이유는 이러한 빛들은 광원을 구성하는 수 없이 많은 원자들이 개별적으로 방출하고 있는 광자(photon, 빛 알갱이)들로 이루어져 있기 때문이다. 각 원자들은 일정하게 정해지지 않은 시각에 각자 나름대로의 편광을 가진 광자를 방출하며 이런 광자들이 수없이 많이 모인 햇빛이나 백열전구로부터 나오는 빛은 어떤 하나의 편광을 가질 수가 없다.

그러므로 지금까지 선편광, 원편광 혹은 타원편광이든 어떤 하나의 편광을 가진다고 기술한 빛들은 사실상 레이저 등 특수한 광원에서 나오는 빛의 상태에 해당한다. 사실은 레이저에서 나오는 빛도 완벽하게 수식에서 주어진 것과 같은 수학적인 형태의 전기장을 가질 수는 없으나, 우리는 그러한 빛들을 분석함에 있어서 지금까지 보았던 수식들을 근사적으로 이용하는 것이다.

어떤 물리적인 현상을 분석할 때에는 지금까지 나온 수식들보다 더 정확한 수학적 표현이 필요한 경우도 있는데, 그 때는 빛의 스펙트럼이나 혹은 다른 통계적인 특성을 고려한 더 복잡한 접근이 필요하다. 그러나 우리가 이 책에서 배울 내용들은 그런 것까지 고려하지 않아도 충분하다.

그렇다면 우리가 일상생활에서 접할 수 있는 빛들의 편광상태는 어떻게 되며 그것을 어떤 식으로 표현하는지를 살펴보자. 태양빛 혹은 전구의 불빛 등은 이미 언급한 대로 무수히 많은 원자들이 개별적으로 방출하는 광자의 집합이므로, 각 광자의 개별적인 편광들이 모여 있게 된다.

따라서 전체적으로 보면 어떤 편광상태가 약간 우세할 수는 있지만 단 하나의 편광상태만을 가지기는 불가능하다. 이러한 빛들을 **부분편광**(partially polarized)되었다고 말한다. 또한, 모든 편광상태가 완벽하게 균일하게 섞여 아예 우세한 편광상태조차 없게 되면 편광되지 않은(unpolarized) 혹은 무편광된 빛이라고 말한다.

이렇게 편광되지 않은 빛을 선편광자를 통과시키면 어떻게 될까? 우선 그림 4-16과 같이 편광되지 않은 빛의 강도를 I_{in}이라 하고, 선편광자를 통과해서 나온 빛의 강도를 I_{out}이라고 하자. 무편광된 빛은 그림에서 보듯이 진행방

그림 4-16

선편광자를 통과하는 무편광된 빛

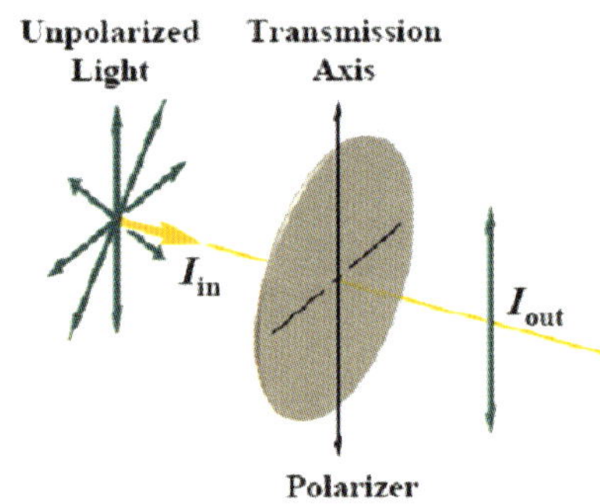

향에 대해 수직으로 선편광된 빛들이 모인 것으로 볼 수 있다. 이 때, 어떤 편광 방향도 우세하지 않고 각 빛들은 서로 독립적이기 때문에 다음과 같은 식이 성립한다.

$$I_{in}=\int_0^{2\pi}\rho_0 d\theta=2\pi\rho_0 \tag{4-31}$$

여기서 ρ_0는 각도에 대한 빛의 강도밀도인데 모든 방향이 동일한 강도를 가지므로 상수이다. I_{out}은 말러스의 법칙에 의해 선편광의 방향과 편광자의 편광축이 이루는 각도 θ에 의해 결정되므로 다음과 같이 주어진다.

$$\begin{aligned}I_{out}&=\int_0^{2\pi}\rho_0\cos^2\theta\, d\theta \\ &=\pi\rho_0 \\ &=\frac{1}{2}I_{in}\end{aligned} \tag{4-32}$$

식 (4-32)로부터 편광되지 않은 빛을 선편광자를 통과하게 되면 강도가 반으로 줄어든다는 것을 알 수 있다.

햇빛처럼 자연적인 빛이든 아니면 전구나 레이저와 같이 인공적인 빛이든 완전히 편광되거나 완전히 무편광된(unpolarized) 빛은 일반적으로 찾아보기 어렵기 때문에 사실상 모든 빛은 부분편광되었다고 보아도 좋겠다. 이렇게 부분편광된 빛을 다룰 때는 빛이 완전히 편광된 빛과 완전히 무편광된 빛의 합으로 이루어져 있다고 생각하면 편리하다.

그러므로 어떤 부분편광된 빛의 강도를 I라고 하면 그것은 다음과 같이 완전편광된 빛의 강도 I_{pol}과 무편광된 빛의 강도 I_{unpol}의 합으로 표현할 수 있다.

$$I = I_{\text{pol}} + I_{\text{unpol}}$$

전체 빛의 강도에 대한 편광된 빛의 강도의 비를 **편광도**(DOP: degree of polarization)라고 정의한다.

$$\text{DOP} = \frac{I_{\text{pol}}}{I_{\text{pol}} + I_{\text{unpol}}} \tag{4-33}$$

식 (4-33)에 의하면 완전히 편광된 빛은 DOP 값이 1이며, 무편광인 빛은 DOP가 0이 된다.

태양에서 방출되는 원래의 빛도 매우 약간이지만 편광성을 띠며—즉 DOP가 0이 아니며—특히 지구 대기를 거친 태양광의 경우 관측하는 방향에 따라 편광성이 더욱 커지기도 한다. 그것은 그림 4-17에서 보이는 것처럼 대기의 공기분자가 태양빛을 산란시키고 이 산란된 빛은 쳐다보는 방향에 따라 편광이 다르게 보이기 때문이다.

그리고 레이저에서 발생되는 잘 편광된 빛도 일반적으로 DOP 값이 완전히 1이 아니고 약 0.998 정도의 값을 가진다. 즉, 무편광된 성분이 전체의 1/500 정도가 된다.

부분편광된 빛의 DOP 측정은 선편광자를 이용해서 쉽게 측정할 수 있는데 그 방법은 다음과 같다. 부분편광된 빛을 선편광자에 입사시켜 이것을 통과하여 나오는 빛의 강도를 측정하되, 선편광자를 한바퀴 회전시키면서 나오는 빛의 강도의 최대값 I_{max}와 최소값 I_{min}을 구한다.

부분편광된 빛은 완전히 편광된 빛과 무편광된 빛의 합이고, 무편광된 성분은 편광자의 회전에 상관없이 식 (4-32)에 나타난 것과 같이 항상 원래의 반만 편광자를 통과하게 된다. 따라서 최대강도 I_{max}는 편광자의 편광축과 편

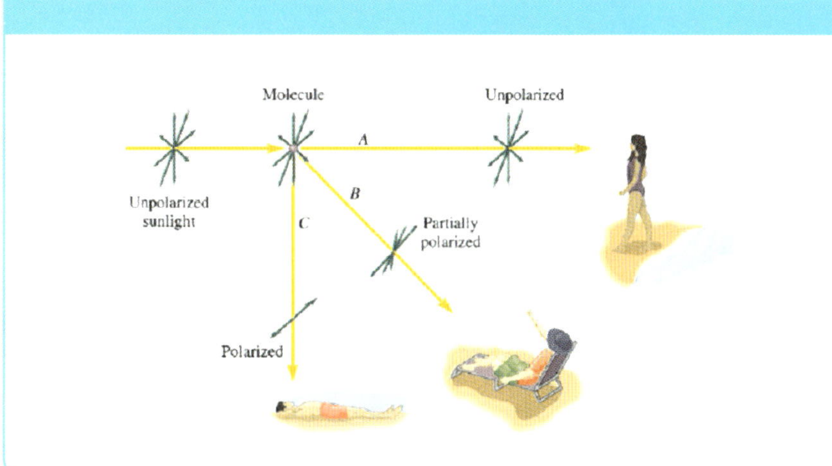

그림 4-17 산란에 의한 태양광의 부분편광 현상

광된 성분의 편광방향이 일치했을 때 얻어지고, 최소강도는 편광축과 편광된 빛의 편광방향이 수직이 되었을 때 얻어진다. 그러므로 I_{max}, I_{max}, I_{pol}, I_{unpol}에는 다음과 같은 관계가 성립한다.

$$I_{max} = I_{pol} + \frac{1}{2} I_{unpol} \tag{4-34}$$

$$I_{min} = \frac{1}{2} I_{unpol}$$

식 (4-34)로부터,

$$I_{pol} = I_{max} - I_{min} \tag{4-35}$$

$$I_{pol} + I_{unpol} = I_{max} + I_{min}$$

를 얻을 수 있다. 그러므로 DOP를 다음과 같이 표현할 수 있다.

$$\text{DOP} = \frac{I_{pol}}{I_{pol} + I_{unpol}} = \frac{I_{max} - I_{min}}{I_{max} + I_{min}} \tag{4-36}$$

지금까지 부분편광에 관해 살펴보았는데, 마지막으로 한 가지 더 언급해 둘 것이 있다. 존스 벡터나 행렬은 완전히 편광된 빛에 대해 적용되는 수학적 표현이므로 부분편광된 빛에 적용하는 것은 매우 어렵다. 존스 벡터와 행렬의 개념을 부분편광으로 확장한 것이 스토크 벡터(Stokes vector)와 뮬러 행렬(Muller matrix)인데, 이것은 이 책의 범위를 넘어서는 것이므로 다루지 않기로 한다.

4.4 반사에 대한 전자기적 해석

제 1장에서 세 가지의 서로 다른 해석적 방법인 페르마의 원리, 호이겐스 원리, 말러스의 정리 등을 이용하여 반사와 굴절의 법칙을 유도하였다. 입사, 반사, 그리고 투과하는 광파의 강도에 대한 전자기적 접근은 앞에서 기술했던 방법들과 달리 완벽한 표현으로 물리적 현상을 해석할 수 있는 장점이 있다.

전자기 이론의 경계치 조건은 입사와 굴절이 일어나는 경계면에서 전기장 $\vec{E}$의 평행한 성분이 경계면을 지나면서 연속적인 값을 가진다는 것이다. 이것은 경계면을 중심으로 입사하는 쪽에서 $\vec{E}$의 평행한 성분의 합과 투과하는 쪽에서 $\vec{E}$의 평행한 성분의 합이 같아야 한다는 것이다.

우리는 이러한 기본적인 전자기 이론을 바탕으로 경계면에서의 $\vec{E_i}(\vec{r}, t)$, $\vec{E_r}(\vec{r}, t)$, $\vec{E_t}(\vec{r}, t)$와의 상관관계로부터 **프레넬**(Fresnel) **방정식**을 유도하여 광파의 강도에 대한 전자기적 접근 방법으로 물리적 현상을 해석하고자 한다.

4.4.1 조화파에 대한 맥스웰 방정식

제 3장에서 언급한 바와 같이 전기장 벡터와 자기장 벡터의 직교좌표 성분들은 다음과 같은 3차원 미분 방정식

$$\nabla^2\Psi=\varepsilon\mu\frac{\partial^2\Psi}{\partial t^2}=\frac{1}{v^2}\frac{\partial^2\Psi}{\partial t^2}$$

을 만족시킨다. 맥스웰 미분 방정식에서 전기장과 자기장 벡터를 평면 조화파로 가정하고 자주 사용하는 연산자 항등식에 대한 계산을 미리 해 두는 것이 프레넬 방정식을 유도하고 광파에 대한 전자기적 해석을 하는 데 용이하다.

평면 조화파에 대한 복소수의 지수함수 표현은

$$\Psi(\vec{r}, t)=\vec{A}e^{i(\vec{k}\cdot\vec{r}-\omega t)} \tag{4-37}$$

로 쓸 수 있다. 조화파를 시간에 대해 미분하면

$$\begin{aligned}\frac{\partial}{\partial t}\Psi(\vec{r}, t)&=\frac{\partial}{\partial t}\{e^{i(\vec{k}\cdot\vec{r}-\omega t)}\}\\&=-i\omega e^{i(\vec{k}\cdot\vec{r}-\omega t)}\end{aligned} \tag{4-38}$$

가 되며, 같은 방법으로 공간변수(x, y, z 중에서 x를 선택)에 대해 미분을 하면

$$\begin{aligned}\frac{\partial}{\partial t}\Psi(\vec{r}, t)&=\frac{\partial}{\partial x}\{e^{i(\vec{k}\cdot\vec{r}-\omega t)}\}\\&=\frac{\partial}{\partial x}\{e^{i(k_x x+k_y y+k_z z-\omega t)}\}\\&=ik_x e^{i(\vec{k}\cdot\vec{r}-\omega t)}\end{aligned} \tag{4-39}$$

가 된다. 따라서 $\vec{\nabla}$(del) 연산자 $\vec{\nabla}=\hat{x}\frac{\partial}{\partial x}+\hat{y}\frac{\partial}{\partial y}+\hat{z}\frac{\partial}{\partial z}$를 연산하면

$$\begin{aligned}\vec{\nabla}\Psi(\vec{r}, t)&=\vec{\nabla}e^{i(\vec{k}\cdot\vec{r}-\omega t)}\}\\&=i\vec{k}e^{i(\vec{k}\cdot\vec{r}-\omega t)}\end{aligned} \tag{4-40}$$

이 된다. 식 (4-38)과 (4-40)의 결과로부터 다음과 같은 연산자의 관계식을 얻었다.

$$\frac{\partial}{\partial t} \rightarrow -i\omega \qquad (4\text{-}41)$$

$$\vec{\nabla} \rightarrow i\vec{k}$$

식 (4-41)은 평면 조화파에 대해 성립한다. 이제 등방적이고 비도체인 매질에 대한 맥스웰 방정식에 이 연산을 적용해 보기로 하자.

$$\vec{\nabla} \times \vec{E} = -\mu \frac{\partial \vec{H}}{\partial t} \qquad (4\text{-}42)$$

$$\vec{\nabla} \times \vec{H} = \varepsilon \frac{\partial \vec{E}}{\partial t}$$

$$\vec{\nabla} \cdot \vec{E} = 0$$

$$\vec{\nabla} \cdot \vec{H} = 0$$

평면 조화파에 대하여 식 (4-41)를 맥스웰 방정식에 적용하면 다음과 같은 연산자 관계식

$$\vec{k} \times \vec{E} = \mu\omega\vec{H} \qquad (4\text{-}43)$$

$$\vec{k} \times \vec{H} = -\varepsilon\omega\vec{E}$$

$$\vec{k} \cdot \vec{E} = 0$$

$$\vec{k} \cdot \vec{H} = 0$$

를 얻을 수 있다.

4.4.2 전기장 벡터가 입사면에 수직한 경우(TE 편광)

입사파의 전기장 벡터 $\vec{E}$가 경계면에 평행하거나 입사면에 수직한 경우를 TE (transverse electric) 편광(혹은 s-polarization)이라고 한다. 먼저 그림 4-18과 같이 입사파의 전기장 벡터 $\vec{E}$가 입사면에 수직한 경우에 대하여 경계면에서의 경계치 조건을 적용해 보자. 경계면에서 전기장 $\vec{E}$의 평행한 성분은 경계면을 지나면서 연속적인 값을 가져야 한다.

예제 4.5

평면 조화파에 대한 연산자 관계식

평면 조화파에 대하여 식 (4-41)를 맥스웰 방정식에 적용하여 연산자 관계식 (4-43)을 얻었다. 연산자 관계식 (4-43)으로부터 $\vec{E} = v\vec{B}$임을 보이시오.

풀이

세 벡터 $\vec{k}$, $\vec{E}$, $\vec{B}$는 서로 직교하며 $\vec{B}=\mu\vec{H}$, $\vec{D}=\varepsilon\vec{E}$이다. 식 (4-43)의 첫 번째 식 $\vec{k}\times\vec{E}=\mu\omega\vec{H}$에서 $|\vec{k}\times\vec{E}|=kE\sin 90=kE$이므로

$$
\begin{aligned}
|\vec{k}\times\vec{E}| &= kE\sin 90\\
&= kE\\
&= |\mu\omega\vec{H}|\\
&= \mu\omega H
\end{aligned}
$$

따라서 $v=\omega/k$, $B=\mu H$이므로 $\vec{E}=v\vec{B}$이다.

그림 4-18에서 전기장 벡터 $\vec{E}$의 평행성분의 연속성을 이용하면 경계면에서는 다음의 조건을 만족해야 한다.

$$E_{0i}+E_{0r}=E_{0t} \tag{4-44}$$

여기서 아래첨자 i는 입사, r은 반사, 그리고 t는 투과를 의미한다. 마찬가지로 그림 4-18에서 연산자 관계식 (4-43)과 예제 4.5의 결과를 이용하여 자기장 벡터 $\vec{B}$(엄밀하게 말하면 $\vec{H}=\vec{B}/\mu$)에 대해서도 경계치 조건을 적용하면

$$-\frac{B_i}{\mu_i}\cos\theta_i+\frac{B_r}{\mu_i}\cos\theta_r=-\frac{B_t}{\mu_t}\cos\theta_t \tag{4-45}$$

를 얻을 수 있다. 연산자 관계식 (4-43)과 예제 4.5의 결과로부터 $E=vB$임을 알 수 있다. 그리고 스넬의 법칙에서 $v_i=v_r$, $\theta_i=\theta_r$이므로 식 (4-45)는

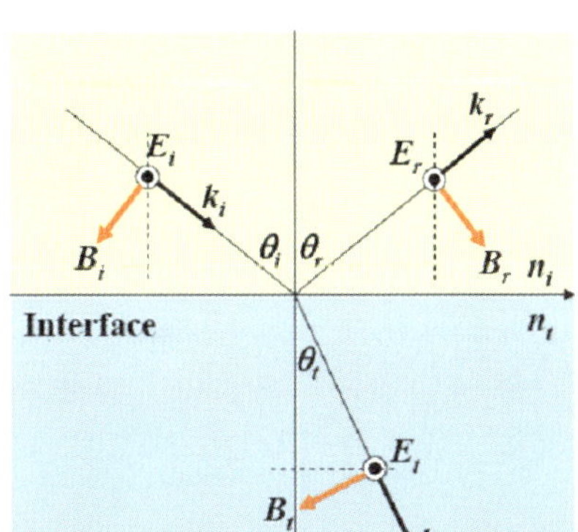

그림 4-18 전기장 벡터 $\vec{E}$가 입사면에 수직한 광파의 반사와 투과

$$\frac{1}{\mu_i v_i}(E_i - E_r)\cos\theta_i = \frac{1}{\mu_t v_t} E_t \cos\theta_t \tag{4-46}$$

로 다시 쓸 수 있다. 식 (4-46)에 $1/\mu v = n/\mu c$를 대입하고 양변을 광속도 c를 곱해주면 식 (4-46)은 다음과 같이 표현할 수 있다.

$$\begin{aligned}\frac{n_i}{\mu_i}(E_{0i} - E_{0r})\cos\theta_i &= \frac{n_t}{\mu_t} E_{0t}\cos\theta_t \\ &= \frac{n_t}{\mu_t}(E_{0i} + E_{0r})\cos\theta_t\end{aligned} \tag{4-47}$$

여기서 입사한 전기장의 진폭과 반사한 전기장의 진폭 비를 **반사계수**(amplitude reflection coefficient) r로 입사한 전기장의 진폭과 투과한 전기장의 진폭 비를 **투과계수**(amplitude transmission coefficient) t로 정의한다. 식 (4-47)을 반사계수와 투과계수의 항으로 표현하기 위하여 양변을 E_{0i}로 나눈 다음, $\left(\frac{E_{0r}}{E_{0i}}\right)$와 $\left(\frac{E_{0t}}{E_{0i}}\right)$의 항으로 정리하면

$$r_s = \left(\frac{E_{0r}}{E_{0i}}\right)_\perp = \frac{\frac{n_i}{\mu_i}\cos\theta_i - \frac{n_t}{\mu_t}\cos\theta_t}{\frac{n_i}{\mu_i}\cos\theta_i + \frac{n_t}{\mu_t}\cos\theta_t} \tag{4-48}$$

$$t_s = \left(\frac{E_{0t}}{E_{0i}}\right)_\perp = \frac{2\frac{n_i}{\mu_i}\cos\theta_i}{\frac{n_i}{\mu_i}\cos\theta_i + \frac{n_t}{\mu_t}\cos\theta_t}$$

가 된다. 아래첨자 s와 $\perp$는 전기장 벡터 $\vec{E}$가 입사면에 수직한 경우, 즉 TE 편광에 대한 것을 의미한다. 식 (4-48)과 뒤에 유도할 TM 편광에 대한 식 (4-52)를 **프레넬 방정식**(Fresnel equation)이라고 한다.

만약 $\mu_i \simeq \mu_t \simeq \mu_0$인 유전체에서는 식 (4-48)을 간단하게 더 일반적인 형태로 나타낼 수 있다.

$$\begin{aligned}r_s = \left(\frac{E_{0r}}{E_{0i}}\right)_\perp &= \frac{n_i\cos\theta_i - n_t\cos\theta_t}{n_i\cos\theta_i + n_t\cos\theta_t} \\ &= \frac{\cos\theta_i - n\cos\theta_t}{\cos\theta_i + n\cos\theta_t}\end{aligned} \tag{4-49}$$

$$\begin{aligned}t_s = \left(\frac{E_{0r}}{E_{0i}}\right)_\perp &= \frac{2n_i\cos\theta_i}{n_i\cos\theta_i + n_t\cos\theta_t} \\ &= \frac{2\cos\theta_i}{\cos\theta_i + n\cos\theta_t}\end{aligned}$$

여기서 n은 $n=n_t/n_i$로서 두 매질의 상대 굴절률을 나타낸다.

4.4.3 자기장 벡터가 입사면에 수직한 경우(TM 편광)

TE 편광에 반하여 입사파의 자기장 벡터 $\vec{B}$가 경계면에 평행하거나 입사면에 수직한 경우를 TM (transverse magnetic) 편광(혹은 p-polarization)이라고 한다. TE 편광의 경우와 마찬가지로 그림 4-19와 같이 입사파의 자기장 벡터 $\vec{B}$가 입사면에 수직한 경우에 대하여 경계면에서의 경계치 조건을 적용해 보자. 경계면 양쪽에서의 전기장 벡터의 접선성분에 대한 연속성 때문에

$$E_{0i}\cos\theta_i - E_{0r}\cos\theta_r - E_{0t}\cos\theta_t \qquad (4\ 50)$$

을 얻을 수 있다.

마찬가지로 $\vec{B}/\mu(=\vec{H})$의 접선성분에 대한 연속성에 의하여

$$\frac{B_i}{\mu_i}+\frac{B_r}{\mu_r}=\frac{B_t}{\mu_t} \qquad (4\text{-}51)$$

$$\frac{1}{\mu_i v_i}E_{0i}+\frac{1}{\mu_r v_r}E_{0r}=\frac{1}{\mu_t v_t}E_{0t}$$

가 얻어진다. TE 편광의 경우에서 계산했던 방법으로 식 (4-50)과 (4-51)을 정리하면 TM 편광에 대한 프레넬 방정식 (4-52)를 얻을 수 있다.

$$r_p=\left(\frac{E_{0r}}{E_{0i}}\right)_{\parallel}=\frac{\dfrac{n_t}{\mu_t}\cos\theta_i-\dfrac{n_i}{\mu_i}\cos\theta_t}{\dfrac{n_i}{\mu_i}\cos\theta_t+\dfrac{n_t}{\mu_t}\cos\theta_i}$$

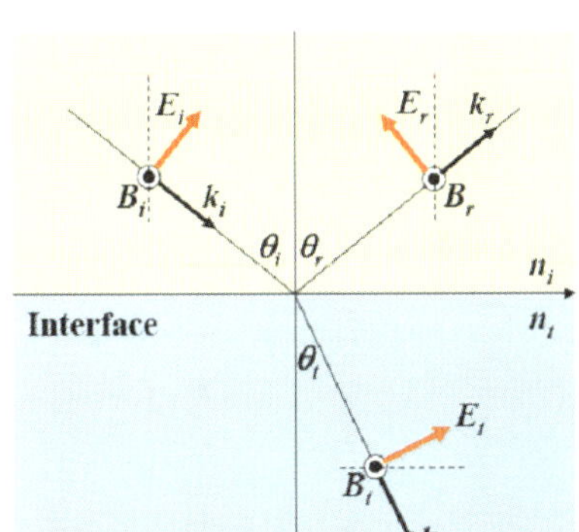

그림 4-19 자기장 벡터 $\vec{B}$가 입사면에 수직한 광파의 반사와 투과

$$t_p = \left(\frac{E_{0t}}{E_{0i}}\right)_{\parallel} = \frac{2\dfrac{n_i}{\mu_i}\cos\theta_i}{\dfrac{n_i}{\mu_i}\cos\theta_t + \dfrac{n_t}{\mu_t}\cos\theta_i} \tag{4-52}$$

만약 $\mu_i \simeq \mu_t \simeq \mu_0$인 유전체에서는 식 (4-52)를 간단하게 더 일반적인 형태로 나타낼 수 있다.

$$r_p = \left(\frac{E_{0r}}{E_{0i}}\right)_{\parallel} = \frac{n_i\cos\theta_t - n_t\cos\theta_i}{n_i\cos\theta_t + n_t\cos\theta_i} = \frac{\cos\theta_t - n\cos\theta_i}{\cos\theta_t + n\cos\theta_i} \tag{4-53}$$

$$t_p = \left(\frac{E_{0t}}{E_{0i}}\right)_{\parallel} = \frac{2n_i\cos\theta_i}{n_i\cos\theta_t + n_t\cos\theta_i} = \frac{2\cos\theta_i}{\cos\theta_t + n\cos\theta_i} \tag{4-53}$$

이제 간단하게 프레넬 방정식에서 특별한 경우에 대하여 알아보기로 하자. 우선 식 (4-49)와 (4-53)에서 입사파가 수직으로 입사하는 경우를 생각해보자. 이 경우 입사파의 입사각 θ_i와 투과각 θ_t는 모두 0이 되며 r_s와 r_p 값은 둘 다 $\frac{(1-n)}{(1+n)}$이 된다. 상대 굴절률 n의 값이 1보다 작을 경우는 r_s와 r_p 값은 $(+)$이지만 n의 값이 1보다 클 경우(소한 매질에서 밀한 매질로 빛이 진행할 경우) r_s와 r_p 값은 $(-)$가 된다. r_s와 r_p가 $(-)$ 값을 가진다는 것은 반사파의 위상이 입사파의 위상에 비해 180° 만큼 변했다는 것을 의미한다.

예를 들어 광파가 공기($n_a \simeq 1.0$)에서 유리($n_g \simeq 1.5$)로 입사하는 것과 같이 소한 매질에서 밀한 매질로 입사할 때 부분적으로 반사(~4 %)되는 반사파의 위상이 입사파에 비해 180° 만큼 변한다는 것이다.

$\mu_i \simeq \mu_t \simeq \mu_0$인 유전체에 대하여 스넬의 법칙 $n = \sin\theta_i/\sin\theta_t$를 적용하여 θ_i와 θ_t의 항으로 프레넬 방정식을

$$r_s = \frac{\sin(\theta_i - \theta_t)}{\sin(\theta_i + \theta_t)} \tag{4-54}$$

$$t_s = \frac{2\cos\theta_i\sin\theta_t}{\sin(\theta_i + \theta_t)}$$

$$r_p = -\frac{\tan(\theta_i - \theta_t)}{\tan(\theta_i + \theta_t)}$$

$$t_p = \frac{2\cos\theta_i\sin\theta_t}{\sin(\theta_i + \theta_t)\cos(\theta_i - \theta_t)}$$

의 형태로 나타낼 수 있다. 식 (4-54)의 유도는 연습문제로 남겨 두겠다. 반사파에 대한 진폭 비를 나타내는 또 다른 방법은 스넬의 법칙을 사용하여 식 (4-49)와 (4-53)에서 투과각 θ_t의 항을 제거하고 상대굴절률 n과 입사각 θ_i의 항으로 표현하는 방법으로 다음과 같다.

$$r_s = \frac{\cos\theta_i - \sqrt{n^2 - \sin^2\theta_i}}{\cos\theta_i + \sqrt{n^2 - \sin^2\theta_i}} \tag{4-55}$$

$$r_p = \frac{-n^2\cos\theta_i + \sqrt{n^2 - \sin^2\theta_i}}{n^2\cos\theta_i + \sqrt{n^2 - \sin^2\theta_i}}$$

반사율(reflectance)은 입사광파의 에너지와 반사된 광파의 에너지에 대한 비율로 정의되며 TE와 TM 편광의 경우에 대하여 R_s와 R_p로 표기하며 다음과 같다.

$$R_s = |r_s|^2 = \left|\frac{E_{0r}}{E_{0i}}\right|^2_{TE},\ R_p = |r_p|^2 = \left|\frac{E_{0r}}{E_{0i}}\right|^2_{TM} \tag{4-56}$$

입사파가 수직으로 입사하는 경우 입사각 θ_i는 $\theta_i = 0$이 되어 r_s와 r_p 값은 둘 다 $\frac{(1-n)}{(1+n)}$이 된다. 따라서 R_s와 R_p는

$$R_s = R_p = \left(\frac{n-1}{n+1}\right)^2 \tag{4-57}$$

이 된다.

예제 4.6

반사계수와 반사율

굴절률이 1.5인 유리에 대해 광파가 수직으로 입사(입사각 0°)할 때 반사하는 광파의 반사계수와 반사율을 구하고 반사광파의 위상에 대하여 설명하시오.

풀이

입사파가 수직으로 입사하는 경우 $\theta_i = 0$, $\theta_r = 0$이므로

$$r_s = r_p = \frac{(1-n)}{(1+n)}$$

이다. 따라서 상대굴절률 $n = 1.5$이므로

$$r_s = r_p = \frac{(1-n)}{(1+n)}$$

$$=-0.25$$

$$R_s=R_p=\left(\frac{n-1}{n+1}\right)^2$$

$$=(-0.25)^2\simeq 0.04$$

r_s와 r_p와 (−)가 값을 가진다는 것은 반사파의 위상이 입사파의 위상에 비해 180° 만큼 변했다는 것을 의미한다.

연습문제

1. 3차 미분 파동방정식인 맥스웰 방정식을 만족하는 해 Ψ_1, Ψ_2가 존재한다면 맥스웰 방정식의 선형성에 의해 그들의 합인 $\Psi = \Psi_1 + \Psi_2$ 역시 미분 파동방정식의 해가 됨을 증명하시오.

2. 다음의 파동들에 대한 편광 상태를 자세히 기술하시오.
(1) $\vec{E}(z, t) = E_0\hat{x}\cos(kz - \omega t) - E_0\hat{y}\cos(kz - \omega t)$
(2) $\vec{E}(z, t) = E_0\hat{x}\sin 2\pi(z/\lambda - ft) - E_0\hat{y}\sin 2\pi(z/\lambda - ft)$
(3) $\vec{E}(z, t) = E_0\hat{x}\cos(kz - \omega t) + E_0\hat{y}\cos(kz - \omega t + \pi/2)$
(4) $\vec{E}(z, t) = E_0\hat{x}\sin(kz - \omega t) + E_0\hat{y}\sin(kz - \omega t - \pi/4)$

3. 임의의 방향으로 선편광된 두 광파 $\vec{E}(z, t)$, $\vec{E}'(z, t)$가 다음과 같이 주어질 때 두 광파가 서로 orthogonal 하지 않음을 증명하시오.

$$\vec{E}(z, t) = (E_{0x}\hat{x} + E_{0y}\hat{y})\cos(kz - \omega t)$$
$$\vec{E}'(z, t) = (E'_{0x}\hat{x} - E'_{0y}\hat{y})\cos(kz - \omega t)$$

4. 전자기파의 전기장이 $E_x = 0$, $E_y = 0$, $E_z = E_0\sin(kz - \omega t + \pi/6)$이다. (a) 전자기파의 진행 방향을 결정하시오. (b) 자기장에 대한 표현식을 성분별로 쓰시오.

5. 편광되지 않은 빛이 투과축 사이의 각이 45° 인 두 편광자를 통과한다. 입사광의 강도에 대한 투과광의 강도 비를 계산하시오.

6. 강도가 I_0 편광된 빛이 두 장의 sheet(판) 편광자에 입사한다. θ_1은 입사하는 광파의 편광 방향과 첫 번째 편광자의 투과축 사이의 각이고 과 θ_2를 입사하는 광파의 편광 방향과 두 번째 편광자의 투과축 사이의 각이라고 할 때, 투과된 광파의 강도가 $I = I_0\cos^2\theta_1\cos^2(\theta_1 - \theta_2)$임을 보이시오.

7. z 방향으로 진행하고 있는 각진동수가 ω인 선편광된 광파의 파동함수를 기술하시오. 단, 광파의 편광면과 $x-z$ 평면의 사이 각은 30° 이다.

8. 다음과 같이 표현되는 광파의 편광 상태를 자세히 설명하시오.

$$\vec{E}(z, t) = E_0\hat{x}\sin(kz - \omega t) - E_0\hat{y}\cos(kz - \omega t)$$

9. 광파가 공기-유리 경계면에 대하여 40° 의 입사각으로 입사한다. 반사광파의 편광도를 계산하시오. 단 공기와 유리의 상대 굴절률은 1.5로 계

산할 것.

10. $\mu_i \simeq \mu_t \simeq \mu_0$인 유전체에 대하여 스넬의 법칙 $n = \sin\theta_i / \sin\theta_t$를 적용하여 θ_i와 θ_t의 항으로 표현된 프레넬 방정식 (4-54)를 유도하시오.

11. $\mu_i \simeq \mu_t \simeq \mu_0$인 유전체에 대하여 스넬의 법칙을 사용하여 식 (4-49)와 (4-53)에서 투과각 θ_t의 항을 제거하고 상대굴절률 n과 입사각 θ_i의 항으로 표현하는 방법으로 식 (4-55)의 반사계수 r_s와 r_p를 유도하시오.

12. 물($n_w = 1.33$)과 다이아몬드($n_d = 2.42$)에 대해 45° 의 입사각에서 TE와 TM 편광에 대한 굴절률을 구하시오.

13. 4 W/m^{2}의 편광된 빛과 6 W/m^{2}의 자연광(편광되지 않은 빛)이 섞여있는 부분편광된 빛의 편광도를 구하시오.

Chapter 5 박막의 다중 간섭

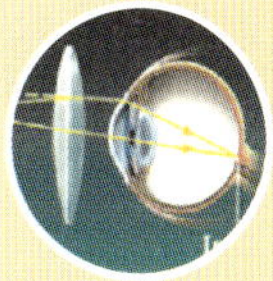

제 3장에서는 빛의 간섭에 대한 기본적인 개념과 여러 가지 간섭계, 그리고 빛의 간섭을 일으키는 가간섭적인 특성에 관해 공부하였으며, 특히 두 개의 가간섭성을 가진 두 광파가 임의의 관측점에서 만드는 간섭무늬와 현상에 대하여 알아보았다. 제 5장에서는 단순히 두 빛의 간섭을 넘어 여러 빛들이 동시에 간섭을 일으키는 다중 간섭에 대한 현상을 다루도록 하겠다.

일반적인 다중 선속은 투명하고 양면이 평행한 평행판에 반사계수 r이 적당한 값을 갖도록 coating을 한 다음 일정한 각도로 광선을 입사시키면 다중 선속을 얻을 수 있다. 대표적인 것으로서 **패브리-페로**(Fabry-Perot) 간섭계가 있다. 이것은 높은 분해능을 갖는 분광기나 레이저의 공진기로도 널리 사용된다. 패브리-페로 간섭계는 반투명한 은이나 알루미늄으로 표면을 coating한 광학유리의 두 평면으로 빈사 경계면을 형성하고 양면 사이의 간격은 간섭계로 사용될 경우는 수 mm~수 cm이고 레이저 공진기로 사용될 경우는 이보다 훨씬 길다.

양면 사이의 간격을 변화시킬 수 있으면 간섭계라고 하며 반사면(거울)이 고정되어 있고 invar와 같은 고정된 간격판을 미세 조정나사를 사용하여 평행하게 조절할 수 있는 것은 **에탈론**(etalon)이라고 한다. 본 장에서는 에탈론에서의 다중 간섭 이론과 패브리-페로 간섭계의 원리와 활용에 관하여 자세히 다루도록 한다.

또한, 비록 다중 간섭은 아니지만 선폭이 큰 빛이 얇은 박막에서 반사되면서 일어나는 간섭에 관해서도 간단히 살펴보고, 일상생활에서 우리가 쉽게 볼 수 있는 간섭현상에 관해서도 언급하기로 하겠다.

5.1 박막에 의한 간섭

5.1.1 박막에 의한 간섭 이론

박막에 의한 간섭은 문자 그대로 얇은 막에서 빛이 반사되면서 발생하는 광 경로의 차이 때문에 간섭이 일어나는 것을 말한다. 박막 간섭은 반드시 다중 간섭을 의미하는 것은 아니고, 오히려 앞에서 설명한 바와 같이 위상차이가 나는 두 빛 사이의 간섭현상이라고 보는 것이 좋다.

그림 5-1은 얇은 박막의 윗면과 아랫면에서 빛이 각각 반사되고 있는 것을 보여준다.

그림 5-1

박막에 의한 간섭

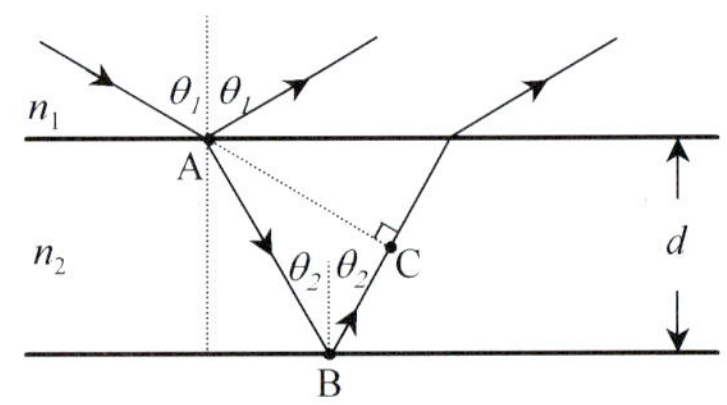

박막의 두께가 d일 때, 윗면과 아랫면에서 반사된 빛의 경로에 대한 거리차 Δl은 다음과 같다.

$$
\begin{aligned}
\Delta l &= \overline{AB} + \overline{BC} \\
&= \frac{d}{\cos\,\theta_2} + \frac{\cos(2\theta_2)d}{\cos\,\theta_2} = \frac{d\{\cos(2\theta_2)+1}{\cos\,\theta_2} \\
&= \frac{2d\cos^2\theta_2}{\cos\,\theta_2} \\
&= 2d\cos\theta_2
\end{aligned}
\tag{5-1}
$$

그러므로 두 빛의 위상차이 δ는

$$
\begin{aligned}
\delta &= k\cdot\Delta l = 2kd\cos\theta_2 \\
&= \frac{4\pi d\cos\theta_2}{\lambda} \\
&= \frac{4\pi n_2 d\cos\theta_2}{\lambda_0}
\end{aligned}
\tag{5-2}
$$

식 (5-2)에서 λ_0는 진공 중에서의 빛의 파장이다. 두 빛이 서로 보강간섭을 하기 위해서는 윗면과 아랫면에서 반사된 빛의 광 경로차가 파장의 정수배가 되어야 한다. 그러나 앞에서 배운 바와 같이 빛이 소한 매질에서 밀한 매질($n_1 < n_2$)로 입사할 때 부분적으로 반사되는 반사파의 위상이 입사파에 비해 180° 만큼 변하기 때문에 보강간섭에 대한 조건은

$$2n_2 d \cos\theta_2 = \left(m + \frac{1}{2}\right)\lambda_0 \quad (\text{보강간섭, } m\text{은 정수}) \qquad (5\text{-}3)$$

을 만족해야 한다. 그러므로 그림 5-1과 같은 박막에서의 반사가 일어난다고 할 때, 식 (5-3)을 만족하는 파장 λ_0가 다른 파장에 비해 가장 밝은 간섭무늬를 형성하게 될 것이다. 반대로 광 경로차가 파장의 정수배가 되는 파장은 소멸간섭이 일어나게 되어 간섭무늬의 강도가 0이 된다.

$$2n_2 d \cos\theta_2 = m\lambda_0 \quad (\text{소멸간섭, } m\text{은 정수}) \qquad (5\text{-}4)$$

이러한 결과에서 예측할 수 있는 사실은 만일 여러 파장이 동시에 박막으로 들어올 경우, 반사되는 빛은 파장에 따라 그 강도가 달라질 것이라는 점이다. 어떤 파장은 보강간섭이 되어 강하게 보이는 반면, 어떤 파장은 소멸간섭이 되어 색깔이 나타나지 않을 것이다.

가장 흔히 볼 수 있는 박막 간섭으로서 수면 위에 형성된 기름 막에서의 간섭을 들 수 있다. 빗물이 고인 웅덩이 위에 기름이 떨어져 얇게 박막이 형성된 것을 보면, 여러 가지 색깔이 나타남을 볼 수 있다. 이것은 앞에서 언급한 바와 같이 기름 박막에 넓은 파장 범위를 가지는 햇빛이 들어와서 생기는 간섭무늬가 보는 각도에 따라 보강간섭이 일어나는 파장이 달라지기 때문이다. 또한 기름 박막의 두께도 부분 별로 다르기 때문에 보는 각도를 일정하게 해도 막의 부분 별로 색깔이 다르게 나타나는 등 그 복잡도가 더해진다.

비누방울의 박막에서 나타나는 간섭도 이와 유사한 박막 간섭의 일종이다. 그림 5-2는 비누방울의 박막에서 일어나는 여러 가지 간섭현상을 보여주고 있다.

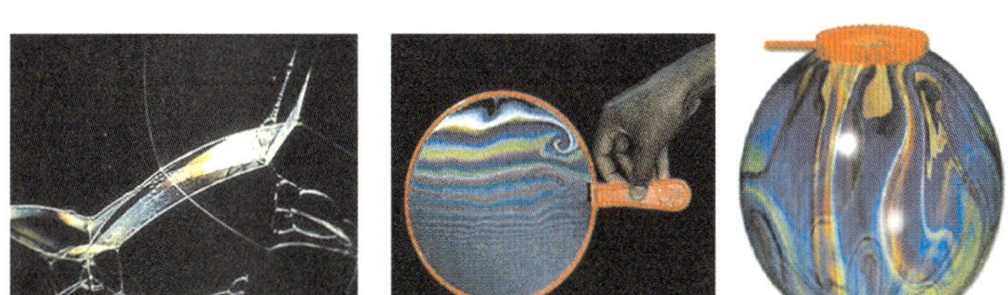

그림 5-2 비누방울의 박막에 의한 간섭

5.1.2 쐐기형 박막에 의한 간섭

박막에 의해 형성되는 간섭무늬는 박막에 입사하는 입사각에 의존하지만 박막의 광학적인 두께에도 의존한다. 비누방울 박막, 얇은 기름막, 또는 금속 산화물 박막과 같은 박막의 표면에 가시광선을 조사하면 무지개 형태의 간섭무늬들은 박막의 두께 변화에 기인된 것이다.

일반적으로 쐐기형 박막에 거의 수직하게 입사한 광파의 반사파에 의해 형성된 등고선 형태의 동일두께 간섭무늬를 **피조 무늬**(Fizeau fringe)라고 한다. 쐐기형 박막의 기하학적 구조를 이용하여 박막의 광학적 성질인 박막의 굴절률 n_f가 일정하다고 가정하고 박막의 광학적 두께에 따른 간섭 현상을 알아보기로 하자.

예제 5.1

박막에 의한 간섭

공기 중에 있는 비눗물 박막에 수직으로 가시광선을 입사시켰다. 박막에 있는 임의의 점에서 반사된 빛에서 504 nm와 630 nm인 파장의 빛이 간섭에 의해서 소멸되었다면 박막의 두께는 얼마인가? 단 비눗물 박막의 굴절률은 $n=1.36$이다.

풀이

박막에 의한 간섭에서 소멸간섭이 일어날 조건은 $2n_2 d\cos\theta_2 = m\lambda_0$이다. $\theta_2 = 0°$ 이므로 임의의 점에서 사라진 간섭무늬의 차수가 m차라고 가정하면 다음과 같이 쓸 수 있다.

$$2n_2 d = m\lambda_{0,\,m} = (m+1)\lambda_{0,\,(m+1)}$$

m에 대해서 풀면

$$m \times 630 \times 10^{-9} = (m+1) \times 504 \times 10^{-9}$$
$$630m = 504m + 504$$
$$126m = 504$$
$$m = 4.0$$

이다. 따라서 비눗물 박막의 두께는

$$d=\frac{m\lambda_0}{2n_2}=\frac{4.0\times630\times10^{-9}}{2\times1.36}$$
$$=926.5\times10^{-9}\ (\text{m})$$

이다.

그림 5-3과 같이 경사각 α가 아주 작은 쐐기형 박막에 의해 반사된 두 광파 사이의 광 경로차는 $2n_f d\cos\theta$로 쓸 수 있으며 관측점에서의 기하학적 두께 d는 다음과 같이 나타낼 수 있다.

$$d=L\alpha$$

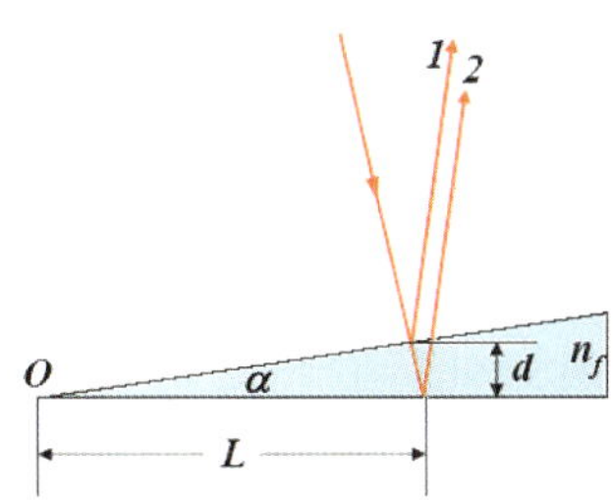

그림 5-3
쐐기형 박막에 의한 간섭

쐐기형 박막 위쪽에서 반사된 광파 (1)은 소한 매질에서 밀한 매질(공기에서 박막으로)로 진행하며 일어난 반사이므로 반사파의 위상이 입사파에 비해 180° 만큼 변하게 된다. 따라서 거의 수직하게 입사(입사각 $\theta\simeq0$)한 광파의 반사파에 의해 형성된 간섭무늬 강도가 최대인 조건은

$$\left(m+\frac{1}{2}\right)\lambda_0=2n_f d_m \tag{5-5}$$
$$=2n_f L_m\alpha$$

가 된다. $n_f=\lambda_0/\lambda$이므로 식 (5-5)로부터 m번째 밝은 무늬까지의 거리 L_m을 얻을 수 있다.

$$L_m=\left(m+\frac{1}{2}\right)\lambda_0\cdot\frac{1}{2\alpha n_f} \tag{5-6}$$
$$=\left(m+\frac{1}{2}\right)\lambda_0\cdot\frac{1}{2\alpha}\cdot\frac{\lambda}{\lambda_0}$$
$$=\left(\frac{m+1/2}{2\alpha}\right)\lambda$$

또한 밝은 무늬 사이의 간격 ΔL은

$$\Delta L = L_m - L_{(m-1)} = \frac{\lambda}{2\alpha}$$

이다. 마찬가지로 식 (5-5)로부터 m번째 밝은 무늬에 대응하는 박막의 두께 d_m은 다음과 같이 주어진다.

$$\begin{aligned} d_m &= \left(m+\frac{1}{2}\right)\lambda_0 \cdot \frac{1}{2n_f} \\ &= \left(m+\frac{1}{2}\right)\lambda_0 \cdot \frac{\lambda}{2\lambda_0} \\ &= \left(\frac{m+1/2}{2\alpha}\right)\frac{\lambda}{2} \end{aligned} \tag{5-7}$$

5.1.3 뉴턴의 원 무늬(Newton's Rings)

광학 평판 위에 평면 볼록렌즈를 올려놓고 단색광의 평행광을 조사하면 동심원 형태의 간섭무늬(피조 무늬)를 볼 수 있는데 이것을 **뉴턴의 원 무늬**라고 한다. 뉴턴 원 무늬의 균일성은 렌즈면의 모양이 어느 정도 완벽한가를 평가하는 척도로 사용할 수 있다.

렌즈의 품질 검사 뿐 아니라, 다른 곳에도 이용될 수 있다. 예를 들어, 매우 편평한 유리블록이나 판을 만들었을 때 그것이 얼마나 평평한지 검사하기 위해 원 무늬 간섭계의 광학 평판으로 넣기도 한다. 만일 대상물이 완벽하게 편평하다면 완벽한 뉴턴의 원 무늬가 나타나지만 편평한 정도가 좋지 않아서 기판과 측정 대상이 밀착하지 못하게 되면 일그러진 뉴턴의 원 무늬가 나타날 것이다. 따라서 제작한 광학 소자의 편평도와 정밀도가 어느 정도인지 측정할 수 있다.

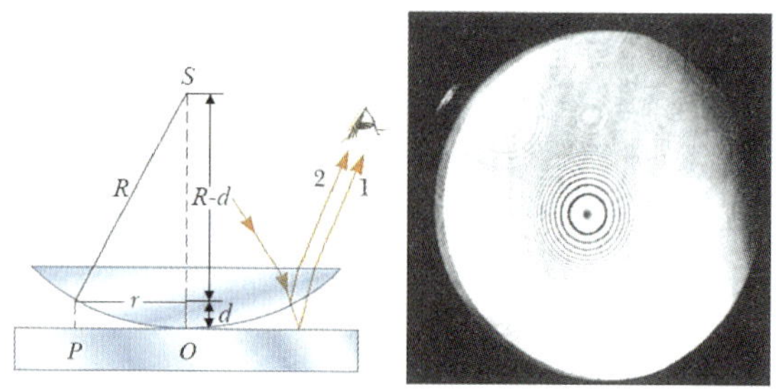

(a) (b)

그림 5-4
(a) 뉴턴 원 무늬 실험장치 및 (b) 뉴턴 원 무늬

그림 5-4는 뉴턴의 원 무늬 실험 장치와 간섭무늬를 보여주고 있다. 그림 5-4에서 보는 바와 같이 뉴턴의 원 무늬는 광학 평판에서 반사된 광선 (1)과 렌즈의 볼록면에서 반사한 광선 (2)의 중첩에 의해서 형성된다.

예제 5.2

쐐기형 박막에 의한 간섭

길이가 10 cm인 두 유리판의 한 쪽 끝에 그림과 같이 지름이 D인 가는 선을 놓아 쐐기 모양의 공기 박막을 만들었다. 파장이 500 nm인 빛을 조사하였더니 1 cm 마다 10개의 어두운 무늬가 나타났을 때 D를 계산하시오.

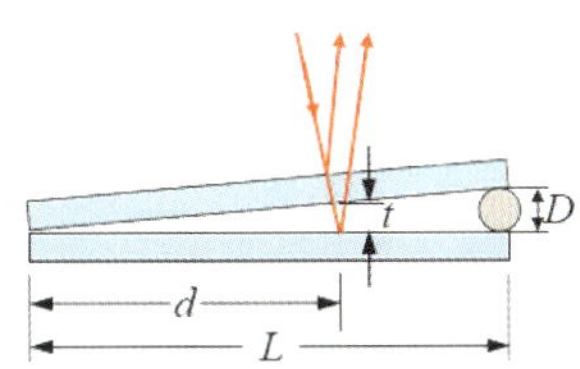

풀이

쐐기형 박막에 의한 간섭에서 소멸간섭이 일어날 조건은 $2d_m = m\lambda_0$이다. 어두운 무늬 사이의 두께 변화는 $\Delta t = \lambda/2$, 어두운 무늬 사이의 수평거리는 $\Delta d = 1/10\ \text{cm} = 1.0\times10^{-3}$ m이다. 그림에서

$$\frac{D}{L} = \frac{\Delta t}{\Delta d}$$

이므로

$$\begin{aligned} D &= \frac{L\Delta t}{\Delta d} = \frac{L\lambda_0}{2\Delta d} \\ &= \frac{0.2\times500\times10^{-9}}{2\times1.0\times10^{-3}} \\ &= 50\times10^{-6}\ (\text{m}) \\ &= 50\ (\mu\text{m}) \end{aligned}$$

이다.

입사파에 대한 반사광선 (2)의 위상 변화는 일어나지 않지만 반사광선 (1)은 소한 매질에서 밀한 매질로의 진행에서 일어난 반사이므로 180° 의 위상

변화가 일어난다. 따라서 뉴턴 원 무늬의 m차 최대 강도 조건은

$$2d_m = \left(m + \frac{1}{2}\right)\lambda_0 \qquad (5\text{-}8)$$

로 나타낼 수 있다. 그리고 곡률반경이 R인 볼록렌즈에 대하여 접촉점 O에서부터 뉴턴 원 무늬의 m차 최대 강도까지의 거리 $r_{\max}$와 공기층의 두께 d_m과의 관계는 다음과 같다.

$$\begin{aligned} r_{\max}^2 &= R^2 - (R - d_m)^2 \\ &= 2Rd_m - d_m^2 \end{aligned} \qquad (5\text{-}9)$$

$R \gg d_m$, $d_m^2 \simeq 0$이므로 식 (5-8)을 이용하면 식 (5-9)는 다음과 같은 근사식으로 표현할 수 있다.

$$r_{\min}^2 \simeq 2Rd_m = \left(m + \frac{1}{2}\right)\lambda_0 R \qquad (5\text{-}10)$$

$$r_{\max} = \left[\left(m + \frac{1}{2}\right)\lambda_0 R\right]^{\frac{1}{2}}$$

마찬가지로 접촉점 O에서부터 뉴턴 원 무늬의 m차 최소 강도까지의 거리 $r_{\min}$과 공기층의 두께 d_m과의 관계는

$$\begin{aligned} r_{\min}^2 &\simeq 2Rd_m = m\lambda_0 R \\ r_{\min} &= \sqrt{m\lambda_0 R} \end{aligned} \qquad (5\text{-}11)$$

임을 알 수 있다. 접촉점 O에서는 반사광선 (1)과 반사광선 (2) 사이에 광 경로차가 없기 때문에 보강간섭이 일어나 밝은 무늬가 관찰될 것이라고 예측할 수 있겠지만 실제로는 어두운 무늬가 나타난다. 왜냐하면 입사파에 대한 반사광선 (2)의 위상 변화는 일어나지 않지만 광학 평판에서 반사된 광선 (1)은 소한 매질에서 밀한 매질로의 진행에서 일어난 반사이므로 180° 의 위상 변화가 일어나기 때문이다.

예제 5.3

뉴턴의 원 무늬

파장이 500 nm인 그림 5-4 (a)의 뉴턴 원 무늬 실험 장치를 사용하여 뉴턴의 원 무늬를 관찰하였다. 사용된 렌즈의 곡률반경이 2.0 m일 때 100 번째 어두운 무늬의 반지름을 계산하시오.

풀이

접촉점 O에서부터 뉴턴 원 무늬의 m차 최소 강도까지의 거리 $r_{\min}$은 $r_{\min}$

$=\sqrt{m\lambda_0 R}$ 이다.

$$r_{\min}=\sqrt{m\lambda_0 R}$$
$$=\sqrt{100\times 500\times 10^{-9}\times 2}$$
$$=\sqrt{100\times 10^{-4}}$$
$$=1.0(\text{cm})$$

5.2 다중 간섭(Multiple Interference)

5.2.1 패브리-페로(Fabry-Perot) 에탈론에서의 다중 간섭

다중간섭이 일어나는 경우의 예로서 가장 쉽게 생각할 수 있는 것이 서로 평행하게 마주보고 있는 두 개의 거울이다. 또는 좀더 일반적으로 반사율이 높은 두 개의 면이 서로 마주 보고 있다고 생각해도 되겠다. 그림 5-5는 서로 마주보고 서 있는 두 반사면 내부로 빛이 들어가서 여러 차례의 반사를 거치고 밖으로 빠져나가는 것을 보여준다. 이 때, 두 반사면 사이의 거리가 일정한 광학소자를 패브리-페로 에탈론, 또는 줄여서 에탈론(etalon)이라고 부른다.

그림 5-5에서 반사면 M_1으로 들어온 빛 E_0는 일부는 반사면에서 반사되어 되돌아가고, 나머지는 투과되어 반사면 안쪽으로 진행한다. 두 반사면 M_1과

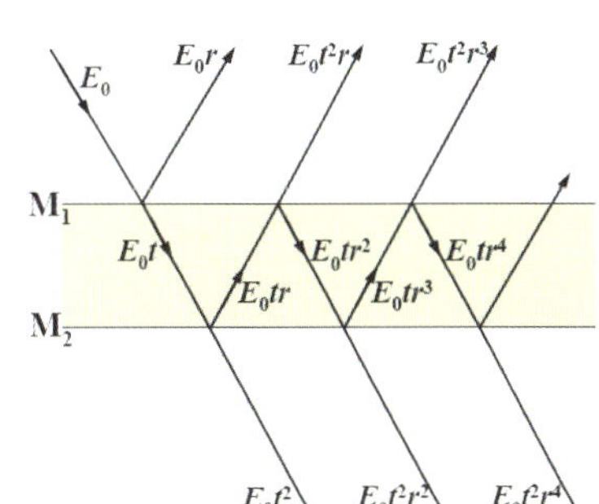

그림 5-5 두 개의 평행한 반사면(에탈론)에서 일어나는 다중반사 (위쪽 거울 M_1, 아래쪽 거울 M_2)

M_2 사이는 빈 공간이거나 또는 어떤 물질이 차 있을 수도 있다. 이 때, 반사되는 빛은 E_0r이고 투과되는 빛은 E_0t이다. 여기서 r과 t는 각각 반사계수와 투과계수이다. r과 t는 일반적으로 빛이 반사되거나 투과될 때의 위상변화를 반영하므로 일반적으로 복소수가 된다.

$$r=|r|e^{i\delta_r},\ t=|t|e^{i\delta_t} \tag{5-12}$$

식 (5-12)에서 δ_r과 δ_t는 각각 빛이 반사될 때와 투과될 때 발생하는 위상차를 의미한다. 그리고 r과 t의 크기에 대한 제곱은 각각 반사율 R과 투과율 T가 된다.

$$\begin{aligned} R&=|r|^2=I_{reflect}/I_{in} \\ T&=|t|^2=I_{transmit}/I_{in} \end{aligned} \tag{5-13}$$

식 (5-13)에서 I_{in}은 반사면으로 입사하는 빛의 강도, $I_{reflect}$는 반사면에서 반사되는 빛의 강도, 그리고 $I_{transmit}$은 반사면을 통과하는 빛의 강도이다. 단, 여기서 반사율은 하나의 반사면에서 빛이 한 번 반사될 때의 반사율을 의미하며 투과율도 빛이 한 번 투과될 때의 투과율을 의미한다. 그리고 표면에서 빛의 흡수, 산란 등으로 인한 손실이 없다고 가정하면 에너지 보존법칙에 의하여 반사율과 투과율의 합은 1이 되어야 한다.

$$R+T=|r|^2+|t|^2=rr^*+tt^*=1$$

그림 5-5의 에탈론에서 보는 바와 같이 위쪽 반사면 M_1을 투과한 빛 E_0t는 다시 아래쪽 반사면 M_2로 진행하여 일부는 M_2의 표면에서 반사되고, 나머지는 M_2를 투과하여 밖으로 나가게 된다. 이 때, M_2에서 반사되어 다시 M_1으로 돌아가는 빛은 E_0t에 반사계수를 곱한 E_0tr이 되고, M_2를 투과하는 빛은 E_0t에 투과계수를 곱한 E_0t^2이 된다. 한편 M_2에서 반사된 후 다시 M_1에서 반사되어 M_2로 돌아온 빛 중에서 이번에는 M_2를 투과한 빛은 E_0tr에 다시 r과 t를 한 번씩 더 곱하여 $E_0t^2r^2$가 된다.

그림 5-6은 두 반사면 사이의 거리가 d인 에탈론에 입사각 θ_i로 입사한 빛이 에탈론을 진행함에 따라 발생하는 경로 차이를 보여주고 있다. 에탈론에서 한 번도 반사되지 않고 투과된 빛을 E_{t0}라고 하면 $E_{t0}=E_0t^2$이다. 두 번의 반사를 더 겪고 에탈론 밖으로 나간 빛을 E_{t1}이라고 하면, 이것은 E_{t0}에 비해 두 번의 반사를 더 겪었으므로 앞에서 보았듯이 $E_0t^2r^2$가 된다.

그런데, 여기서 한 가지 고려하지 않은 것은 두 빛의 광 경로차이다. 그림 5-6에서 보면 두 빛의 진행 거리의 차 Δl은 다음과 같다.

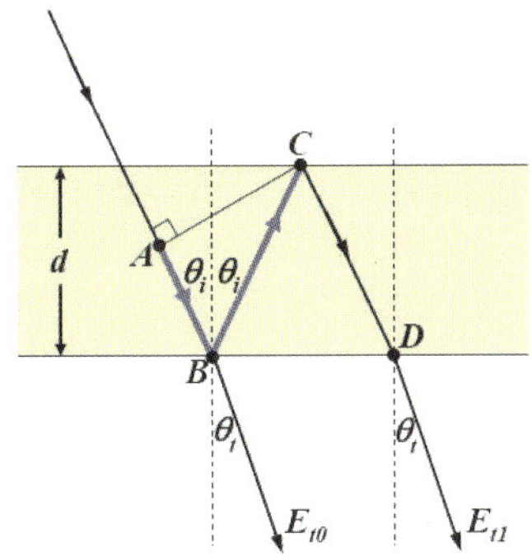

그림 5-6 에탈론에서 빛의 진행과정에 따른 경로 차이 (입사각 θ_i, 투과각 θ_t)

$$\Delta l=\overline{BC}+\overline{AB}=\frac{d}{\cos\,\theta_i}+\frac{\cos(2\theta_i)d}{\cos\,\theta_i}=\frac{d\{\cos(2\theta_i)+1\}}{\cos\,\theta_i}$$
$$=\frac{2d\cos^2\,\theta_i}{\cos\,\theta_i}=2d\cos\,\theta_i$$

그러므로 두 빛 사이의 위상차이 δ는

$$\delta=k\cdot\Delta l=2kd\cos\,\theta_i=\frac{4\pi d\cos\,\theta_i}{\lambda}=\frac{4\pi nd\cos\,\theta_i}{\lambda_0} \qquad (5\text{-}14)$$

식 (5-14)에서 λ_0는 진공 중에서의 빛의 파장이고, λ는 두 반사면 사이에 있는 물질 내에서의 빛의 파장, n은 물질의 굴절률이다. 만일 두 반사면 사이가 진공이라면 $n=1$, $\lambda=\lambda_0$가 된다.

그러므로 식 (5-15)와 같이 정리할 수 있다.

$$\begin{aligned} E_{t0}&=E_0t^2 \\ E_{t1}&=E_0t^2r^2e^{i\delta} \end{aligned} \qquad (5\text{-}15)$$

식 (5-15)로부터 반사면에서 두 번을 더 반사하고 M_2를 빠져나가는 빛 E_{t2}는 E_{t1}에 $r^2e^{i\delta}$을 곱하면 얻을 수 있음을 유추할 수 있다. 그림 5-5에서 알 수 있듯이 에탈론을 빠져 나가는 빛 E_t는 이러한 빛들의 합으로 이루어져 있으므로 E_t는 다음과 같이 쓸 수 있다.

$$E_t=E_{t0}+E_{t1}+E_{t2}+\cdots=E_0t^2+E_0t^2r^2e^{i\delta}+E_0t^2r^4e^{2i\delta}+\cdots$$
$$=E_0t^2[1+r^2e^{i\delta}+r^4e^{2i\delta}+\cdots]=E_0t^2\cdot\frac{1}{1-r^2e^{i\delta}}$$

에탈론을 빠져 나가는 빛의 강도 I_t는 E_t의 크기의 제곱이므로,

$$I_t = |E_t|^2 = \frac{E_0^2 |t|^4}{(1-r^2e^{i\delta})(1-r^2e^{i\delta})^*} = \frac{I_0 T^2}{(1-r^2e^{i\delta})(1-r^2e^{i\delta})^*} \tag{5-16}$$

로 표현할 수 있으며 식 (5-16)에 있는 $I_0 = E_0^2$는 에탈론으로 처음 입사한 빛의 강도이다. 식 (5-12)를 이용하여 식 (5-16)을 정리하면 다음과 같이 나타낼 수 있다.

$$\begin{aligned} I_t &= \frac{I_0 T^2}{(1-r^2e^{i\delta})(1-r^2e^{i\delta})^*} = \frac{I_0 T^2}{(1-|r|^2 e^{2i\delta_r} e^{i\delta})(1-|r|^2 e^{-2i\delta_r} e^{-i\delta})} \\ &= \frac{I_0 T^2}{1+|r|^4 - |r|^2(e^{2i\delta_r}e^{i\delta} + e^{-2i\delta_r}e^{-i\delta})} = \frac{I_0 T^2}{1+R^2-2R\cos\Delta} \end{aligned} \tag{5-17}$$

식 (5-17)에서의 Δ는

$$\Delta = \delta + 2\delta_r = \frac{4\pi nd\cos\theta_i}{\lambda_0} + 2\delta_r \tag{5-18}$$

으로 정의된다. 여기서,

$$\begin{aligned} 1-2R\cos\Delta + R^2 &= (1-2R+R^2) + 2R(1-\cos\Delta) \\ &= (1-R^2) + 4R\sin^2\left(\frac{\Delta}{2}\right) = (1-R^2)\left\{1 + \frac{4R}{(1-R)^2}\sin^2\left(\frac{\Delta}{2}\right)\right\} \end{aligned}$$

이므로 이것을 식 (5-17)에 적용하여 정리하면 식 (5-19)을 얻을 수 있다.

$$\frac{I_t}{I_o} = \frac{T^2}{(1-R)^2}\frac{1}{\left\{1+\frac{4R}{(1-R)^2}\sin^2\left(\frac{\Delta}{2}\right)\right\}} \tag{5-19}$$

반사면이나 에탈론 내부의 물질에서 빛의 흡수나 산란과 같은 외적 요인으로 인한 손실이 없다고 하면 에너지 보존 법칙에 의하여 $T+R=1$이므로

$$\frac{I_t}{I_o} = \frac{1}{1+\left\{\frac{4R}{(1-R)^2}\sin^2\left(\frac{\Delta}{2}\right)\right\}} = \frac{1}{1+F\sin^2\left(\frac{\Delta}{2}\right)} \tag{5-20}$$

가 된다. 식 (5-20)에서 F는 예리도 계수(coefficient of finesse)라고 부르며 다음과 같이 정의된다.

$$F = \frac{4R}{(1-R)^2}$$

예리도 계수 F는 반사율 R이 1에 가까워질수록 무한히 커질 수 있고, 반대로 반사율이 0에 가까워지면 함께 0으로 접근함을 눈여겨보자. 식 (5-20)은 빛의 흡수가 없는 에탈론에서, 입사한 빛의 강도에 대한 투과한 빛의 강도 비

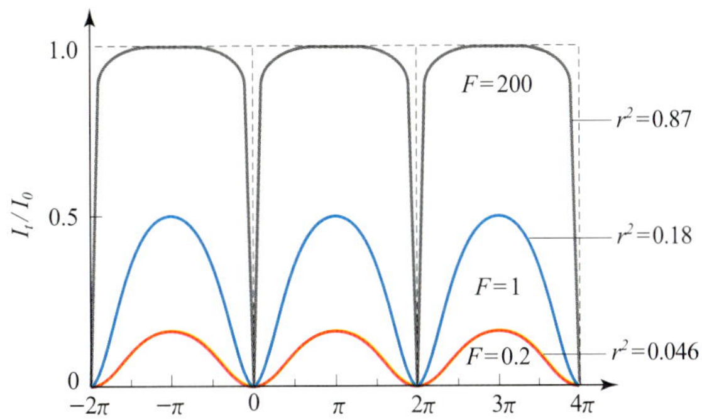

그림 5-7

F와 Δ에 따른 에어리 함수의 변화.

를 의미하며 이것을 에어리 함수(Airy function) $A(\theta_i)$라고 한다.

$$A(\theta_i)=\frac{I_t}{I_o}=\frac{1}{1+F\ \sin^2(\Delta/2)} \tag{5-21}$$

그림 5-7은 F와 Δ의 변화에 따른 에어리 함수값을 보여주고 있다. 그림 5-7로부터 예리도 계수 F가 클수록 에어리 함수의 모양은 날카로운 산모양이 되는 것을 볼 수 있다. F의 값에 관계없이 Δ가 2π의 정수배가 되면 sine 함수의 값이 0이 되므로 에어리 함수의 최대값은 1이 된다.

한편 빛의 흡수나 산란이 없다고 가정하고 입사한 빛이 에탈론에서 반사와 투과를 반복한 다음 입사한 쪽으로 반사되어 나가는 빛의 강도를 I_r이라고 하면

$$I_t+I_t=I_o$$

이 되고 반사에 대한 식 (5-22)의 표현을 얻을 수 있다.

$$\frac{I_r}{I_o}=1-\frac{I_t}{I_o}=1-A(\theta_i)=\frac{F\ \sin^2(\Delta/2)}{1+F\ \sin^2(\Delta/2)} \tag{5-22}$$

광원에서는 여러 방향으로 빛이 나오므로 에탈론에 입사하는 빛의 입사각 θ_i는 상수 값이 아니며 일정한 범위의 값을 갖는다. 광원에서 나오는 빛은 단색광, 즉 파장이 하나인 빛이라고 하자. θ_i가 변하면 에탈론을 투과하는 빛들의 각도도 변하고, 또 식 (5-18)에 의해 Δ도 변하므로 스크린에는 식 (5-21)에 따르는 강하고 약한 빛의 무늬가 나타나게 된다. 에탈론의 반대편에 스크린을 놓으면 에탈론에서 반사된 빛들에 의한 간섭무늬가 식 (5-22)에 따라 나타난다.

그림 5-8과 5-9는 에탈론 표면의 반사율이 0.04인 경우와 0.8인 경우에 있어서 에탈론에서 형성된 간섭무늬의 사진이다. 참고로 $R=0.04$이면 예리도

그림 5-8

에탈론(R=0.04)에서의 간섭무늬
(a) 반사형
(b) 투과형

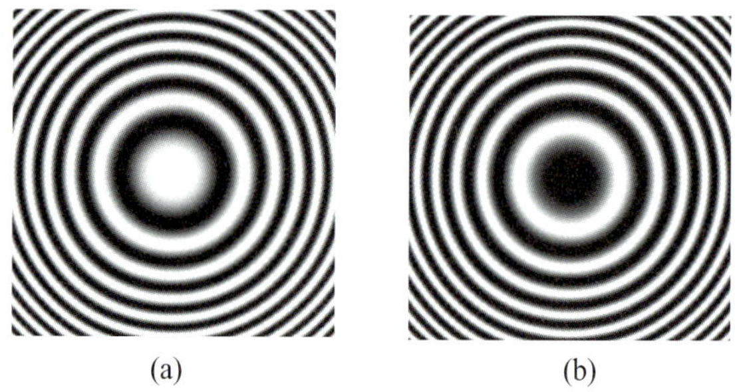

그림 5-9

에탈론(R=0.8)에서의 간섭무늬
(a) 반사형
(b) 투과형

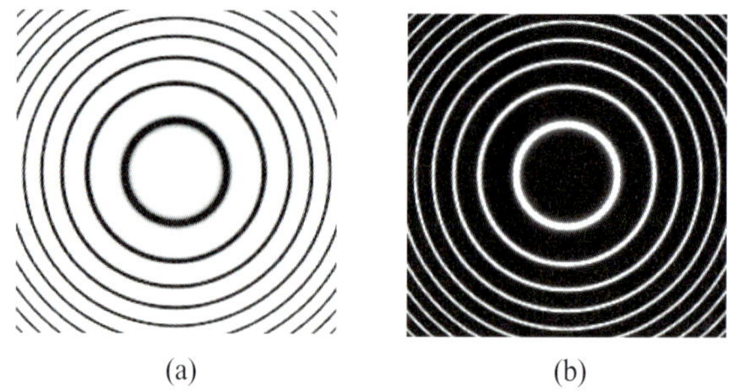

계수 F=0.174이고, R=0.8이면 예리도 계수 F=80이다.

그림에서 알 수 있듯이 에탈론의 반사율이 큰 경우, 즉 예리도 계수가 큰 경우가 간섭무늬의 명암이 더 뚜렷하고 무늬의 띠가 가는 것을 알 수 있다. 반면, 반사율이 작은 경우는 무늬의 띠가 굵고 명암도 그리 뚜렷하지 않음을 볼 수 있다.

5.2.2 패브리-페로 간섭계

패브리-페로 간섭계(Fabry-Perot interferometer)에서 간섭을 일으키는 부분은 에탈론과 동일하다. 즉, 두 반사면이 서로 평행하며 그 사이에는 특정한 매질이 있거나 공기로 채워져 있어도 된다. 따라서 앞에서 에탈론의 경우에 대하여 유도한 일반적인 개념과 공식들은 패브리-페로 간섭계에서도 그대로 적용할 수 있다.

에탈론은 반사면 사이의 거리 d가 고정되어 있고 에탈론에 입사하는 빛의 입사각이 일정한 범위를 가지고 있기 때문에 그림 5-8이나 5-9와 같이 동심원 형태의 간섭무늬를 만든다. 그러나 패브리-페로 간섭계에서는 그림 5-10과 같이 두 반사면으로 입사하는 빛의 입사각이 0° 가 되기 때문에 반사면을 투과하여 나온 빛도 모두 반사면에 수직이 됨을 알 수 있다.

그러므로 패브리-페로 간섭계에서는 에탈론과 달리 식 (5-18)의 입사각 θ_i는 위상차 Δ를 변화시킬 수 있는 인자가 아니라 상수($\cos\theta_i=1$)임을 알 수 있다.

그리고 그림 5-10에서 보는 바와 같이 두 반사면을 투과한 빛은 집속 렌즈에 의하여 광 검출기로 집속된다. 따라서 패브리-페로 간섭계에서는 에탈론의 경우와 같이 간섭무늬를 형성하고 그것을 관찰하여 광원에 대한 어떤 정보를 얻는 것이 아니고, 간섭계를 통과한 빛의 전체적인 강도를 측정함으로써 원하는 정보를 추출하게 된다.

위상차 $\Delta=\dfrac{4\pi nd\cos\theta_i}{\lambda_0}+2\delta_r$이므로 패브리-페로 간섭계에서 두 반사면을 투과하는 빛들 사이의 위상 차이를 변화시켜 광 검출기에 집속되는 빛의 강도를 변화시키기 위해서는 광원의 파장 λ_0나 두 반사면 사이의 거리 d를 변화시켜야 한다. 그러므로 패브리-페로 간섭계에서는 에탈론과는 달리 반사면 중 하나를 움직여 d를 변화시킬 수 있다.

패브리-페로 간섭계에서는 입사각 θ_i가 0° 로 정해져 있기 때문에 에어리

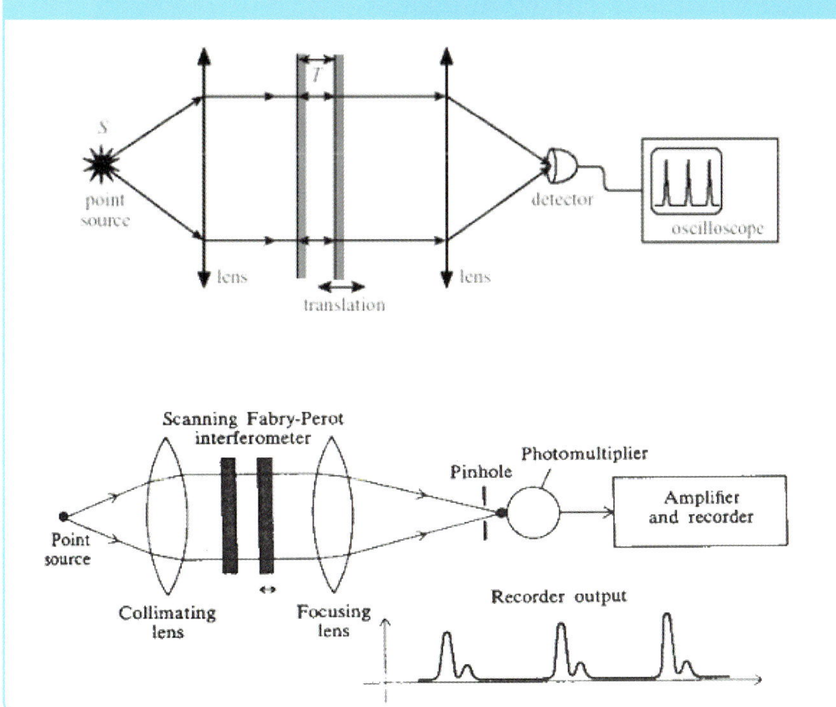

그림 5-10 패브리-페로 간섭계의 구성

함수도 다음과 같이 Δ의 함수로 직접 생각하는 것이 바람직하겠다.

$$\frac{(I_t/I_0)}{(I_t/I_0)_{\max}} = \frac{I_t}{I_{t,\max}} = F(\Delta) = \frac{1}{1+F\sin^2(\Delta/2)} \tag{5-23}$$

식 (5-23)에서 Δ는 식 (5-18)과 같으나 입사각 θ_i가 0° 로 정해져 있으므로 다음과 같이 나타낼 수 있다.

$$\Delta = \delta + 2\delta_r = \frac{4\pi nd\cos\theta_i}{\lambda_o} + 2\delta_r = \frac{4\pi nd}{\lambda_o} + 2\delta_r \tag{5-24}$$

이제 패브리-페로 간섭계에 파장이 λ_a인 빛 E_a와 λ_b인 빛 E_b가 동시에 들어간다고 하고, 편의상 두 빛의 강도는 같다고 가정하자. 서로 파장이 다르기 때문에 두 빛은 반사면 사이의 거리 d가 같더라도 각각 서로 다른 위상차 Δ를 가진다.

$$\begin{aligned} \Delta_a &= \delta_a + 2\delta_r = \frac{4\pi nd}{\lambda_a} + 2\delta_r \\ \Delta_b &= \delta_b + 2\delta_r = \frac{4\pi nd}{\lambda_b} + 2\delta_r \end{aligned} \tag{5-25}$$

그러므로 이와 같은 조건에서 d를 연속적으로 변화시키면서 투과되는 빛의 강도를 측정하면 그림 5-11과 같은 결과를 얻을 수 있다.

그림 5-11에서 안쪽에 있는 점선으로 된 그래프는 각각의 파장에 대한 에어리 함수를 나타낸다. 광 검출기에서는 두 빛이 동시에 들어오게 되므로, 광 검출기가 측정하는 빛의 강도는 각각의 파장에 대한 빛의 강도의 합으로 나타난다. 그림을 보면 빛의 파장에 따라 peak가 생기는 위치가 다르므로, 이것을 이용하면 역으로 빛의 파장이 어떻게 구성되었는지를 알 수 있게 된다.

그림 5-11

파장이 서로 다른 두 빛에 의한 패브리-페로 간섭계의 출력

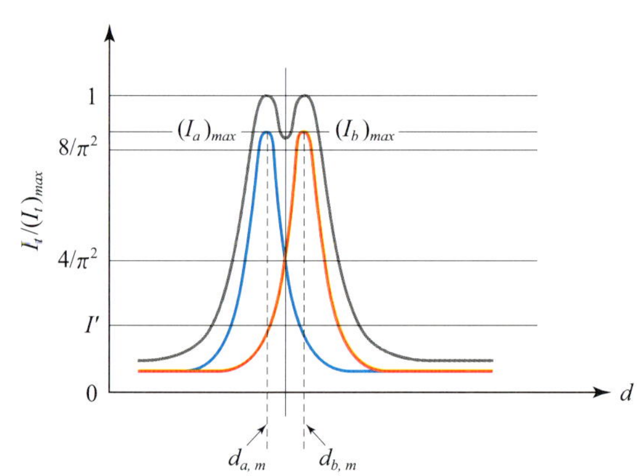

그림 5-11에서 각각의 peak가 생기는 위치 $d_{a,m}$과 $d_{b,m}$은 식 (5-23)의 sine 함수 값이 0이 될 때 나타나므로 다음의 조건을 만족시켜야 한다.

$$\begin{aligned}\Delta_{a,m}&=\delta_{a,m}+2\delta_r=\frac{4\pi n d_{a,m}}{\lambda_a}+2\delta_r=2m\pi\\ \Delta_{b,m}&=\delta_{b,m}+2\delta_r=\frac{4\pi n d_{b,m}}{\lambda_b}+2\delta_r=2m\pi\end{aligned} \tag{5-26}$$

식 (5-26)에서 m은 정수이다. 패브리-페로 간섭계에서 두 반사면 사이의 거리 d는 보통 빛의 파장에 비해 항상 매우 크다. 그러므로 다음과 같은 식이 성립한다.

$$d_{a,m}\gg\lambda_a,\ d_{b,m}\gg\lambda_b,\ m\gg1 \tag{5-27}$$

또한, 식 (5-26)에서 $2\delta_r$을 무시하고 다음과 같이 근사할 수 있다.

$$\begin{aligned}\Delta_{a,m}&=\delta_{a,m}+2\delta_r\simeq\frac{4\pi n d_{a,m}}{\lambda_a}=2m\pi\\ \Delta_{b,m}&=\delta_{b,m}+2\delta_r\simeq\frac{4\pi n d_{b,m}}{\lambda_b}=2m\pi\end{aligned} \tag{5-28}$$

식 (5-28)로부터

$$d_{a,m}=\frac{m\lambda_a}{2n},\ d_{b,m}=\frac{m\lambda_b}{2n} \tag{5-29}$$

식 (5-29)를 다시 쓰면,

$$\lambda_a=\frac{2nd_{a,m}}{m},\ \lambda_b=\frac{2nd_{b,m}}{m} \tag{5-30}$$

식 (5-30)으로부터

$$\lambda_b=\frac{d_{b,m}}{d_{a,m}}\lambda_a \tag{5-31}$$

로 표현할 수 있다. 두 반사면 사이의 거리는 언제나 알 수 있는 것이므로, 만일 빛 E_a의 파장인 λ_a를 우리가 정확하게 알고 있다면, 식 (5-31)으로부터 파장 λ_b를 구할 수 있다. 이와 같이 빛의 파장을 알 수 있으므로, 패브리-페로 간섭계는 일종의 스펙트로미터(spectrometer)로도 활용할 수 있을 것이다.

자유 스펙트럼 영역(Free Spectral Range)

지금까지는 두 파장이 매우 가까운 경우에 대하여 알아보았다. 만일 두 파장의 차이가 점점 커진다면 그림 5-11의 두 peak는 서로 분리되어 점점 멀어질 것이다. λ_a에 비해 λ_b가 더욱 증가한다면, λ_b에 대한 m-번째 최대값과 λ_a에 대한 $(m+1)$-번째 최대값이 서로 겹치게 된다. 이 때 식 (5-29)로부터 다음과 같은 식이 성립한다.

$$d_{a,\,m+1}=\frac{(m+1)\,\lambda_a}{2n}=\frac{m\lambda_b}{2n}=d_{b,\,m}$$

이런 관계가 성립할 때 두 파장의 차이를 자유 스펙트럼 영역(FSR: free spectral range) $(\Delta\lambda)_{FSR}$이라고 한다.

$$(\Delta\lambda)_{FSR}=\lambda_b-\lambda_a=1+\left(\frac{1}{m}\right)\lambda_a-\lambda_a=\lambda_a/m \tag{5-32}$$

식 (5-29)를 (5-32)에 적용하면,

$$(\Delta\lambda)_{FSR}=\left(\frac{\lambda_a^2}{2nd_{a,\,m}}\right) \tag{5-33}$$

이 되며 앞에서와 마찬가지로 이를 주파수로 환산하면 다음과 같이 쓸 수 있다.

$$(\Delta\nu)_{FSR}=\left(\frac{c}{2nd_{a,\,m}}\right)$$

앞의 예와 마찬가지로 λ_a를 500 nm, $nd_{b,\,m}$를 15 mm로 놓으면 $(\Delta\lambda)_{FSR}$는 0.0083 nm가 된다. 식 (5-33)을 사용하여 이를 주파수로 환산하면 $(\Delta\nu)_{FSR}$은 10 GHz가 된다.

스펙트럼 영역이 작으면 두 반사면 사이의 거리가 증가할 때 다른 차수의 peak가 원래 peak에 겹치게 되어 혼란을 초래하게 되므로 바람직하지 않다. 간섭계의 성능으로 보면, $(\Delta\lambda_a)_{\min}$은 가능한 한 작으면 좋고 스펙트럼 영역은 가능한 한 크면 좋다. 이 둘 사이의 관계는 식 (5-33)을 참고하면 다음과 같다.

$$\frac{(\Delta\lambda_a)_{FSR}}{(\Delta\lambda_a)_{\min}}=\frac{(\lambda_a^2/2nd_{a,\,m})}{\lambda_a^2/2nd_{a,\,m}F)}=F \tag{5-34}$$

그러므로 예리도 F를 크게 하면, 다시 말해서 반사면의 반사율을 높임으로써 스펙트럼 영역을 크게 하면서도 최소 분해가능 파장은 작게 할 수 있다. 단, 예리도가 커지면 에탈론의 경우에서 보았듯이 간섭계를 통과하는 빛의 절대적인 양이 감소하게 됨을 유의해야 한다.

5.3 다층 박막 간섭

5.3.1 다층 박막 간섭(Multi Layer Interference)

굴절률이 서로 다른 박막을 여러 층으로 쌓게 되면, 앞서 살펴본 단일 박막에 의한 간섭보다 더 복잡한 간섭현상을 유도할 수 있고 이를 활용하여 다양한 광학소자를 만들 수 있다.

다층박막은 그림 5-12와 같이 특정한 목적을 위하여 굴절률이 조절된 물질들을 정해진 순서대로 기판 위에 증착(coating)하여 만들게 된다. 그림에서 n_H는 상대적으로 높은 굴절률을, n_L은 상대적으로 낮은 굴절률을 나타내고, Glass substrate는 박막을 쌓는 유리기판을 나타낸다. 그림 5-12 (a)는 두 개의 박막으로 이루어져 있고, 그림 5-12 (b)는 6층의 박막으로 이루어져 있다.

그림 5-13은 여러 가지 다층박막의 파장에 따른 반사율을 보여주고 있다. 그림에서 g는 유리기판(glass)를, H는 굴절률이 높은 박막, L은 굴절률이 낮은 박막, a는 공기(air)를 나타낸다. 그러므로 $g(HL)3a$은 유리기판 위에 굴절률이 높은 박막과 낮은 박막을 번갈아서 모두 6층을 쌓은 것이 된다. 이렇게

그림 5-12

다층박막의 구조.
(a) 2층 박막
(b) 6층 박막

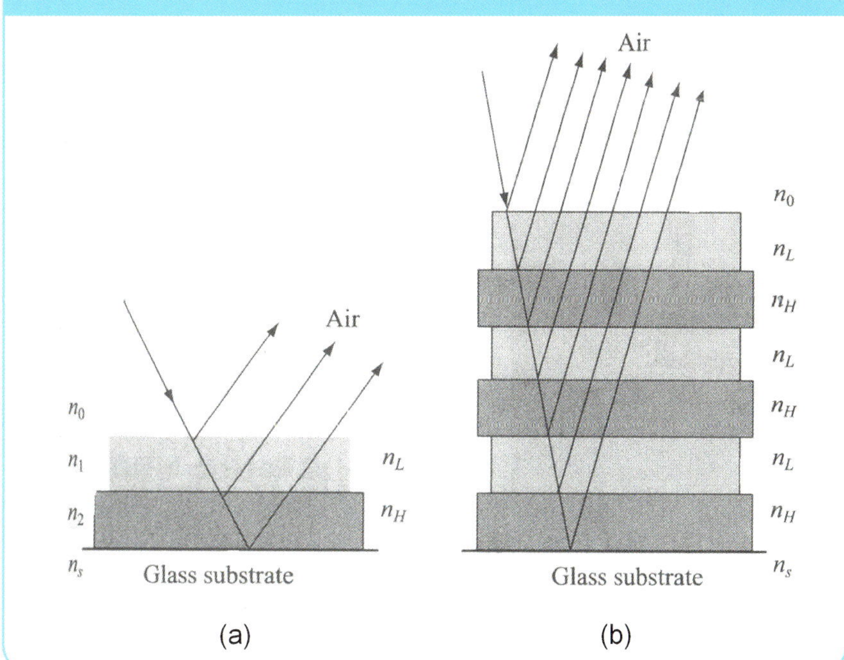

그림 5-13

다층박막에서의 반사

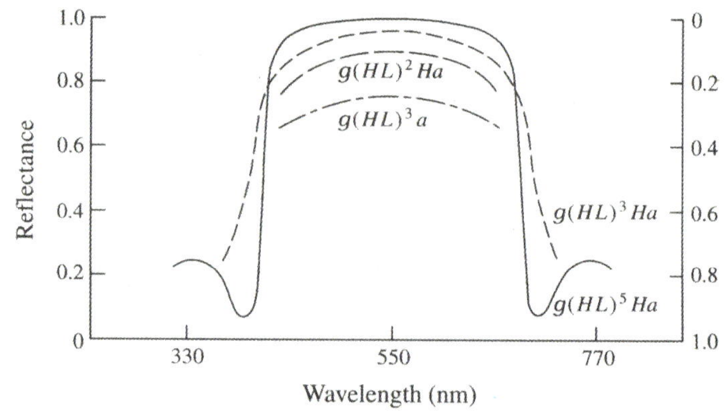

만들어진 다층박막은 그림 5-13과 같이 일정한 파장 영역에서 높은 반사율을 가지며, 박막의 수가 많을수록 반사율도 올라가는 것을 알 수 있다.

레이저에서 공진기의 거울(mirror)로 사용하는 광학소자는 특정 파장에서 매우 높은 반사율이 요구될 때가 많다. 우리가 일반적으로 사용하는 수은 등 금속 반사체의 거울은 실제 반사율은 그다지 높지 않고, 또 흡수도 상당히 일어난다. 그러나 레이저와 같은 정교한 광학장치에서는 해당 파장에 대해 매우 높은 반사율을 가지면서, 동시에 흡수는 거의 일어나지 않는 우수한 거울이 요구된다.

이러한 조건을 만족시킬 수 있는 것이 바로 다층박막으로서, 특정한 파장 영역의 반사율을 레이저에서 요구되는 수준까지 올리기 위해 이론적인 설계를 통해 박막의 층수 및 각 박막의 굴절률과 두께 등을 미리 계산할 수 있다. 필요한 굴절률이 계산되면 이에 맞는 박막의 구성 물질이 선택되고, 정교한 제어를 통해 각 물질들을 유리기판 위에 필요한 두께만큼 증착하게 된다. 이렇게 제작된 다층박막형 거울의 반사율은 경우에 따라서는 거의 100 %에 달할 수도 있을 정도로 높으며, 이를 이용하여 성능이 우수한 레이저의 개발도 가능하게 된다.

이와는 반대로 다층박막의 구조를 조절하여 일정한 파장영역에서 반사를 거의 일으키지 않도록 만들 수도 있다. 예를 들어, 우리가 흔히 사용하는 안경렌즈의 경우에는 빛의 반사를 막아주는 다층박막을 코팅하는 경우가 많은데, 이를 흔히 무반사 증착(anti-reflection coating 또는 AR-coating)이라고 한다. 근래에는 박막 증착기술의 발달로 이러한 렌즈의 가격이 상당히 저렴해졌으나, 그 이전에는 이러한 무반사 렌즈는 가격도 비싸고 성능도 좋지 않아서 대부분 무반사 박막이 없는 안경렌즈를 사용하였다. 그림 5-14는 무반사

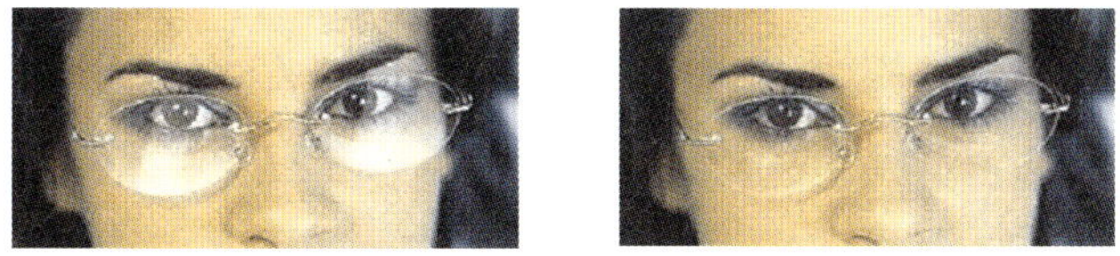

(a) (b)

그림 5-14
(a) 일반 안경렌즈 (b) 무반사 안경렌즈

렌즈와 일반 렌즈의 차이를 보여주고 있다.

5.3.2 자연에서 볼 수 있는 다층 박막 간섭

자연에서도 다층박막과 유사한 구조를 가진 것들을 찾아볼 수 있는데, 그림 5-15에 그러한 것들을 몇 가지 나타내었다. 그림 5-15의 (a)는 아마존 열대우림에 사는 Morpho didius 라는 이름의 나비이다. 이 나비의 푸른색은 날개를 구성하는 물질이 푸른색을 내기 때문이 아니고, 그 구조가 푸른색 파장의 빛을 보강간섭이 일어나게 형성되어 있기 때문이다. 여기서 날개의 표면은 유리에 입히는 박막과 같은 것이 중착되어 있는 것은 아니고, 날개의 구조가 여러 겹의 다층으로 구성되어 각각의 층에서 반사되는 빛이 간섭을 일으키는 것이다.

그림에서 (b)는 공작의 깃털에서 볼 수 있는 눈 모양의 무늬인데, 이것은 깃털을 구성하는 멜라닌 색소 단백질의 분자들이 간섭을 일으킬 수 있게 정렬되어 있기 때문에 나타난다. 이 눈모양의 무늬는 보는 각도에 따라서 그 색깔도 변화를 일으키게 된다.

(c)의 전복껍데기에서 나타나는 무지개빛 색깔은 진주층이라고 불리는 여러 겹의 얇은 광물질로 이루어진 막들로 인하여 나타난 것이다.

(d)의 화려한 오팔 보석의 색은 사실은 이 보석을 구성하는 규산염 물질들의 구조에 의한 것이다. 이 보석의 미세구조를 보면 매우 작은 구의 형태를 지닌 규산염 물질들이 규칙적으로 층을 이루면서 쌓여 있는 형태이다. 각각의 작은 구에서 반사된 빛들은 이웃하는 구에서 반사된 빛들과 간섭을 일으키게 되며, 보석을 다른 각도에서 보면 반사되는 빛의 색깔들도 다르게 보이게 된다.

그림 5-15

자연에서 나타나는 다층박막 간섭현상

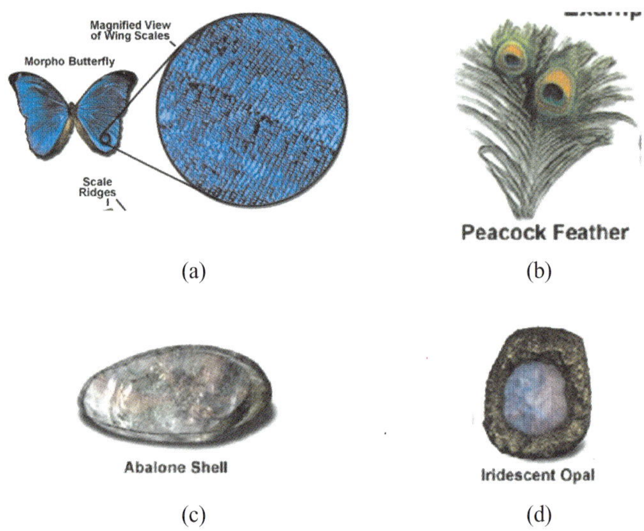

(a) (b) (c) (d)

연습문제

1. 빛이 다음의 박막에서 반사하거나 투과할 때 몇 번의 위상반전(π의 위상변화)이 일어나겠는가?
(1) 공기 중에 있는 굴절률 1.4의 단층 박막
(2) 두 개의 유리판 사이에 있는 얇은 공기층

2. 두께가 100 nm, 굴절률이 1.5인 기름 박막이 물 위에 떠 있다. 다음 물음에 답하시오.
(1) 반사에 의해 몇 번의 위상반전(π의 위상변화)이 일어나겠는가?
(2) 기름 박막에 의해 반사되는 빛의 파장을 계산하시오.

3. 굴절률이 1.4인 비누방울의 두께는 300 nm이다. 만약 비누방울에 백색광이 수직으로 입사하면 반사광의 색깔은 무엇인가?

4. 5번째 밝은 뉴턴 원 무늬의 반경이 10 mm이다. 알 수 없는 액체가 렌즈와 지지대 사이의 틈으로 흘러 들어간 후, 5번째 밝은 뉴턴 원 무늬의 반경이 8 mm가 되었다. 이 액체의 굴절률을 계산하시오.

5. 굴절률이 1.4, 두께가 500 nm의 비누 박막이 있다. 햇빛이 비누 박막 위에서 비칠 때 반사가 일어나지 않는 빛의 진공 중에서의 파장을 계산하시오.

6. Newton' s Ring의 실험으로 곡률반경이 20 cm인 볼록렌즈를 평가하였다. 렌즈의 중심으로부터 1.0 mm 떨어진 지점에서 10번째 어두운 무늬를 관찰하였다면 이 실험에 사용한 광원의 파장은 얼마인가? 또, 렌즈의 중심에서 무늬가 밝은지 어두운지를 결정하고 그 이유를 설명하시오.

7. 파장이 500 nm인 단색광의 광원을 사용하여 뉴턴의 원 무늬를 관찰하였다. 만약 10번째 밝은 원 무늬의 반경이 1 cm이면 뉴턴 원 무늬 실험장치에 사용한 렌즈의 곡률반경을 얼마인가?

8. 평면 유리판 위에 아주 얇게 퍼져 있는 굴절률이 1.35인 에탄올 박막에 햇빛을 반사시켜 간섭무늬를 관찰하였다. 박막에서 400 nm의 빛만이 강하게 반사되었을 때 에탄올 박막의 두께를 계산하시오.

9. 아래 그림과 같이 곡률반경이 R인 Newton ring이 있다. 다음 물음에 답하시오.

(1) $x^2 \simeq 2Rd$임을 보이시오.

(2) Newton ring의 중심에서의 무늬가 밝은지 어두운지를 결정하고 그 이유를 설명하시오.

(3) m번째 밝은 무늬의 반경을 구하시오.

(4) m번째 어두운 무늬의 반경을 구하시오.

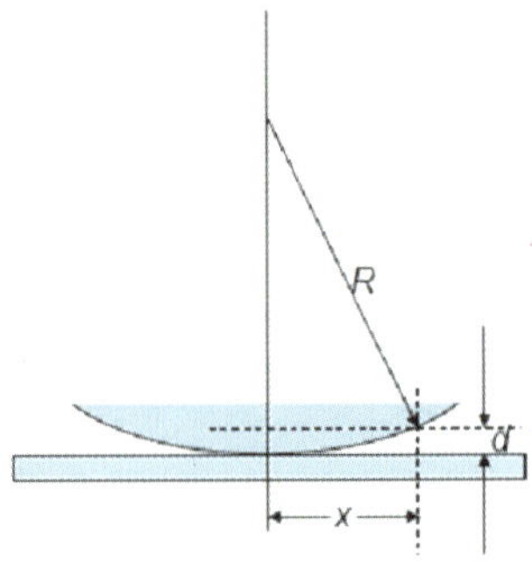

10. 굴절률이 1.5인 광학유리로 제작된 렌즈 위에 유전체인 $MgF_2(n=1.4)$로 박막을 coating 하였다. 다음 물음에 답하시오.

(1) 만약에 파장이 500 nm인 반사광에 의해 소멸간섭이 일어나도록 coating 되어 있다면 박막의 두께는 얼마이겠는가?

(2) 반사광에 의해 보강간섭이 일어나게 coating된 $\lambda=500$ nm에 대해 가장 가까운 두 파장은 얼마인가?

(3) 어떤 가시광선이 반사되겠는가?

11. 패브리-페로 간섭계에 사용된 거울들의 반사계수 r이 $r=0.90$의 값을 가질 때 다음을 계산하시오.

(1) 예리도

(2) 반치폭

(3) 예리도 계수

12. 두께가 d이고 굴절률이 n_f인 thin film에 입사각 θ_i로 광선이 입사하고 있다. 다중반사, 투과를 고려하여 인접한 반사광선과 투과광선 사이의 광경로차가 $2n_f d\cos\theta_t$로 주어질 때 다음 물음에 답 하시오. 여기서 θ_t는 투과각이다.

(1) 투과된 빛의 강도를 구하시오.

(2) Airy function을 이용하여 (1)을 표현하시오.

(3) 흡수가 없을 때 최대 투과율을 구하시오.

(4) 흡수가 없을 때 최소 투과율을 구하시오.

13. 굴절률이 1.5인 쐐기형 박막에 파장이 500 nm인 단색광의 평행광을 수직으로 입사시켜 간섭무늬를 관찰하였다. 간섭무늬 사이의 간격이 0.2 cm일 때 쐐기형 박막의 기울어진 각도를 계산하시오.

14. 패브리-페로 간섭계에 사용된 거울들의 반사율이 0.9, 투과율은 0.05, 그리고 흡수가 0.05 되는 은 도금물로 coating이 되어 있다. 간섭계의 투과율에 대한 최대값(극대값)과 최소값(극소값)을 구하시오. 그리고 예리도 계수는 얼마인가?

15. 만일 N이 정수이고 $\sqrt{0}$의 반경무늬가 정의될 때, 평면 평행의 패브리-페로 간섭계의 간섭무늬 반경들이 $\sqrt{0}$, $\sqrt{1}$, $\sqrt{2}$, $\sqrt{3}$, …, $\sqrt{N}$에 근사적으로 비례함을 보이시오.

16. 파장이 500 nm인 광원을 사용하는 패브리-페로 에탈론의 자유 스펙트럼 영역이 0.1 nm일 때 패브리-페로 에탈론의 간격을 계산하시오.

Chapter 6

빛의 회절

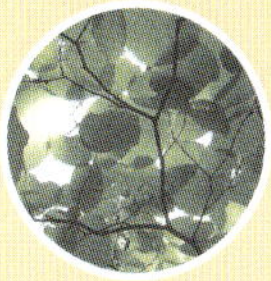

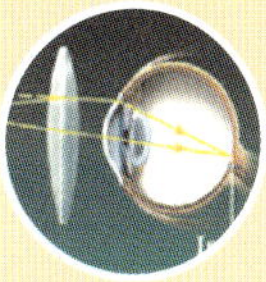

광원과 스크린 사이에 빛이 통과할 수 없는 장애물이 존재하면 스크린에 나타나는 장애물의 가장자리 그림자는 기하학적인 예측과 달리 밝고 어두운 그림자가 섞여서 복잡한 형태로 나타난다. 빛의 입자성을 근거로 하여 직선 경로를 벗어난 빛의 진행 현상을 설명하는 것은 불가능하다. 이러한 현상은 영(Young)에 의하여 여러 가지 빛의 간섭현상이 실험적으로 증명되었으며 파동적 성질을 바탕으로 하여 간섭에 관한 이론이 확립되었다. 그러나 당시에는 입자설이 지배적이었기 때문에 영의 업적은 인정받지 못했다. 그 후 영과 마찬가지로 빛이 파동이라고 생각했던 프레넬(Fresnel)은 1822년 빛이 파동이라는 전제를 바탕으로 빛의 회절 현상을 완전하게 설명할 수 있는 이론을 완성하였다. 이로 인하여 오랫동안 논란을 거듭하던 빛의 근원에 대한 논쟁에서 빛의 파동설이 입자설을 압도하게 되었다.

호이겐스(Christian Huygens)는 "파동은 진행 도중에 장애물을 만나면 장애물의 둘레를 돌아서 장애물의 뒤쪽으로도 진행하고, 또 작은 개구(aperture)나 슬릿을 지날 때는 구 혹은 실린더 형태의 파로 되어 퍼져나가면서 진행한다"는 **호이겐스의 원리**를 기반으로 여러 가지의 슬릿에서 나타나는 빛의 회절 현상을 수학적으로 해석하여 빛의 파동적 성질 중의 하나인 회절 현상을 설명하였다.

빛의 회절은 nano-science의 산업에 대한 응용이 폭발적으로 증대함에 따라 많은 연구가 진행되고 있는 분야이다. 최근에 이르러 반도체, 디스플레이 장치 등 각종 광학적 장치 및 소자 등에서 널리 활용됨은 물론 우리의 일상생활에도 깊숙이 영향을 미치고 있다. 본 장에서는 이러한 빛의 회절에 대해 기초적인 부분부터 시작하여 수학적인 기술방법과 그 응용에 대해 공부하고자 한다.

6.1 호이겐스 원리와 빛의 회절

6.1.1 호이겐스의 원리

파동이 전파되는 경우 매질의 변위와 운동 상태가 같은 점들을 위상이 같다고 말을 하며 위상이 같은 점들의 집합을 파면이라고 한다. 파원이 점인 경우에는 파면이 원이나 구면이 되는데 이러한 파동을 구면파라고 한다. 그리고 파원이 직선인 경우 파면이 직선이나 평면으로 형성되는데 이러한 파동을 평면파라고 한다.

호이겐스의 원리(Huygens' principle)는 임의의 파원에서 발생한 파동이 매질을 진행할 때, 파면상의 각 점은 원래의 파원과 같은 진동수로 진동하는 새로운 2차적인 점파원이 되며, 이러한 무수한 점파원에서 발생하는 구면파가 겹쳐서 다음의 파면을 이룬다는 것이다. 즉, 어느 순간의 파면이 주어지면 다음 순간의 파면은 주어진 파면상의 각 점이 각각 독립한 파원이 되어 발생하는 2차적인 구면파에 공통으로 접하는 면, 즉 포락면이 된다는 것이다.

호이겐스의 원리는 1678년 호이겐스가 발표한 빛의 파동설에서 광파의 진행 상태를 나타내는 데 사용한 것이며, 빛의 직진성이나 굴절 · 반사 등 당시 뉴턴의 빛의 입자설에 기초가 된 여러 가지 현상도 이 원리를 바탕으로 해서 파동설의 입장에서도 설명할 수 있다. 그림 6-1은 호이겐스의 원리를 이용하여 평면파와 구면파가 공간을 진행하는 모양을 보여주고 있다.

호이겐스의 시대에는 광파의 주기성이라고 하는 개념이 명확하게 규명되

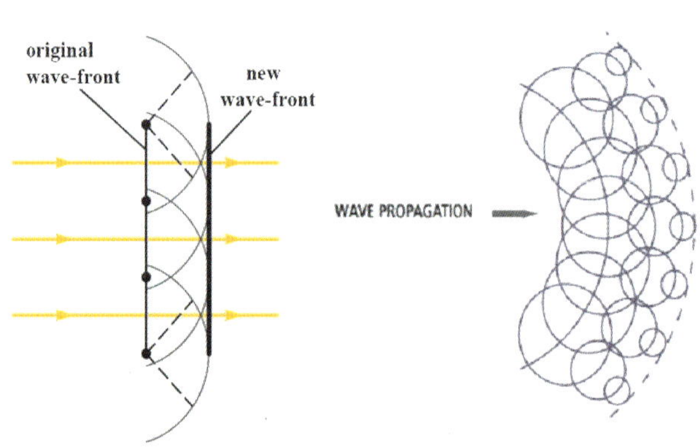

그림 6-1
호이겐스의 원리에 따른 파의 진행

그림 6-2

호이겐스의 원리를 이용한 파동의 반사 및 굴절현상

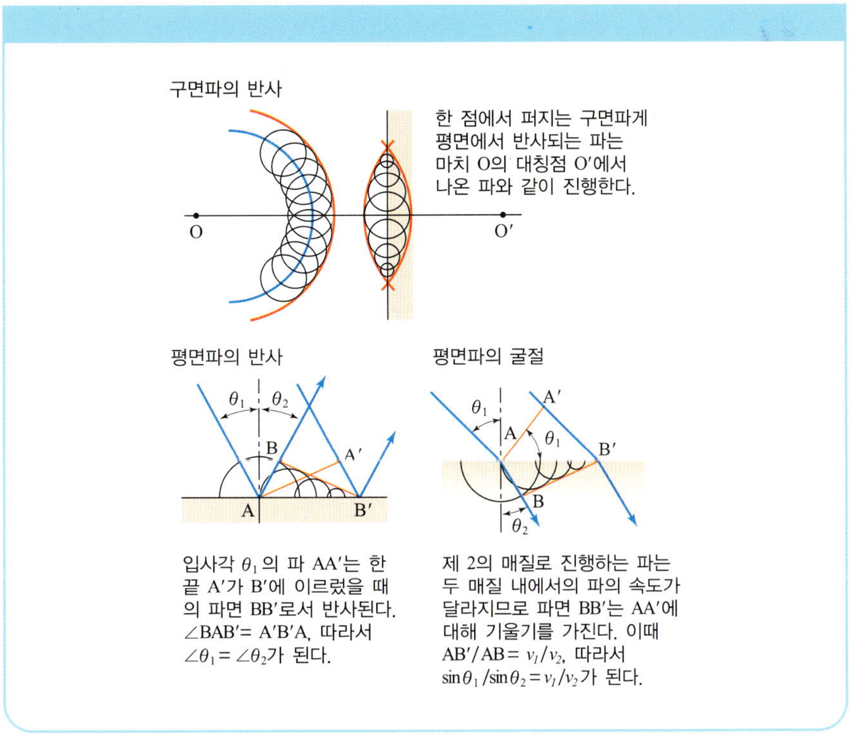

어 있지 않았으며 호이겐스의 원리에도 파장이라고 하는 개념이 정립되지 않아서 회절과 같은 현상을 설명할 수가 없다. 이러한 문제점을 프레넬은 2차파가 간섭한 결과라고 하는 생각을 보충하여 호이겐스의 원리를 완전하게 하였다. 따라서 이것을 프레넬-호이겐스의 원리라고도 한다.

또한, 호이겐스의 원리를 이용하면 파동의 반사나 굴절현상도 그림 6-2와 같이 설명될 수 있고, 파동이 장애물 혹은 슬릿에 의해 퍼져 나가는 회절 현상도 쉽게 설명할 수 있게 된다.

음파의 경우에는 파장이 ~1 m 정도이므로 상당히 큰 물체에서도 회절현상이 나타나 물체의 뒤쪽으로도 음파가 전파될 수가 있다. 그래서 담 너머에서 나는 소리도 들을 수 있는 것이다. 그러나 빛(가시광선)의 파장은 음파의 파장의 백만 분의 1 이하이므로, 보통 흔히 볼 수 있는 큰 물체에서는 빛의 회절현상이 잘 관찰되지 않는다. 그러므로 빛은 보통 직진하는 것으로 생각되어 왔다.

그러나 햇빛에 비친 물체들의 그림자를 주의 깊게 살펴보면, 그림자의 가장자리가 뚜렷하지 않고 그림자 부분에도 어느 정도 밝은 부분이 있는 반면, 그림자가 없는 밝은 곳에도 약간 어두운 부분이 생기는 것을 볼 수 있다. 이것은 빛을 고전적인 입자라고 생각하면 매우 설명하기 어려운 현상으로서 빛이 파동임을 잘 보여주는 현상이다.

6.1.2 프라운호퍼(Fraunhofer) 회절과 프레넬(Fresnel) 회절

그림 6-3과 같이 광원 S로부터 폭이 δ인 슬릿 S_1으로 입사하는 평행광선을 생각하자. 슬릿 S_1과 스크린 Σ가 평행하고 광원 S와 슬릿 S_1, 그리고 슬릿 S_1과 스크린 Σ의 거리가 매우 가까운 경우 스크린 Σ에는 뚜렷하고 명확한 aperture의 모양이 나타나며 무늬의 가장자리에는 그림 6-4의 (a), (b)에서 보는 바

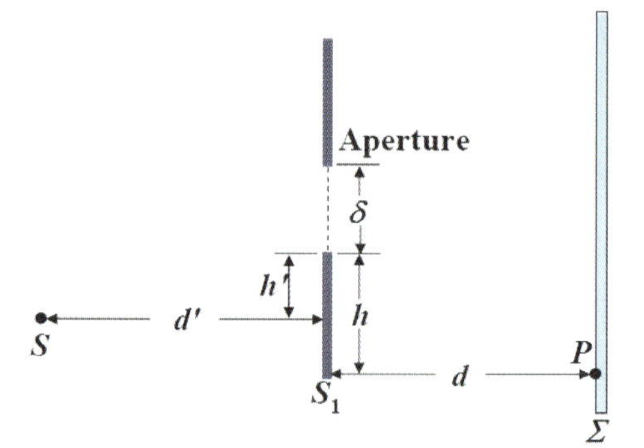

그림 6-3 프라운호퍼 회절과 프레넬 회절의 조건을 알아보기 위한 회절 구도

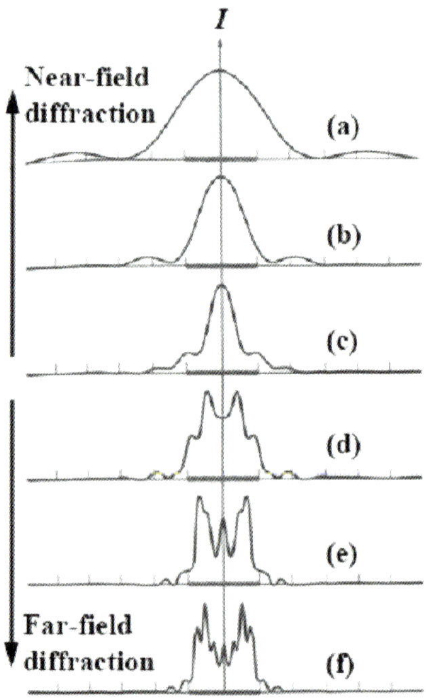

그림 6-4 슬릿으로부터 거리에 따른 회절무늬 모양의 의존성

(K.U. Ingard의 Fundamentals of Waves and Oscillation에서 인용함)

와 같이 몇 개의 희미한 회절무늬가 나타난다.

스크린 Σ를 슬릿 S_1으로부터 멀리 이동시키면(마찬가지로 광원 S와 슬릿 S_1의 거리도 멀리 이동) aperture의 모양은 여전히 뚜렷하지만 가장자리에 많은 회절무늬가 생성(그림 6-4의 (c) 참조)된 것을 볼 수 있다. 그림 6-3에서 광원 S와 관측점 P가 aperture와 가까운 경우에는 파면의 곡률반경이 작기 때문에 평면파로 근사하기 어렵다. 이러한 회절은 그림 6-4의 (a)와 (b)에 나타나 있으며 프레넬 회절 혹은 근거리(near-field) 회절이라고 부른다.

반면에 스크린 Σ를 슬릿 S_1으로부터 더욱 멀리 이동시키면(마찬가지로 광원 S와 슬릿 S_1의 거리도 더 멀리 이동) 가장자리의 회절무늬도 점차적으로 더 복잡하게 변화된다. 관측점이 슬릿 S_1에서 아주 멀리 멀어지면 회절무늬는 상당히 넓게 퍼지게 되며 aperture의 실제 모양과 많이 변하게 된다. 관측점이 슬릿 S_1으로부터 아주 멀어지면 스크린 Σ를 더욱 멀리 이동시켜도 회절무늬의 모양은 기본적으로 더 변화되지 않으며 회절무늬의 크기와 강도만 변하게 된다.

이와 같이 광원 S와 슬릿 S_1, 그리고 슬릿 S_1과 스크린 Σ의 거리가 아주 멀어서 입사파와 회절파를 모두 평면파로 근사해서 취급해도 좋은 경우의 회절을 프라운호퍼 회절 혹은 원거리(far-field) 회절이라고 한다. 이것은 광원이 있는 지점 S와 회절파의 관측점 P가 모두 aperture로부터 멀리 떨어져서 입사파와 회절파에 대한 파면의 곡률반경이 매우 큰 경우에 해당한다.

프라운호퍼 회절이 되기 위한 조건을 정량적인 방법을 통하여 보다 구체적으로 평가해 보자. 그림 6-3에서 보는 바와 같이 광원 S로부터 나온 빛은 aperture를 지나 관측점 P에서 회절무늬를 형성한다. 광원 S로부터 슬릿 S_1까지의 거리를 d', 슬릿 S_1에서 스크린 Σ까지의 거리를 d, aperture의 크기를 δ, 그리고 S와 P에서 aperture 평면에 수직선을 내려서 이로부터 aperture 하단까지의 높이를 각각 h'과 h라 하자. 이때 aperture의 양끝을 통과한 빛 사이의 경로차이 Δd 는 다음과 같이 계산할 수 있다.

$$\Delta d = \sqrt{d'^2 + (h' + \delta)^2} + \sqrt{d^2 + (h^2 + \delta)^2} - \sqrt{d'^2 + h'^2} - \sqrt{d^2 + h^2} \qquad (6\text{-}1)$$

$$= d'\left\{1 + \left(\frac{h' + \delta}{d'}\right)^2\right\}^{\frac{1}{2}} + d\left\{1 + \left(\frac{h + \delta}{d}\right)^2\right\}^{\frac{1}{2}} - d'\left\{1 + \left(\frac{h'}{d'}\right)^2\right\}^{\frac{1}{2}}$$

$$- d\left\{1 + \left(\frac{h}{d}\right)^2\right\}^{\frac{1}{2}}$$

$$\simeq \left(\frac{h'}{d'} + \frac{h}{d}\right)\delta + \frac{1}{2}\left(\frac{1}{d'} + \frac{1}{d}\right)\delta^2 + \cdots$$

여기서 aperture의 크기 δ는 일반적으로 d'이나 d보다 훨씬 작은 값을 가지기 때문에 δ의 고차 항은 근사적으로 무시할 수 있다. 식 (6-1)에서 첫 번째 항은 평행광이 S로부터 aperture에 입사하여 스크린 Σ의 한 점 P까지 평행광으로 진행할 경우 aperture의 상단과 하단을 지나간 빛 사이의 과로 차이를 의미한다.

따라서 두 번째 항이 프라운호프 회절과 프레넬 회절을 구분하는 정량적 기준점이 되며 프라운호퍼 회절 조건은 다음과 같다.

$$\frac{1}{2}\left(\frac{1}{d'}+\frac{1}{d}\right)\delta^2 \ll \lambda \tag{6-2}$$

식 (6-2)의 조건이 충족되지 않으면 입사파 혹은 회절파의 파면을 평면으로 근사할 수 없으며 프레넬 회절로 취급해야 한다.

6.1.3 *N*개의 가간섭적인 광원에 의한 간섭

빛이 전파되는 과정에서 장애물을 만나면 파면, 진폭, 또는 위상 등이 변하여 회절 현상이 나타난다. 빛의 파면은 호이겐스의 원리에 따라 새로운 2차 파원이 되며 장애물을 지나 진행하면서 서로 간섭하여 회절무늬를 만든다. 간섭과 회절은 엄밀하게 구분할 수 없지만 일반적으로 몇 개의 광파가 중첩하는 경우에는 간섭으로, 아주 많은 광파가 중첩되어 나타나는 현상은 회절로 구분하지만 이것 역시 항상 적용되는 것은 아니다.

간섭과 회절 사이에 있어서 간단한 논리적 연관성을 알아보고 일정한 폭을 가지고 있는 슬릿이 만드는 회절 현상으로 확장하기 위하여 그림 6-5와 같이 N개의 가간섭적 광원에 의한 간섭을 생각해 보자. 각각의 광원은 동일한 초기 위상을 가지며 진동수와 진폭 역시 같다고 가정하자.

그림 6-5

동일한 위상, 진동수, 진폭을 갖는 N개의 가간섭 광원이 만드는 간섭

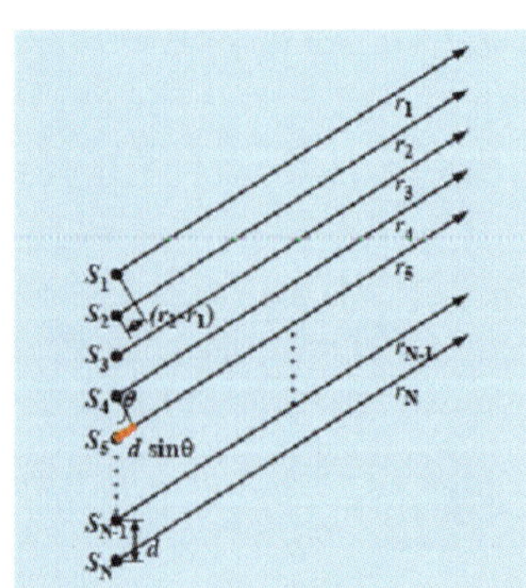

계산을 복잡성을 피하기 위하여 광원에서 조사되는 광파를 평면파로 가정하면 광파의 파동함수는 식 (3-21)과 같이 $E(r, t)=E_0(r)e^{i(kr-\omega t)}$로 나타낼 수 있다. 광원들의 배열이 갖는 크기가 매우 작다면 관측점에 도달하는 각 광파의 진폭은 실질적으로 같다. 따라서 다음과 같이 표현할 수 있다.

$$E_0(r_1)=E_0(r_2)=E_0(r_3)=\cdots=E_0(r_N)\equiv E_0(r)$$

각각의 파원들이 임의의 관측점에 형성하는 합성 전기장 $E(r, t)$는

$$\begin{aligned} E(r, t) &= E_1+E_2+E_3+\cdots+E_N \\ &= E_0e^{i(kr_1-\omega t)}+E_0e^{i(kr_2-\omega t)}+E_0e^{i(kr_3-\omega t)}+\cdots+E_0e^{i(kr_N-\omega t)} \\ &= E_0e^{i(kr_1-\omega t)}\{1+e^{ik(r_2-r_1)}+e^{ik(r_3-r_1)}+\cdots+e^{ik(r_N-r_1)}\} \end{aligned} \tag{6-3}$$

로 나타낼 수 있다. 인접한 광원들 사이에 발생하는 광경로차는 그림 6-5에서 보는 것과 같이 $d\sin\theta$이므로 위상차 δ는 $\delta=kd\sin\theta$이다. 식 (6-3)을 δ의 항으로 다시 정리하면

$$\begin{aligned} E(r, t) &= E_0e^{i(kr_1-\omega t)}\{1+e^{ik(r_2-r_1)}+e^{ik(r_3-r_1)}+\cdots+e^{ik(r_N-r_1)}\} \\ &= E_0e^{i(kr_1-\omega t)}\{1+(e^{i\delta})+(e^{i\delta})^2+(e^{i\delta})^3\cdots+(e^{i\delta})^{N-1}\} \end{aligned}$$

로 쓸 수 있다. 중 괄호안의 값은 초항이 1, 항수가 N, 공비가 $e^{i\delta}$인 등비수열로

$$\{1+(e^{i\delta})+(e^{i\delta})^2+(e^{i\delta})^3\cdots+(e^{i\delta})^{N-1}\}=\frac{e^{i\delta N}-1}{e^{i\delta}-1} \tag{6-4}$$

이다. 식 (6-4)를 다시 정리하면

$$\begin{aligned} \frac{e^{i\delta N}-1}{e^{i\delta}-1} &= \frac{e^{iN\delta/2}(e^{iN\delta/2}-e^{-iN\delta/2})}{e^{i\delta/2}(e^{i\delta/2}-e^{-i\delta/2})} \\ &= e^{i\frac{(N-1)\delta}{2}}\frac{\dfrac{e^{iN\delta/2}-e^{-iN\delta/2}}{2i}}{\dfrac{e^{i\delta/2}-e^{-i\delta/2}}{2i}} \\ &= e^{i\frac{(N-1)\delta}{2}}\frac{\sin N\delta/2}{\sin\delta/2} \end{aligned}$$

로 나타낼 수 있다. 따라서 임의의 관측점에 형성하는 합성 전기장 $E(r, t)$는

$$E(r, t)=E_0(r)e^{-i\omega t}e^{i[kr_1+(N-1)\delta/2]}\left(\frac{\sin N\delta/2}{\sin\delta/2}\right) \tag{6-5}$$

으로 표현할 수 있다. 광원 S_1과 S_N 사이에 발생하는 광경로차는 $(N-1)d\sin\theta$이므로 선형으로 배열된 광원의 중심에서부터 관측점까지의 거리를 R이라

고 하면

$$R=\frac{1}{2}(N-1)d\sin\theta+r_1$$

이며 이것을 이용하면 식 (6-5)는

$$E(r,\ t)=E_0(r)e^{i(kR-\omega t)}\left(\frac{\sin N\delta/2}{\sin\delta/2}\right) \tag{6-6}$$

로 표현된다. 회절무늬의 강도 I는 $I\propto EE^*/2$이므로 따라서 동일한 위상, 진동수, 진폭을 갖는 N개의 가간섭 광원이 만드는 회절무늬의 강도 I는

$$I(\theta)=I_0\left(\frac{\sin^2(N\delta/2)}{\sin^2(\delta/2)}\right) \tag{6-7}$$

로 주어진다. 여기서 I_0는 점광원 하나가 관측점에 만드는 강도이다.

특별한 예로 $N=0$일 때 $I=0$이고 $N=1$이면 $I=I_0$가 되어 위에서 언급한 I_0의 의미와 잘 일치한다. 만약 $N=2$인 경우에는 $I=4I_0\cos^2(\delta/2)$와 같이 되어 예제 3-3에서 본 바와 같이 영의 이중 슬릿에 의한 간섭의 결과와 일치한다. 이것에 대한 증명은 연습문제로 남겨둔다.

그림 6-6과 같이 N개의 점광원을 무수히 많은 점광원(∞개, 즉 연속체)이 모여 있는 광원의 폭이 D인 선광원(line light source)으로 확장해 보자. 각 점에서 방출하는 2차 구면파의 파동함수(전기장)는 진폭이 거리에 반비례함으로

$$E(r,\ t)=\left(\frac{\varepsilon_0}{r}\right)e^{i(\omega t-kr)} \tag{6-8}$$

와 같이 표현할 수 있다. 여기서 ε_0는 점광원 한 개가 방출하는 광파의 진폭 크기이다.

그림 6-6

무수히 많은 점광원이 모여 있는 선광원

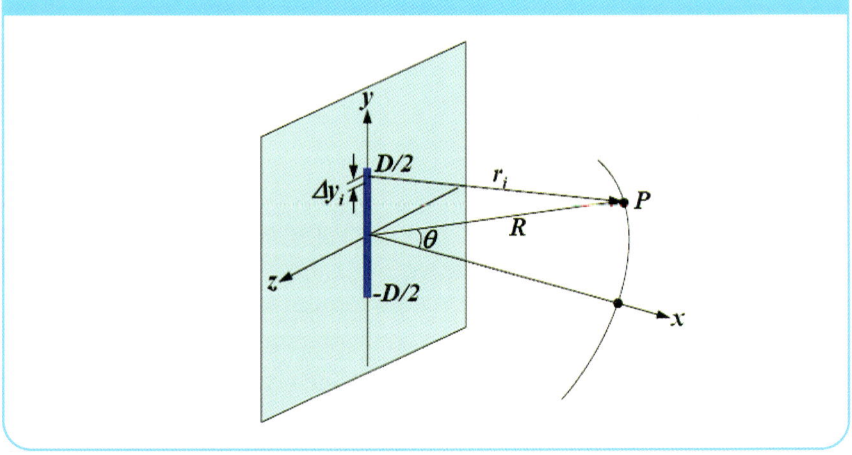

예제 6.1

N개의 가간섭적인 광원에 의한 간섭

동일한 위상, 진동수, 진폭을 갖는 N개의 가간섭 광원이 만드는 회절무늬의 강도 I는 식 (6-7)로 주어진다. 회절무늬 강도 I가 최대값을 갖는 조건과 최대값의 크기를 구하시오.

$$I(\theta)=I_0\left(\frac{\sin^2(N\delta/2)}{\sin^2(\delta/2)}\right) \tag{6-7}$$

풀이

식 (6-7)에서 $\delta=kd\sin\theta$이므로 다음과 같이 쓸 수 있다.

$$I(\theta)=I_0\left(\frac{\sin^2(Nkd\sin\theta/2)}{\sin^2(kd\sin\theta/2)}\right)$$

$\sin^2(Nkd\sin\theta/2)$항은 빠르게 변하는데, 그 크기를 변조하는 함수인 $\{\sin(kd\sin\theta/2\}^{-\frac{1}{2}}$는 상대적으로 천천히 변한다. 따라서 주요 최대값은 $\delta=2m\pi(m=0,\ \pm1,\ \pm2,\ \cdots)$를 만족하는 각 θ_m에서 일어난다.

$$\delta_m=kd\sin\theta_m=2m\pi$$
$$\left(\frac{2\pi}{\lambda}\right)d\sin\theta_m=2m\pi$$
$$\therefore d\sin\theta_m=\lambda m$$

또한 회절무늬 강도 I의 최대값은 로피탈 정리로부터

$$I_{max}=\lim_{\theta\to0}I_0\frac{\sin^2(Nkd\sin\theta/2)}{\sin^2(kd\sin\theta/2)}$$
$$=N^2I_0$$

를 얻는다.

전체 광원의 개수를 N, 선광원의 폭을 D라고 하자. 이 선광원은 M개의 미소선분 Δy_i의 집합으로 이루어져 있다. 각각의 미소선분 Δy_i에서 방출되는 광파가 서로 가간섭적이고 N을 무수히 큰 수로 가정하면 미소선분 Δy_i에는 $(N/D)\Delta y_i$개의 점광원이 있으며 i번째 미소선분 Δy_i에 의한 관측점 P에서의 전기장 세기는

$$E_i=\left(\frac{\varepsilon_0}{r_i}\right)e^{i(\omega t-kr)}\left(\frac{N}{D}\right)\Delta y_i \tag{6-9}$$

로 쓸 수 있다. N을 ∞로 확장하면 점광원 배열은 가간섭성이 있는 연속적인 선광원이 된다. 연속적인 선광원이 단위길이 당 방출하는 광파의 진폭 크기 ε_L을 다음과 같이 정의하자.

$$\varepsilon_L=\frac{1}{D}\lim_{N\to 0}(\varepsilon_0 N) \tag{6-10}$$

따라서 식 (6-9)와 (6-10)을 이용하여 M개의 미소선분으로 이루어진 연속적인 선광원 전체가 관측점 P에 만드는 전기장은

$$E(r,\ t)=\sum_{i=1}^{M}\frac{\varepsilon_L}{r_i}e^{i(\omega t-kr)}\Delta y_i \tag{6-11}$$

가 되며 연속적인 선광원으로 확장하면 $\Delta y_i \to dy$, $\Sigma \to \int$ 로 연산할 수 있으며 식 (6-12)는 다음과 같이 정적분 형태로 일반화할 수 있다.

$$E(r,\ t)=\varepsilon_L\int_{-D/2}^{D/2}\frac{e^{i(\omega t-kr)}}{r}dy \tag{6-12}$$

6.2 프라운호퍼 회절

6.2.1 단일 슬릿(Single Slit)에 의한 회절

그림 6-6에서와 같이 슬릿의 폭이 D인 단일 슬릿에 의해 관측점 P에 나타나는 회절 현상에 대해 공부해 보기로 하자. 프라운호퍼 회절은 원거리 회절이므로 관측점 P가 광원으로부터 매우 멀리 떨어져 있어서 $R\gg D$이고 $r\simeq R-y\sin\theta$로 근사할 수 있다. 따라서 식 (6-12)로부터 미소선분 dy에 의한 관측점 P에서의 전기장은

$$dE(r,\ t)=\frac{\varepsilon_L}{R}e^{i(\omega t-kr)}dy$$

로 표현할 수 있다. 그러므로 슬릿의 폭이 D인 단일 슬릿에 의한 관측점 P에서의 전기장은 다음과 같이 계산된다.

$$E(r, t) = \frac{\varepsilon_L}{R}\int_{-D/2}^{D/2} e^{i(\omega t - kr)}dy \tag{6-13}$$
$$= \frac{\varepsilon_L}{R}\int_{-D/2}^{D/2} e^{i\{\omega t - k(R - y\sin\theta)\}}dy$$

식 (6-13)의 적분은 $\omega t - kR + ky\sin\theta \equiv u$로 치환하고 양변을 미분하면 $k\sin\theta\, dy = du$가 되고 적분 구간이

$$\int_{-D/2}^{D/2} \rightarrow \int_{\omega t - kR + \frac{D}{2}k\sin\theta}^{\omega t - kR + \frac{D}{2}k\sin\theta}$$

로 바뀌게 된다. 간단한 계산 후 식 (6-13)을 다시 정리하면

$$E(r, t) = \frac{\varepsilon_L}{R}\frac{1}{k\sin\theta}\int e^{iu}du$$

$$= \frac{\varepsilon_L}{R}\frac{1}{ik\sin\theta}[e^{i(\omega t - kR + k\frac{D}{2}\sin\theta)} - e^{i(\omega t - kR - k\frac{D}{2}\sin\theta)}]$$

$$E(r, t) = \frac{\varepsilon_L}{R}\frac{D}{kD\sin\theta/2}e^{i(\omega t - kR)}\left[\frac{e^{ik\frac{D}{2}\sin\theta} - e^{-ik\frac{D}{2}\sin\theta}}{2i}\right]$$

가 된다. 여기서 $\beta \equiv kD\sin\theta/2$로 두면

$$E(r, t) = \frac{\varepsilon_L D}{R}e^{i(\omega t - kR)}\left(\frac{\sin\beta}{\beta}\right) \tag{6-14}$$

를 얻을 수 있다. 따라서 슬릿의 폭이 D인 단일 슬릿에 의해 관측점 P에 나타나는 회절무늬의 강도 $I(\theta)$는

$$I(\theta) = \left(\frac{\varepsilon_L D}{R}\right)^2\left(\frac{\sin\beta}{\beta}\right)^2 \tag{6-15}$$
$$= I(0)\left(\frac{\sin\beta}{\beta}\right)^2$$

로 표현된다. 여기서 $I(0)$는 $\theta = 0$일 때 $I(\theta)$의 값이다.

식 (6-15)를 이용하여 단일 슬릿에 의해 관측점 P에 나타나는 회절무늬의 강도 $I(\theta)$의 최대값과 최소값을 구해 보기로 하자. 회절무늬 강도 $I(\theta)$는 θ와 β의 함수이므로 극값은 $dI/d\beta = 0$의 조건을 만족해야 한다. 따라서

$$\frac{dI}{d\beta} = I(0)\frac{2\sin\beta(\beta\cos\beta - \sin\beta)}{\beta^3} = 0 \tag{6-16}$$

에서 $\sin\beta = 0$, $\beta\cos\beta - \sin\beta = 0$을 만족하는 β값에서 $I(\theta)$의 극값을 얻을 수 있다. 그런데 $\lim_{\beta\to 0}\mathrm{sinc}\,\beta = 0$이므로 두 개의 극값 중에서 $\beta = 0$에서 극대값(최대값)을 가지며 $\sin\beta = 0$을 만족하는 경우에 최소값을 갖는다. 즉,

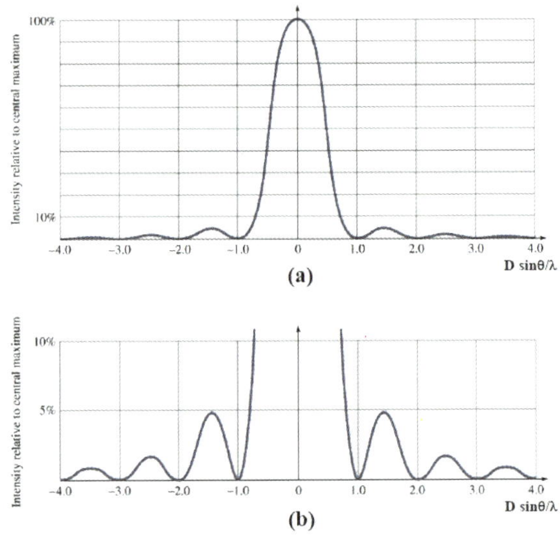

그림 6-7
단일 슬릿에 의한 회절무늬

$$\beta = \frac{1}{2} kD \sin\theta = m\pi \ (m = \pm 1,\ \pm 2,\ \pm 3,\ \cdots) \qquad (6\text{-}17)$$

$$D \sin\theta = m\pi \ (m = \pm 1,\ \pm 2,\ \pm 3,\ \cdots)$$

인 경우에 회절무늬 강도 $I(\theta)$는 최소값 0을 갖는다.

그림 6-8을 이용하여 정성적으로 식 (6-17)이 성립함을 설명해 보기로 하자. 슬릿의 위쪽 가장자리로부터 방출된 광파 a와 슬릿의 중심(정확하게 1/2 아래쪽)에서 방출된 광파 b 사이의 광경로차는 $\frac{1}{2} D \sin\theta$이다.

만약 이 광경로차가 $\frac{1}{2}\lambda$와 같다면 광파 a와 b는 서로 소멸간섭을 일으킬

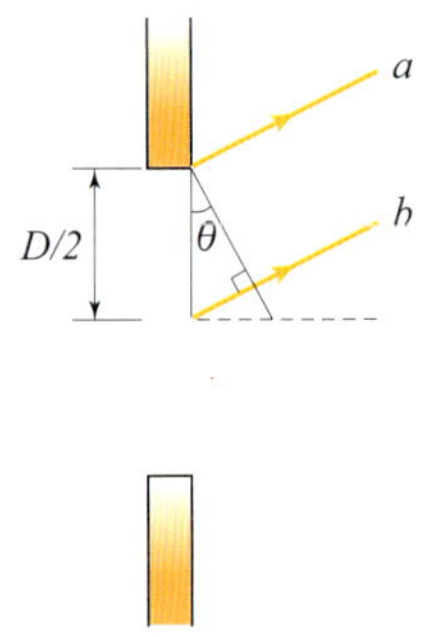

그림 6-8
단일 슬릿에서 발생하는 광파들의 광경로차

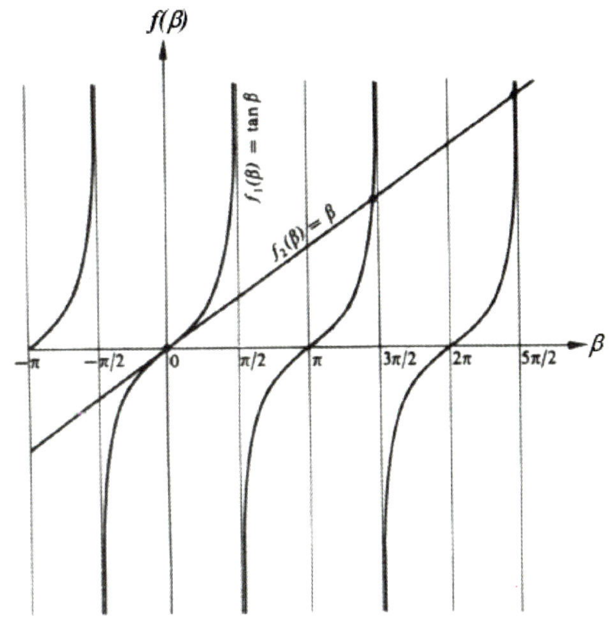

그림 6-9 tan $\beta=\beta$를 만족하는 곡선 $f_1(\beta)=\tan\beta$와 직선 $f_2(\beta)=\beta$의 교점

것이다. 이것을 식으로 나타내면

$$\frac{1}{2}D\sin\theta=\frac{1}{2}\lambda$$

$$D\sin\theta=\lambda$$

로 식 (6-17)에서 $m=1$의 경우와 같음을 알 수 있다.

또 다른 극값의 조건은 최대값이 되는 조건으로

$$\beta\cos\beta-\sin\beta=0 \tag{6-18}$$

$$\tan\beta=\beta$$

이다. 식 (6-18)의 해는 그림 6-9와 같이 그래프를 그려서 결정할 수 있나. 곡선 $f_1(\beta)=\tan\beta$와 직선 $f_2(\beta)=\beta$의 교점에서 두 식은 같은 값을 가지므로 교점의 β값이 식 (6-18)의 해가 된다. 이 극값은 식 (6-17)의 인접한 두 개의 최소값 사이에만 존재하기 때문에 $I(\theta)$는 $\beta\simeq1.4303\pi$, $\pm2.4590\pi$, $\pm3.4707\pi$, … 에서 보조 최대값을 가진다.

예제 6.2

단일 슬릿에 의한 회절

슬릿의 폭이 0.02 mm인 단일 슬릿에 의한 회절무늬를 스크린에서 보았다. 스크린과 슬릿 사이의 거리가 2.0 m이고 사용된 광원의 파장이 500 nm라면 중앙 극대의 폭은 얼마인가?

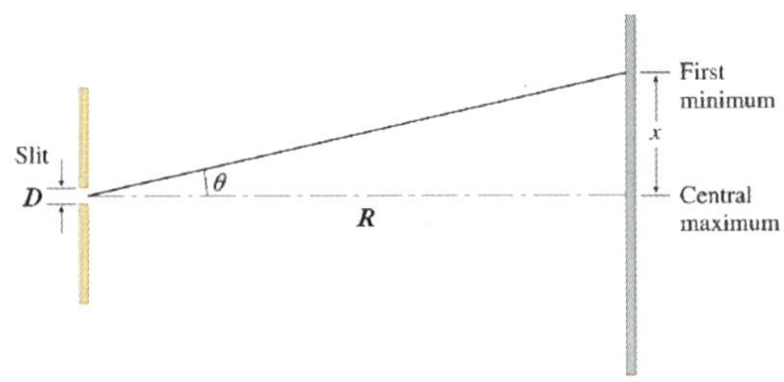

풀이

단일 슬릿에 의한 회절무늬의 최소 조건은 다음과 같다.

$$D \sin \theta = m\lambda \ (m = \pm 1,\ \pm 2,\ \pm 3,\ \cdots)$$

제 1 극소값은 $m=1$일 때이며 θ는 매우 작은 값이다. 따라서

$$D \sin \theta \simeq D \tan \theta = m\lambda$$

$$D \frac{x}{R} = \lambda$$

$$x = \frac{\lambda R}{D}$$

$$= \frac{500 \times 10^{-9} \times 2.0}{0.02 \times 10^{-3}}$$

$$= 5.0 \times 10^{-2}\ (\mathrm{m})$$

중심 극대값의 폭은 $2x$이므로 10 cm이다.

6.2.2 이중 슬릿(Double Slit)에 의한 회절

그림 6-10에서와 같이 슬릿 중심 사이의 간격이 a, 슬릿의 폭이 b인 이중 슬릿에 의해 관측점 P에 나타나는 회절 현상에 대해 공부해 보기로 하자. 단일 슬릿의 경우에서와 마찬가지로 프라운호퍼 회절이므로 관측점 P가 광원으로

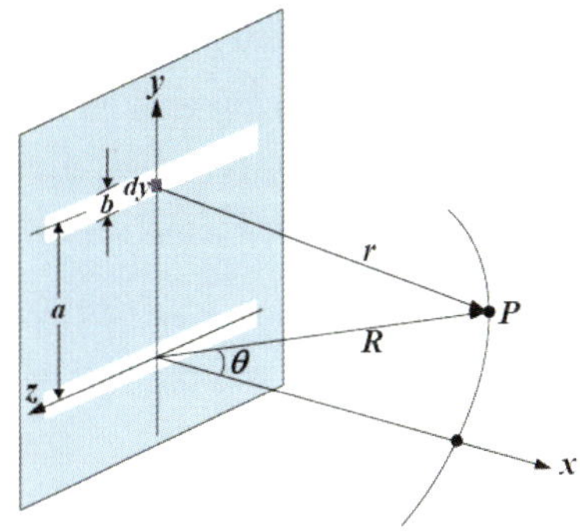

그림 6-10 이중 슬릿에 의한 회절

부터 매우 멀리 떨어져 있어서 $R \gg a$, b이고 $r \simeq R - y \sin\theta$로 근사할 수 있으며 식 (6-12)로부터 미소선분 dy에 의한 관측점 P에서의 전기장은

$$dE = \frac{\varepsilon_L}{R} e^{i(\omega t - kr)} dy$$

로 표현할 수 있다.

그러므로 슬릿 중심 사이의 간격이 a, 폭이 b인 이중 슬릿에 의한 관측점 P에서의 전기장은 다음과 같이 계산된다.

$$E(r, t) = \frac{\varepsilon_L}{R}\int_{-\frac{1}{2}b}^{\frac{1}{2}b} e^{i(\omega t - kr)} dy + \frac{\varepsilon_L}{R}\int_{a-\frac{1}{2}b}^{a+\frac{1}{2}b} e^{i(\omega t - kr)} dy \tag{6-19}$$

$$= \frac{\varepsilon_L}{R}\int_{-\frac{1}{2}b}^{\frac{1}{2}b} e^{i[\omega t - k(R - y\sin\theta)]} dy + \frac{\varepsilon_L}{R}\int_{a-\frac{1}{2}b}^{a+\frac{1}{2}b} e^{i[\omega t - k(R - y\sin\theta)]} dy$$

식 (6-19)의 적분은 단일 슬릿의 경우에서와 마찬가지로 $ky \sin\theta \equiv u$로 치환하여 계산하면 식 (6-19)는

$$E(r, t) = \frac{\varepsilon_L}{R}\frac{1}{k\sin\theta} e^{i(\omega t - kR)}\left\{\int_{-b/2}^{b/2} e^{iu} du + \int_{a-b/2}^{a+b/2} e^{iu} du\right\}$$

가 되며 약간의 계산을 하여 정리하면

$$E(r, t) = \frac{\varepsilon_L}{R}\frac{2b}{kb\sin\theta/2} e^{i(\omega t - kR)}\left[\sin\left\{k\left(\frac{a}{2} + b\right)\sin\theta\right\} - \sin\left\{k\frac{a}{2}\sin\theta\right\}\right]$$

가 된다. 여기서 $\sin A - \sin B = 2\sin\frac{A-B}{2}\cos\frac{A+B}{2}$를 이용하고 $\beta \equiv \frac{1}{2}kb \sin\theta$, $\gamma \equiv \frac{1}{2}k(a+b)\sin\theta$로 두면

$$E(r, t) = \frac{2\varepsilon_L b}{R} e^{i(\omega t - kR)} \left(\frac{\sin\beta}{\beta}\right) \cos\gamma \tag{6-20}$$

를 얻을 수 있다. 따라서 슬릿 중심 사이의 간격이 a, 폭이 b인 이중 슬릿에 의해 관측점 P에 나타나는 회절무늬의 강도 $I(\theta)$는

$$I(\theta) = 4\left(\frac{\varepsilon_L b}{R}\right)^2 \left(\frac{\sin\beta}{\beta}\right)^2 \cos^2\gamma \tag{6-21}$$

$$= 4I_0 \left(\frac{\sin\beta}{\beta}\right)^2 \cos^2\gamma$$

로 표현된다.

식 (6-21)에서 b가 아주 작은 값을 가지면 $\lim_{b\to 0}\left(\frac{\sin\beta}{\beta}\right) = 1$이 되므로 회절무늬의 강도 $I(\theta)$는 $I(\theta) = 4I_0 \cos^2\gamma$가 되어 이중 슬릿에 의한 영의 간섭실험과 결과가 동일함을 알 수 있다. 슬릿의 간격 b가 0에 가까워지면 연속적인 선광원이 두 개의 점광원으로 귀착되므로 정성적으로 영의 실험과 같음을 짐작할 수 있다.

반면에 $\gamma = a + b = 0$이면 두 슬릿은 단일 슬릿으로 되고 식 (6-21)은 $I(\theta) = 4I_0 \sin c^2\,\beta$가 되어 단일 슬릿에 의한 회절무늬의 강도 식 (6-15)와 같게 된다.

예제 6.3

이중 슬릿에 의한 회절

이중 슬릿에 의한 회절 실험에서 슬릿으로부터 스크린 사이의 거리가 50 cm, 사용한 광원의 파장이 500 nm, 슬릿 중심 사이의 간격은 0.1 mm, 폭이 0.02 mm일 때 (a) 이웃하는 밝은 무늬 사이의 간격을 구하시오. (b) 회절무늬의 주요 최대값(중심 극대값)과 첫 번째 최소 위치 사이의 거리를 구하시오.

풀이

(a) 이웃하는 밝은 무늬 사이의 간격응 영의 간섭실험의 결과와 같다.

따라서 간섭무늬의 밝은 무늬 조건은 식 (3-30)으로 주어진다.

$$r_2 - r_1 = \frac{yd}{L} = m\lambda$$

$$y_{m+1} - y_m = \frac{\lambda L}{d}$$

$$= \frac{0.5 \times 500 \times 10^{-9}}{0.1 \times 10^{-3}}$$

$$=2.5\times10^{-3}\,(\text{m})$$
$$=2.5\ (\text{mm})$$

(b) 회절무늬의 첫 번째 최소조건은 $a\sin\theta=m\lambda\rightarrow\sin\theta=\lambda/a(m=1)$이다.

$$y_1=L\tan\theta\simeq L\sin\theta$$
$$=0.5\times\frac{500\times10^{-9}}{0.02\times10^{-3}}$$
$$=1.25\times10^{-2}\,(\text{m})$$
$$=12.5\ (\text{mm})$$

사라진 차수(Missing Order)

그림 6-11은 슬릿 중심 사이의 거리 a와 슬릿 폭이 $b(a=5b)$인 이중 슬릿에 의한 회절무늬 강도를 보여주는 그림으로 단일 슬릿에 의해 형성된 회절무늬와 영의 이중 슬릿에 의한 간섭무늬가 합성되어 있는 것을 볼 수 있다.

그림 6-11에서 회절무늬 봉우리(envelope)의 최소값은

$$\beta=\pm\pi,\ \pm2\pi,\ \pm3\pi,\ \cdots=m\pi(m=\pm1,\ \pm2,\ \pm3,\ \cdots)$$
$$b\sin\theta=m\lambda(m=\pm1,\ \pm2,\ \pm3,\ \cdots)$$

이다. 반면에 이중 슬릿의 간섭에 의한 간섭무늬($\cos^2\gamma$)의 최대값은

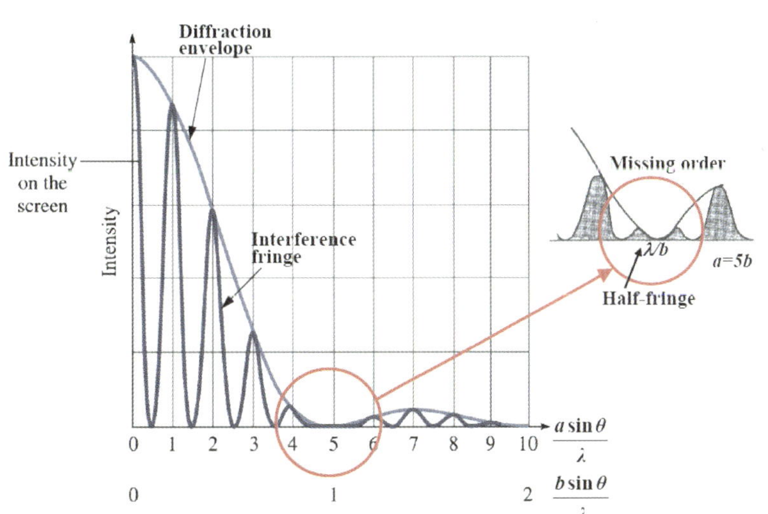

그림 6-11 이중 슬릿에 의한 회절무늬와 사라지는 차수($a=5b$)

$$\gamma=0,\ \pm\pi,\ \pm2\pi,\ \pm3\pi,\ \cdots=n\pi(n=0,\ \pm1,\ \pm2,\ \pm3,\ \cdots)$$

$$(a+b)\ \sin\ \theta=n\lambda(n=0,\ \pm1,\ \pm2,\ \pm3,\ \cdots)$$

가 된다. 그런데 $a=pb(p=1, 2, 3, \cdots)$인 특별한 경우를 생각해 보자. 만약 그림 6-11에서와 같이 $p=5$면 5 번째 간섭무늬 극대와 회절무늬 봉우리의 최소값이 만나게 되어 5 번째 간섭무늬 극대가 사라지게 된다. 이것을 사라진 차수(missing order)라고 한다.

예제 6.4

사라진 차수

그림 6-11에서와 같이 $a=5b$인 경우 회절무늬 봉우리 내에 있는 간섭무늬 극대는 몇 개가 있겠는가?

풀이

$a=pb(p=1, 2, 3, \cdots)$인 경우 각각의 회절무늬 봉우리 내에는 $2p$개의 간섭무늬 극대가 존재한다. 그림 6-11에서 보는 바와 같이 $p=5$이면 10 개의 간섭무늬 극대가 존재한다.

봉우리의 오른쪽에 4개, 왼쪽에 4개, 중앙에 1개, 그리고 사라진 차수는 $0.5\times2=1$개로 각각의 회절무늬 봉우리 내에 10 개의 간섭무늬 극대가 존재하게 된다.

6.2.3 다중 슬릿(Grating)에 의한 회절

그림 6-12에서와 같이 슬릿 중심 사이의 간격이 a, 슬릿의 폭이 b, 그리고 슬릿의 개수가 N인 다중 슬릿에 의해 관측점 P에 나타나는 회절 현상에 대해 알아보기로 하자. 앞에서와 마찬가지로 프라운호퍼 회절로 가정하면 관측점 P가 광원으로부터 매우 멀리 떨어져 있어서 $R\gg a,\ b$이고 $r\simeq R-y\sin\theta$로 근사할 수 있으며 식 (6-12)로부터 미소선분 dy에 의한 관측점 P에서의 전기장은

$$dE=\frac{\varepsilon_L}{R}\ e^{i(\omega t-kr)}dy$$

로 표현할 수 있다.

따라서 슬릿 중심 사이의 간격이 a, 슬릿의 폭이 b, 그리고 슬릿의 개수가

그림 6-12

다중 슬릿(grating)에 의한 회절

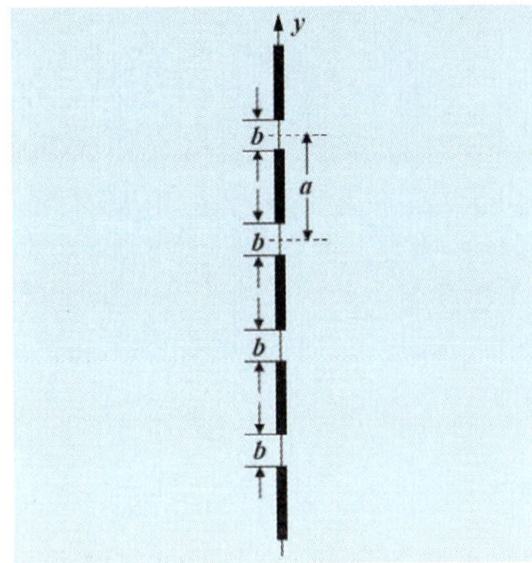

N인 다중 슬릿에 의한 관측점 P에서의 전기장은 다음과 같이 계산된다.

$$E(r,\ t)=\frac{\varepsilon_L}{R}\int_{-\frac{1}{2}b}^{\frac{1}{2}b} e^{i(\omega t-kr)}dy+\frac{\varepsilon_L}{R}\int_{a-\frac{1}{2}b}^{a+\frac{1}{2}b} e^{i(\omega t-kr)}dy+\cdots \qquad (6\text{-}22)$$

$$\cdots+\frac{\varepsilon_L}{R}\int_{(N-1)a-\frac{1}{2}b}^{(N-1)a+\frac{1}{2}b} e^{i(\omega t-kr)}dy$$

r을 $R-y\sin\theta$로 바꾸어 식 (6-22)를 다시 쓰면

$$E(r,\ t)=\frac{\varepsilon_L}{R}\int_{-\frac{1}{2}b}^{\frac{1}{2}b} e^{i[\omega t-k(R-y\sin\theta)]}dy+\frac{\varepsilon_L}{R}\int_{a-\frac{1}{2}b}^{a+\frac{1}{2}b} e^{i[\omega t-k(R-y\sin\theta)]}dy+\cdots \qquad (6\text{-}23)$$

$$\cdots+\frac{\varepsilon_L}{R}\int_{(N-1)a-\frac{1}{2}b}^{(N-1)a+\frac{1}{2}b} e^{i[\omega t-k(R-y\sin\theta)]}dy$$

식 (6-23)의 적분은 단일 슬릿과 이중 슬릿의 경우에서와 마찬가지로 $ky\sin\theta\equiv u$로 치환하여 계산하면 식 (6-23)은

$$E(r,\ t)=\frac{\varepsilon_L}{R}\frac{1}{k\sin\theta}\ e^{i(\omega t-kR)}\Big[\int_{-\frac{b}{2}}^{\frac{b}{2}} e^{iu}du+\int_{a-\frac{b}{2}}^{a+\frac{b}{2}} e^{iu}du+\cdots \qquad (6\text{-}23)$$

$$\cdots+\frac{\varepsilon_L}{R}\int_{(N-1)a-\frac{b}{2}}^{(N-1)a+\frac{b}{2}} e^{iu}du\Big]$$

가 되며 약간의 계산을 하여 정리하면

$$E(r,\ t)=\frac{\varepsilon_L b}{R}e^{i(\omega t-kR)}\Big[\frac{\sin\beta}{\beta}+e^{ika\sin\theta}\frac{\sin\beta}{\beta}+\cdots+e^{ik(N-1)a\sin\theta}\frac{\sin\beta}{\beta}\Big] \qquad (6\text{-}23)$$

$$=\frac{\varepsilon_L b}{R}e^{i(\omega t-kR)}\frac{\sin\beta}{\beta}\left\{1+e^{ika\sin\theta}+\cdots+e^{ik(N-1)a\sin\theta}\right\}$$

$$=\frac{\varepsilon_L b}{R}e^{i(\omega t-kR)}\frac{\sin\beta}{\beta}\left\{1+e^{i\delta}+\cdots+e^{i(N-1)\delta}\right\}$$

가 된다. 여기서 β는 $\beta\equiv\frac{1}{2}kb\sin\theta$이고 δ는 $\delta=kd\sin\theta=2\alpha$이다. 위 식에서 중괄호안의 값은 초항이 1, 항수가 N, 공비가 $e^{i\delta}$인 등비수열로

$$\{1+(e^{i\delta})+(e^{i\delta})^2+(e^{i\delta})^3+\cdots+(e^{i\delta})^{N-1}\}=\frac{e^{i\delta N}-1}{e^{i\delta}-1} \tag{6-4}$$

이다. 앞에서 공부한 6.1.3의 N 개의 가간섭적 광원에 의한 간섭에서 계산한 결과를 이용하면 식 (6-4)는

$$\frac{e^{i\delta N}-1}{e^{i\delta}-1}=e^{i\frac{(N-1)\delta}{2}}\left(\frac{\sin N\delta/2}{\sin\delta/2}\right)=e^{i(N-1)\alpha}\left(\frac{\sin N\alpha}{\sin\alpha}\right)$$

로 나타낼 수 있다. 따라서 슬릿 중심 사이의 간격이 a, 슬릿의 폭이 b, 그리고 슬릿의 개수가 N인 다중 슬릿에 의한 관측점 P에서의 전기장 $E(r, t)$는

$$E(r,\ t)=\frac{\varepsilon_L b}{R}e^{i(\omega t-kR)}e^{i(N-1)\alpha}\frac{\sin\beta}{\beta}\left(\frac{\sin N\alpha}{\sin\alpha}\right) \tag{6-24}$$

으로 표현할 수 있다. 회절무늬의 강도 $I(\theta)$는 $I\propto EE^*/2$이므로 슬릿 중심 사이의 간격이 a, 슬릿의 폭이 b, 그리고 슬릿의 개수가 N인 다중 슬릿이 만드는 회절무늬의 강도 $I(\theta)$는

$$I(\theta)=I_0\left(\frac{\sin\beta}{\beta}\right)^2\left(\frac{\sin N\alpha}{\alpha}\right)^2 \tag{6-25}$$

로 주어진다. 여기서 I_0는 슬릿 하나가 관측점에 만드는 강도이다. 예로 슬릿의 폭 b가 $b\to 0$으로 줄어든다면 식 (6-25)는 N개의 가간섭적 광원에 의한 간섭의 결과인 식 (6-7)로 귀착된다.

그림 6-13은 $N=6$, $a=4b$인 다중 슬릿에 의한 회절무늬 강도를 보여주는 그림으로 sinc$^2\beta$가 만드는 회절무늬 봉우리 내에 $\frac{\sin^2 N\alpha}{\sin^2\alpha}$의 간섭무늬 항이 합성되어 나타난다. 회절무늬 강도의 주요 최대값 (principal maxima)은 $\alpha=0,\ \pm\pi,\ \pm 2\pi,\ \cdots$인 경우($\sin N\alpha/\sin\alpha=N$)로

$$a\sin\theta_{\max}=m\lambda(m=0,\ \pm 1,\ \pm 2,\ \pm 3,\ \cdots)$$

을 만족할 때 나타난다. 반면에 최소값은 간섭항 $\left(\frac{\sin N\alpha}{\sin\alpha}\right)^2\to 0$인 경우에 해당

그림 6-13

$N=6$, $a=4b$인 다중 슬릿에 의한 회절무늬 강도

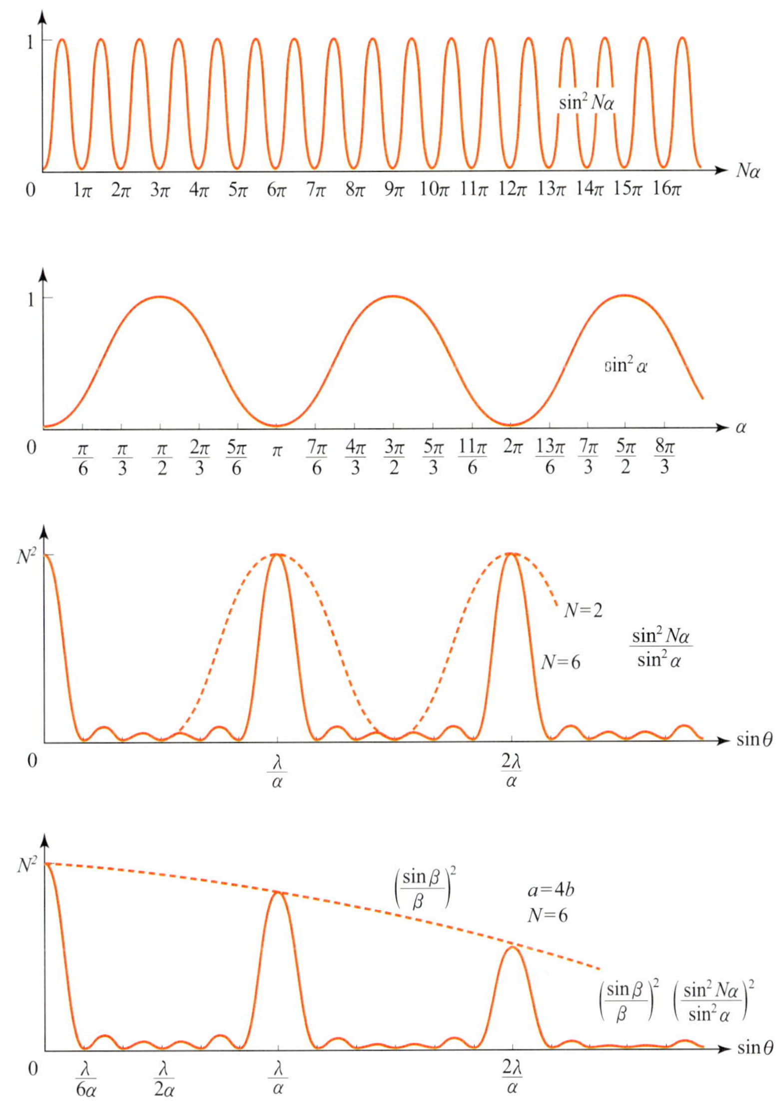

된다. 즉,

$$\sin N\alpha = 0$$

$$N\alpha = 0,\ \pm\pi,\ \pm 2\pi,\ \cdots = p\pi (p \neq 0,\ N,\ 2N,\ \cdots)$$

의 조건에 해당된다. 여기서 p는 정수이다. 만약 $p=0,\ N,\ 2N,\ \cdots$이면 $\alpha=0$, $\pm\pi,\ \pm 2\pi,\ \cdots$가 되어 간섭항의 분모도 0이 되며 로피탈 정리에 의해 주요 최

대값 조건이 된다. 따라서 최소 조건은 $\alpha=\frac{p}{N}\pi(p\neq 0, N, 2N, \cdots)$으로

$$a\sin\theta_{\min}=\frac{p}{N}\lambda$$

가 된다. 인접한 주요 최대값 사이에는 $N-1$ 개의 최소값과 $N-2$ 개의 보조 최대값(subsidiary maxima)이 존재함을 알 수 있다.

6.2.4 원형 Aperture에 의한 회절

그림 6-14에서와 같이 반경이 a인 원형 aperture에 의해 관측점 P에 나타나는 회절 현상을 살펴보기로 하자. 여러 가지 슬릿의 경우에서와 마찬가지로 프라운호퍼 회절이므로 관측점 P가 광원으로부터 매우 멀리 떨어져 있어서 $R\gg a(D)$이고 $r\simeq R-y\sin\theta$로 근사할 수 있다. 식 (6-12)를 사용하여 회절된 빛의 전기장을 계산하기 위해서 그림 6-14에서와 같이 원형 aperture를 두께가 dy인 단일 슬릿의 집합으로 생각할 수 있다. 원형 aperture의 중심으로부터 y 지점에 있는 단일 슬릿은 두께 dy, 길이 $2\sqrt{a^2-y^2}$인 미소 단일 슬릿이라고 할 수 있다.

두께 dy, 길이 $2\sqrt{a^2-y^2}$인 미소 단일 슬릿에 의한 관측점 P에서의 전기장은

$$dE=\frac{\varepsilon_A}{R}e^{i(\omega t-kr)}dA$$

로 표현할 수 있다. 여기서 R은 원형 aperture에서 스크린(관측점)까지의 평균 거리, ε_A는 원형 aperture에 있어서 단위 면적 당 광원의 강도를 나타내며 dA는 두께 dy, 길이 $2\sqrt{a^2-y^2}$인 미소 단일 슬릿의 면적이다.

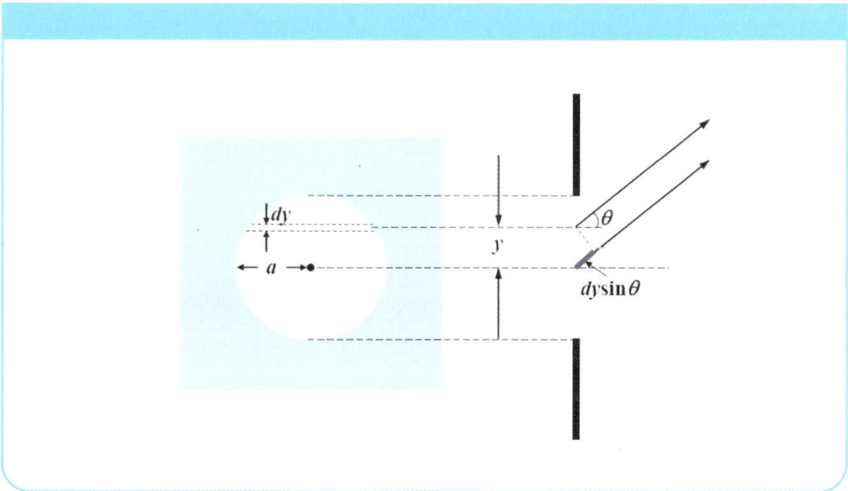

그림 6-14 원형 aperture에서 일어나는 회절의 구도

따라서 반경이 a인 원형 aperture에 의해 관측점 P에 나타나는 전기장은 다음과 같이 계산된다.

$$E(r, t)=\frac{\varepsilon_A}{R}e^{i(\omega t-kR)}\int_{-a}^{a}e^{iky\sin\theta}\cdot 2\sqrt{a^2-y^2}dy \tag{6-26}$$

여기서 다음과 같이 u와 ρ를 정의하자.

$$u=\frac{y}{a},\ \rho=ka\sin\theta \tag{6-27}$$

식 (6-27)을 이용하여 식 (6-26)을 다시 쓰면,

$$E=2\frac{\varepsilon_A}{R}a^2e^{i(\omega t-kR)}\int_{-1}^{1}e^{i\rho u}\sqrt{1-u^2}du \tag{6-28}$$

식 (6-28)의 적분은 널리 알려진 형태로 바로 베셀(Bessel) 1차 함수를 나타내는 적분이다. 즉,

$$\int_{-1}^{1}e^{i\rho u}\sqrt{1-u^2}du=\pi J_1(\rho)/\rho$$

이다. 그러므로 식 (6-28)은

$$E=2\pi\frac{\varepsilon_A}{R}a^2e^{i(\omega t-kR)}\frac{J_1(\rho)}{\rho} \tag{6-29}$$

이 된다. 따라서 회절무늬의 강도 $I(\rho)$는 전기장 크기의 제곱이므로 다음과 같이 나타낼 수 있다.

$$I(\rho)=|E|^2=I_0\left(\frac{2J_1(\rho)}{\rho}\right) \tag{6-30}$$

식 (6-30)에서 I_0는 θ 또는 ρ가 0인 경우 회절무늬의 강도이며 $I_0=\left(\frac{\varepsilon_A}{R}\pi a^2\right)^2$이다. ρ를 변화시키면서 식 (6-29)의 값을 그려보면 그림 6-15와 같이 된다.

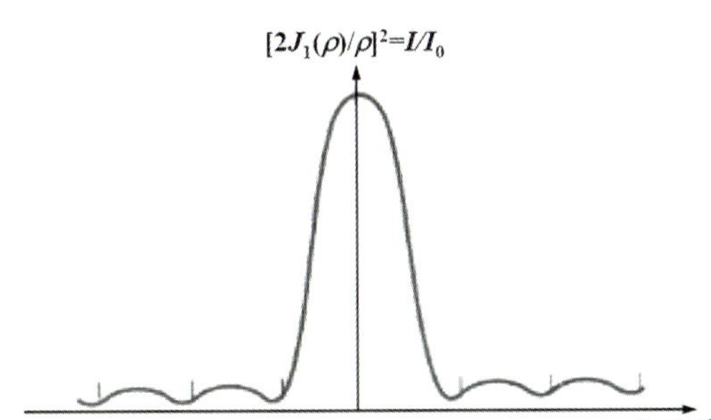

그림 6-15 원형 aperture에서 회절된 빛의 공간적인 강도 분포

그림 6-16 원형 aperture에서 나타나는 프라운호퍼 회절무늬

이것은 단일 슬릿에 의한 회절무늬와 비슷한 것 같으나 실제로 회절무늬를 스크린에서 관찰하면 그림 6-16과 같이 원형 대칭성을 가진다. 중앙의 밝은 영역을 에어리 원판(Airy disk)이라고 부르며, 이를 중심으로 동심원 형태의 밝은 무늬들이 나타나고 있다.

에어리 원판의 반경을 회절무늬 강도가 처음으로 0이 되는 지점까지의 거리로 정의하면, 에어리 원판의 반경은 1차 베셀 함수가 최초로 0이 되는 ρ의 값에 의해 결정된다. 베셀 함수를 컴퓨터를 이용하여 계산해 보면 ρ의 값이 약 3.83임을 알 수 있다. 그러므로 에어리 원판의 각 반지름(angular radius)을 θ_{airy}라고 하면

$$\theta_{\text{airy}} = \frac{3.83}{ka} = \frac{3.83\lambda}{2\pi a} = \frac{2.44\lambda}{2a} = 1.22\frac{\lambda}{D} \tag{6-31}$$

로 표현할 수 있다. 식 (6-31)에서 D는 $2a$로서 바로 원형 aperture의 지름이다. 보통 $\lambda \ll D$이므로, 식 (6-31)을 다음과 같이 근사하여 에어리 원판의 각 반지름 θ_{airy}를 다음과 같이 쓸 수 있다.

$$\sin\theta_{\text{airy}} \simeq \theta_{\text{airy}} = 1.22\frac{\lambda}{D} \tag{6-32}$$

레일레이 규준(Rayleigh Criterion)

그림 6-17 (a)는 서로 가까이 있는 두 광원이 원형 aperture를 통과하여 생긴 회절무늬이다. 광원이 두 개이므로 원형 aperture에 의한 회절무늬가 두 개임을 알 수 있다. 그림 6-17 (b)는 (a)보다도 두 광원이 더욱 가깝게 인접하고 있는 경우이다. 이 경우에는 회절무늬가 겹쳐서 두 개의 에어리 원판이 분리되어 보이지 않으므로 광원이 두 개인지 한 개인지 알기가 어렵다.

Aperture에서 회절이 발생하는 것과 마찬가지로, 지름이 D인 렌즈를 통과

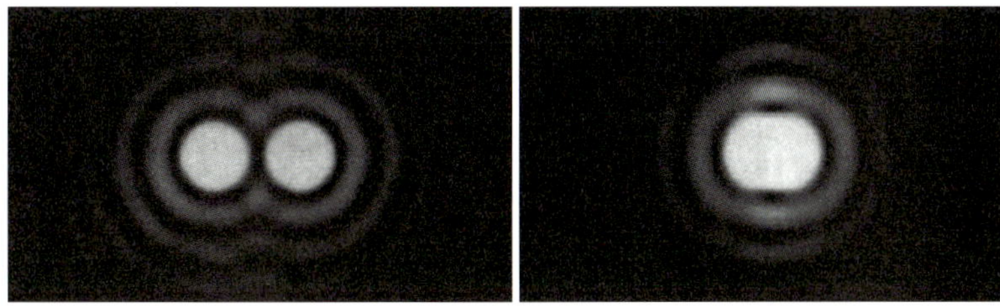

그림 6-17 원형 aperture에 의한 두 광원의 회절무늬 (a) 광원들이 어느 정도 떨어져 있는 경우 (b) 두 광원이 서로 매우 가깝게 인접해 있는 경우

한 빛에서도 역시 같은 크기의 aperture를 통과하는 빛과 같은 회절현상을 관찰할 수 있다. 이것은 회절이 빛과 aperture와의 상호작용에 기인하기 보다는 aperture에 의해 빛의 빔 size가 유한하게 제한을 받기 때문이다.

레이저 빔도 $1.22\lambda/D$의 rate로 퍼져나간다. 여기서 D는 레이저 빔의 지름, λ는 레이저 빔의 파장이다. 이러한 퍼짐은 회중전등 빛에서는 관측할 수 없는데, 그것은 회중전등의 빛은 출발부터가 전혀 평행하지 않기 때문이다. 레이저 빔이나 마이크로파 신호에 대한 장거리 전송에서 회절의 퍼짐은 매우 크다.

이러한 현상을 줄이기 위해, D를 크게 할 수도 있다. 달까지의 거리 측정을 위해 사용된 레이저빔의 경우, 망원경을 통과시켜 D를 크게 함으로써 퍼지는 각도를 매우 작게 하였다. 회절현상 때문에 렌즈나 거울을 사용하는 모든 광학시스템에서 빛을 발생시키는 두 개의 광원이 어떤 거리 이하로 가깝게 있을 경우 광원을 서로 구분할 수 없게 된다.

그렇다면 두 점을 구분할 수 있는 한계는 어떻게 정할 수 있겠는가? 여기에는 여러 가지 규준이 있을 수 있으나 19세기에 **레일레이**(Rayleigh)가 정한 **규준**을 따르는 것이 일반적이다. 레일레이는 그 기준은 다음과 같이 정하였다. **한 점의 회절무늬의 중심이 다른 점의 회절무늬의 에어리 원판의 끝에 바로 겹쳐질 때 두 점은 분해되었다**고 규정하였다.

이것을 다른 말로 하면, 한 점의 회절무늬의 중심이 다른 점의 회절무늬의 에어리 원핀의 내부에 있으면 두 점은 시로 구분되지 않는다. 에어리 원판의 각 반지름(angular radius) θ_{airy}가 $1.22\lambda/D$이므로, aperture에서 보았을 때 두 점이 이루는 각도가 $1.22\lambda/D$ 이상 이면 두 점은 스크린(혹은 회절무늬가 나타나는 상면)에서 서로 구분될 수 있다. 이렇게 두 점이 구분되는 경우 이것을 분해(resolution)가 가능하다고 하고, 반대의 경우를 두 점이 서로 분해되지 않았다고 한다.

예제 6.5

레일레이 규준

궤도를 도는 허블 우주망원경의 주 거울은 지름이 2.40 m이다. (a) 분해가 가능한 최소 점광원(두 개의 별)의 각도는 얼마인가? 이 때 빛의 파장은 550 nm이다. (b) 만일 이 두 별들이 지구로부터 약 2백만 광년만큼 떨어진 곳에 있다면, 두 별들이 분해될 수 있는 서로 간의 최소 거리는 얼마인가?

풀이

(a) 레일레이 기준의 분해 가능한 최소각은 $\theta=1.22\ \lambda/D$이므로, 분해가 가능한 최소 각도 θ는

$$\theta=1.22\frac{550\times10^{-9}}{2.4}=2.8\times10^{-7}\ (\text{rad})$$

이다.

(b) 관측점으로부터 거리 r만큼 멀리 떨어진 곳에 있고 관측점으로부터 각 θ를 이루고 있는 두 별 사이의 거리 $d=r\theta$이므로

$$d=2.0\times10^{6}\times2.80\times10^{-7}=0.56(\text{ly})$$

이다.

연습문제

1. 파란색의 파장을 광원으로 사용하여 단일 슬릿에 의한 회절무늬를 스크린에서 관찰하였더니 회절무늬의 중심 극대 폭이 2.0 cm였다. 만일 파란색의 파장을 광원으로 사용하였다면 회절무늬의 중심 극대 폭은 넓어지겠는가 아니면 좁아지겠는가?

2. 파장이 500 nm인 빛을 슬릿의 폭이 0.5 mm인 단일 슬릿에 입사시켜 슬릿으로부터 2 m 떨어진 스크린에서 그림과 같은 회절무늬를 관찰하였다. 거리 S를 계산하시오.

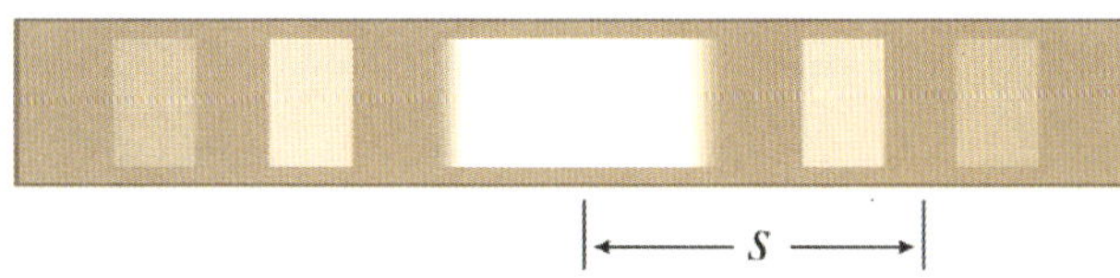

3. N 개의 가간섭 광원이 만드는 회절무늬의 강도 I는 식 (6-7)인

$$I(\theta)=I_0\frac{\sin^2(N\delta/2)}{\sin^2(\delta/2)}$$

으로 표현할 수 있다. 만약 $N=2$인 경우에는 $I=4I_0\cos^2(\delta/2)$와 같이 되어 영의 이중 슬릿에 의한 간섭의 결과와 일치함을 증명하시오.

4. 광축과 관측점은 30° 의 각을 이루고 있다. 단일 슬릿에 의한 프라운호퍼 회절에서 1차 최소가 나타나려면 슬릿의 폭은 파장의 몇 배가 되어야 하는가?

5. 폭이 0.1 mm인 슬릿에 단색광의 광원을 조사하였다. 슬릿으로부터 2 m 떨어진 스크린 위에 두 개의 2차 최소점들이 서로 2 cm 만큼 떨어져 있다. 광원의 파장을 계산하시오.

6. 슬릿 중심 사이의 간격이 a, 슬릿의 폭이 b인 이중 슬릿이 만드는 회절무늬에서 중앙의 밝은 회절무늬 봉우리 내에 12 개의 밝은 무늬가 놓여 있을 조건을 구하시오.

7. 파장이 500 nm인 단색 광원을 폭이 좁은 단일 슬릿에 조사시켰다. 회절무늬의 가장 밝은 곳의 좌우로 첫 번째 어두운 무늬들 사이의 각도가 1.0° 였다. 단일 슬릿의 폭을 구하시오.

8. 아래 그림과 같이 슬릿 중심 사이의 간격 a와 슬릿의 폭 b 사이에 $a=3b$의 관계를 만족하는 이중 슬릿이 있다. 이 이중 슬릿이 만드는 회절무늬의 중앙 밝은 회절무늬 봉우리 내에 몇 개의 밝은 간섭무늬가 있겠는가?

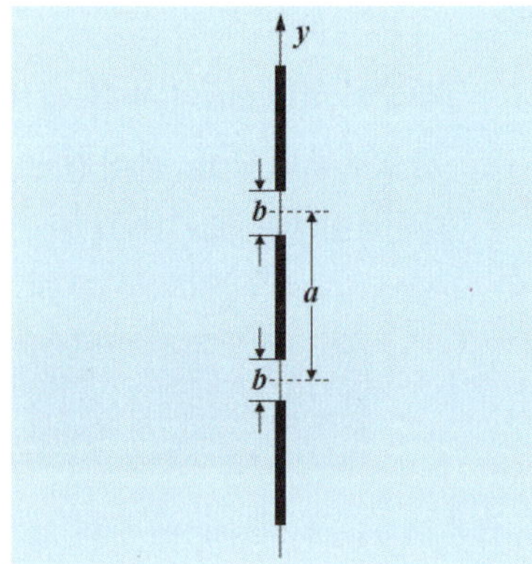

9. 눈동자의 지름이 10 mm인 눈으로 500 mm 떨어져 있는 두 물체를 구별하여 볼 수 있을 때 두 물체 사이의 최소 거리를 계산하시오. 단 빛의 파장은 500 nm로 할 것.

10. 2차 회절광을 이용하는 grating으로 파장이 500 nm인 빛을 30° 의 각도로 회절시킨다. 사용한 grating의 lines/mm 수를 계산하시오.

11. 광원의 간격이 a인 N 개의 가간섭 광원이 있다. 이 광원들이 임의의 관측점에 만드는 무늬의 강도 $I(\theta)$가 다음과 같이 주어질 때, 다음 물음에 답하시오.

$$I(\theta)=I_0\frac{\sin^2(N\delta/2)}{\sin^2(\delta/2)}$$

여기서 I_0는 관측점에 도달하는 점광원 하나의 강도이며 δ는 각 광원간의 위상차이다.

(1) δ를 구하시오.

(2) $I(\theta)$가 최대가 될 조건을 구하시오.

(3) $I(\theta)$의 최대값을 구하시오.

(4) $N=2$일 때의 강도와 영의 간섭실험에서 만들어지는 간섭무늬의 강도를 물리적으로 비교 설명하시오.

12. 슬릿 간 간격이 $a=4b$, 폭이 인 이중 슬릿이 있다. 이 슬릿으로부터 거

리 R만큼 떨어진 관측점에서의 회절무늬 강도 $I(\theta)$가 다음과 같이 주어질 때, 다음 물음에 답하시오.

$$I(\theta)=4I_0\left(\frac{\sin\beta}{\beta}\right)^2\cos^2\gamma$$

여기서 $\beta=\frac{1}{2}kb\sin\theta$, $\gamma=\frac{1}{2}k(a+b)\sin\theta$이다.

(1) 중앙의 회절무늬 봉우리 내에 몇 개의 간섭무늬 줄이 있겠는가?

(2) 간섭무늬 최대의 missing order를 구하시오.

(3) 슬릿의 폭이 0으로 된다면 $I(\theta)$는 어떻게 되겠는가?

(4) 슬릿간의 간격이 0으로 된다면 $I(\theta)$는 어떻게 되겠는가?

13. 슬릿의 폭이 a인 단일 슬릿이 임의의 관측점에 만드는 회절무늬의 강도는

$$I(\theta)=I(0)\left(\frac{\sin\beta}{\beta}\right)^2$$

이다. 회절무늬의 강도가 극대가 될 조건을 구하시오. 단, $\beta=\frac{1}{2}ka\sin\theta$이다.

14. N 개의 groove를 가진 grating이 임의의 관측점에 만드는 회절무늬의 강도는 다음과 같이 주어진다. 여기서 슬릿 폭은 a, 슬릿 간격은 d이다.

$$I(\theta)=I_0\left(\frac{\sin\beta}{\beta}\right)^2\left(\frac{\sin N\alpha}{\sin\alpha}\right)^2$$

여기서 $\beta=\frac{1}{2}ka\sin\theta$, $\alpha=\frac{1}{2}kd\sin\theta$이다.

(1) 슬릿 폭이 0에 가까워지면 회절무늬 강도 $I(\theta)$가 N 개의 가간섭 광원이 만드는 간섭무늬 강도와 같아짐을 보이시오.

(2) 회절무늬의 강도가 최대가 될 조건을 구하시오.

(3) 회절무늬의 강도가 최소가 될 조건을 구하시오.

(4) 인접하는 두 개의 최대 회절무늬 사이에 몇 개의 최소 회절무늬가 존재하는가?

15. Suerat의 'La Grande Jatte 섬의 일요일 오후' 는 점을 찍어서 그린 특이한 장르의 그림이다. 그림에서 이웃해 있는 두 점들 사이의 간격은 ~2 mm 정도 이다. 만약 사람들의 눈동자 직경이 평균 ~2 mm 정도라면 사람들이 그림의 점들을 구별할 수 없는 최소 거리를 계산하시오.

16. 눈동자의 지름이 4 mm이고 파장이 0.1 nm인 X-ray를 볼 수 있는 슈퍼맨이 있다. 만일 슈퍼맨이 높은 곳에서 월드컵 경기장에 있는 두 개의 축구공을 10 cm 간격까지 분해하여 구별하고자 할 때 이것이 가능한 슈퍼맨의 최대 고도를 계산하시오.

17. He-Ne 레이저의 파장은 632.8 nm이다. 레이저 광선이 방출되는 원형 aperture의 지름이 0.5 cm일 때 레이저로부터 10.0 km 떨어진 곳에서 레이저 빔의 지름은 얼마가 되겠는가?

Chapter 7 레이저 입문

19세기 전반까지도 인공적인 빛이라고는 불꽃이 유일한 것이었다. 횃불, 초, 그리고 천연가스 불꽃들이 실내조명에 사용되었고, 가스 램프들이 도시거리를 밝히는데 사용되었다. 보다 진보된 장치에서는, 산소와 수소 가스의 혼합물이 타오르며 분출되는 곳에 산화칼슘으로 구성된 석회 덩어리를 놓아둔 것도 있었다.

19세기의 마지막 10년 동안에는 백열전구가 등장하였고, 널리 퍼져있는 전력망 덕분에 각 개인 가정과 사무실에서 이것을 사용할 수 있었다. 이것은 사람들의 생활양식까지도 변화시키게 되었다. 처음에 백열전구는 필라멘트를 투명한 유리 공 내부를 진공으로 만들어 그 안에 넣는 방식이었으나, 계속 발전하여 오늘날에는 비활성 기체가 들어있는 우유빛 유리 전구를 사용하고 있다. 오늘날 교실이나 사무실에서 아주 흔한 형광등으로부터 수은 및 나트륨 가스램프를 이용하는 현대적인 형태의 많은 광원들이 개발되어 왔다.

최근 이룩된 가장 중요한 혁신은 확실하게 레이저(LASER: Light Amplification by Stimulated Emission of Radiation)라고 할 수 있는데, 일상적으로 사용되는 열광원들과는 달리 레이저의 출력은 가간섭적인 특성이 있고 열광원들에 비하면 훨씬 더 강한 에너지를 가지고 있다. 이번 장에서는 발광다이오드(LED: Light-Emitting Diode)와 비슷한 작은 반도체 레이저부터 초강력 출력을 가지는 기체 레이저 시스템에 이르기까지 다양한 형태의 레이저에 관해 소개할 것이다. 또한, 어떤 원리로 그러한 레이저가 동작되는지 알아보기로 하자.

7.1 열 복사(Thermal Radiation)

그림 7-1은 특정한 절대온도 T에서 흑체(black body)인 물체가 방출하는 복사의 스펙트럼을 보여주고 있다. 이러한 복사 스펙트럼의 강도 분포는 식 (7-1)로 주어지는 스테판-볼츠만 법칙(Stefan-Boltzmann law)을 따른다.

$$P(\lambda)=\frac{2\pi c^2 h}{\lambda^5}\frac{1}{e^{hc/\lambda kT}-1} \tag{7-1}$$

여기서 $P(\lambda)$는 파장 λ에서의 복사 스펙트럼의 강도, c는 자유공간에서의 빛의 속도, h는 플랑크 상수로 6.626×10^{-34} J · s, k는 1.381×10^{-23} J/K의 값을 가지는 볼츠만 상수, 그리고 T는 절대온도이다.

스테판-볼츠만 법칙은 양자이론의 발전에 지대한 공헌을 했으며 특히 레이저의 기본 이론을 확립하는 토대가 되었다. 여기서 기억해야 할 중요한 점은, 뜨거운 광원에서 나오는 복사 스펙트럼의 강도는 온도가 올라갈수록 함께 증가한다는 것과 최대출력이 나오는 파장은 온도가 올라가면 반대로 짧아진다는 것이다.

열광원에서 이렇게 온도에 따라 최대출력을 발생시키는 파장이 이동하는 것은 이미 잘 알려진 보편적인 현상이었다. 물체의 온도가 올라가면서 처음에 물체는 붉은 빛을 띠게 되는데, 이것은 최대 복사출력이 붉은색 파장이 되었다는 의미는 아니다. 이것은 단지 상당한 양의 복사 에너지가 스펙트럼 상

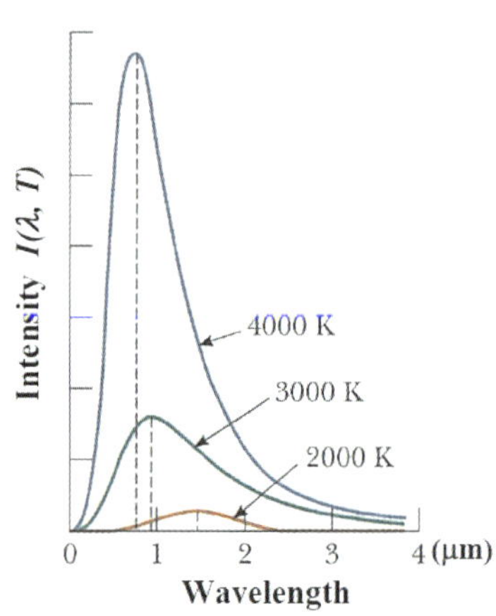

그림 7-1 온도에 따른 흑체복사의 스펙트럼 분포. 온도가 상승함에 따라 가시광선 영역에 점점 더 많은 빛이 나타나게 된다.

에서 붉은 색에 해당하는 부분에서 방출되고 있음을 알려주는 것이다. 이보다 온도가 더 상승하게 되면, 물체는 흰색을 띠게 되는데, 그것은 가시광선 영역 전체에서 골고루 출력이 나오기에 흰색처럼 보이는 것이다. 복사출력 곡선에서 최대 출력이 나오는 파장은 식 (7-2)와 같은 빈(Wien)의 천이 이론에 의해 주어지는데, 이것은 최대출력이 나오는 파장이 달라지는 것을 절대온도의 함수로 보여준다.

$$\lambda_{max} T = 2.898 \times 10^{-3}\,(\mathrm{m} \cdot \mathrm{K}) \qquad (7\text{-}2)$$

예제 7.1

스테판-볼츠만의 법칙

실온(20℃)에서 스테판-볼츠만 곡선의 최대값이 되는 파장은 얼마인가?

풀이

빈의 천이공식 식 (7-2)와 실온 20℃가 절대온도로 293 K임을 이용하면,

$$293\ \lambda_{max} = 2.898 \times 10^{-3}\,\mathrm{m}$$

이다. 그러므로 $\lambda_{max} = 9.9\ \mu\mathrm{m}$임을 얻을 수 있다. 이 파장은 물론 확실히 적외선 영역에 속한다. 최대값이 가시광선이 아니고 적외선인 것이 의외의 일이지만, 실온에서 물체들은 그다지 많은 양의 가시광선을 방출하지는 않기 때문이다.

7.2 복사의 방출과 흡수

어떤 물질이라도 열을 가하게 되면 빛을 방출하지만, 열이 아니라 전기적인 여기와 화학적인 여기를 이용한 자극에 의해서도 물질은 빛을 방출할 수 있다. 기본적으로 빛은 물질 내부에서 진행되는 모종의 과정에 대한 결과물이며 이러한 현상을 이해하기 위하여 마이켈슨(Michelson) 간섭계를 이용하여 근원을 찾을 수 있다.

마이켈슨 간섭계의 한쪽 팔이 다른 쪽 팔과 수 cm 정도의 길이차이가 생기게 되면 열광원으로부터 만들어진 간섭무늬는 사라지게 된다. 이것은 광원에서 개별적으로 방출된 빛의 가간섭 길이(coherence length)가 수 cm 이내라는 것을 의미한다. 이것을 시간적인 관점에서 보면 가간섭 시간(coherence time)이 $\Delta l/c$라고 해석할 수 있다. 여기서 Δl은 간섭계 두 팔의 길이차이이다. 만일 $\Delta l=10$ cm라면, 가간섭 시간은 약 3 ns가 되는데 ns 정도의 시간이라면 원자 내부에서 일어나는 전자적인 과정에 걸리는 시간과 일치한다. 원자 내부에서 일어나는 이 전자들의 천이들이 바로 광 복사의 근원이 된다.

원자들 내의 전자들은 각 원자가 가지는 고유한 성질에 따라서 정해진 에너지 상태들을 점유하고 있다. 예를 들어, 비록 수소와 나트륨은 화학적으로는 대단히 유사한 특성을 가지지만, 수소의 전자들의 에너지 상태는 나트륨 원자의 에너지 상태와는 다르다. 모든 전자들이 핵에 가능한 한 가장 근접해서 모여 있는 상태로서 원자의 가장 낮은 에너지 상태를 **기저상태**(ground state)라고 한다. 기저상태에 있는 원자들은 에너지를 단지 흡수만 할 수 있고 에너지를 방출하는 복사는 일으킬 수 없다. 원자가 일단 에너지를 흡수하여 전자가 기저상태보다 좀 더 높은 에너지 상태로 여기되면 전자들은 에너지를 방출할 수 있게 된다. 전자들이 다시 기저상태로 돌아가면서 방출하는 에너지는 **양자**(quanta) 또는 **광자**(photon)라고 불리는 불연속의 다발로 나타나게 되며, 경우에 따라서 이 에너지는 가시광으로 나타나기도 한다.

원자의 에너지 준위들은 불연속적으로 정해진 값들을 가진다는 것을 알았다. 에너지 보존법칙에 따르면 어떤 원자에서 하나의 전자가 보다 높은 에너지 준위로 올라가기 위해서는 두 준위들 사이의 에너지 차이에 해당하는 에너지를 흡수해야만 한다. 같은 맥락으로, 한 전자가 여기상태에서 보다 낮은 에너지 상태로 돌아갈 때에는 반드시 두 상태의 에너지 차이만큼의 광자를 방출해야 한다.

상온의 일상적인 조건에서는 원자를 여기시키는데 필요한 열에너지가 항상 존재하고 있다. 스테판-볼츠만 법칙에서 알 수 있듯이, 온도가 충분히 높으면 원자는 가시광도 방출이 가능하다. 볼츠만은 임의의 절대온도 T에서 여기된 원자들의 수와 여기되지 않은 원자들의 수 사이에는 적절한 평형관계가 성립한다는 것을 알았다.

$$\frac{N_n}{N_o} \propto e^{-\Delta E/kT}$$

여기서 N_n은 여기상태 n에 있는 원자들의 수, N_o는 기저상태에 있는 원자들의 수, k는 1.381×10^{-23} J/K 또는 8.51×10^{-5} eV/K의 값을 가지는 볼츠만

상수이다. 에너지 준위들이 중첩(degeneracy)이 없는 경우에는 비례상수를 1로 보면 다음과 같이 쓸 수 있다.

$$\frac{N_n}{N_o} = e^{-\Delta E/kT} \tag{7-3}$$

예제 7-2에서 나타난 에너지 준위의 차이인 2 eV는 가시광의 에너지 영역에 해당하기 때문에, 상온에서 이러한 여기상태에 있는 원자의 비율이 매우 작은 것은 놀랄만한 일은 아니다. 그것은 물체들이 일반적으로는 상온에서 가시광을 방출하지 않는다는 사실과 일치한다. 온도 T가 매우 큰 값으로 증가하게 되면, 식 (7-3)의 우변이 1로 접근하게 된다. 그러나 열적인 평형상태에서는 아수 높은 온도에서도 여기상태에 있는 원자들의 수가 에너지가 낮은 상태에 있는 원자들의 수보다 커지지는 않는다.

예제 7.2

기저상태와 여기상태의 원자 수 비

기저상태와 여기상태의 에너지 차이가 2 eV라고 하면, 기저상태에 있는 원자들의 수에 대한 여기상태에 있는 원자들의 수의 비율은 얼마인가? 온도는 상온, 즉 295 K라고 가정한다.

풀이

식 (7-3)에서 볼츠만 상수를 eV로 표현하여 이용하면 다음과 같은 결과가 나온다.

$$\frac{N_E}{N_o} = \exp\left[-\frac{2}{8.63\times10^{-5}\times295}\right] = 7.16\times10^{-35}$$

이 결과를 보면, 상온에서 여기상태에 있는 전자들의 비율은 극히 나으며 대부분의 원자들은 기저상태에 있음을 알 수 있다.

낮은 에너지 상태에 있는 원자들은 비탄성충돌이나 또는 딱 맞는 에너지를 가진 광자를 흡수함으로써 ΔE를 얻게 된다. 여기상태에서 다시 안정화된 상태로 가는 붕괴(decay, or de-excitation)는 또 다른 충돌을 통하거나 아니면 자연방출이나 유도방출 중의 하나의 복사과정을 통해서 일어나게 된다.

첫 번째 복사과정은 확률적으로 제멋대로 발생하는 붕괴로서 **자연방출**(spontaneous emission)이라고 한다. 여기상태가 유지되는 평균적인 지속시간(lifetime)은 준위들 사이의 에너지 차이와 초기 및 나중상태의 상호관계에 의해 달라진다. 준위 사이에서 천이(transition), 즉 붕괴가 일어날 때, 지속시간은 대부분의 경우에는 $\sim 10^{-8}$s 정도이다. 그러나 금지된 천이(forbidden transition)라고 알려진 다른 종류의 천이에서는 지속시간은 훨씬 더 길어질 수 있다.

두 번째 복사 붕괴과정은 **유도방출**(stimulated emission)이라고 하는데, 이것은 원자가 천이에 필요한 에너지를 가진 광자가 가까이 있으면서 방출을 유도함으로써 일어난다. 압력 혹은 밀도가 작은 가스 내에서는 원자들의 충돌이 상대적으로 매우 낮기 때문에 복사에 의한 천이(radiative transition)들이 천이의 주된 과정이 된다.

유도방출은 자연방출과는 다른 특성을 가진다. 유도방출의 경우에는 발생되는 광자들의 방향이 제멋대로가 아니라 자극을 주는 광자와 나란하게 되며 또 그 위상도 자극을 주는 광자와 같아진다. 밀도가 높은 가스에서는 충돌에 의한 붕괴가 주된 붕괴과정이 될 수 있다.

그림 7-2는 자연방출과 유도방출에 대한 복사과정들을 요약해서 보여주는 그림이다. 광자를 방출하는 복사 방출과정에서는 자연방출과 유도방출이라는 두 개의 과정이 존재하지만 광자를 흡수하여 여기상태로 가는 복사 여기과정(radiative excitation process)에서는 광자 흡수(photon absorption: pumping)라는 한 개의 과정만 있다.

그림 7-2

두 원자 준위들 사이의 복사과정 (a) 자연방출, (b) 유도방출

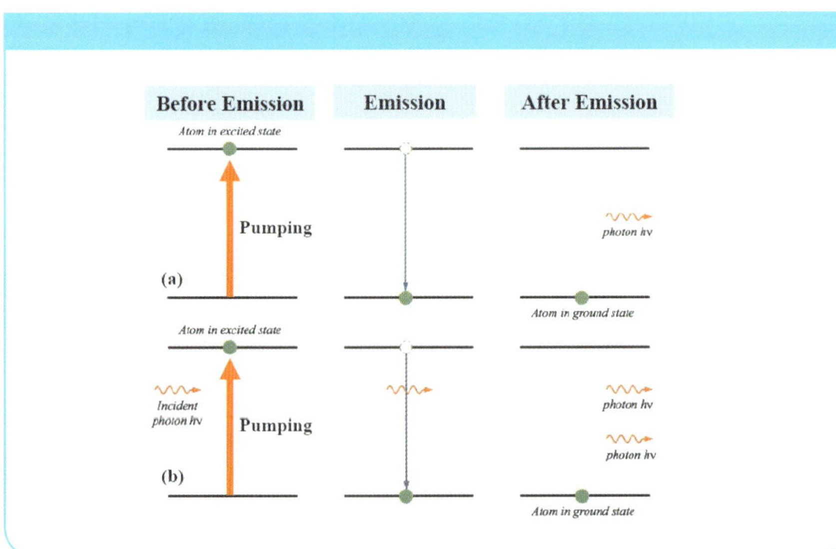

7.3 레이저(Laser)

7.1과 7.2에서는 평형상태에 있는 원자들의 거동에서 복사의 흡수 및 방출에 관해서 고찰해 보았다. 그러나 현재에 가장 일반화 되어 있고 보편화 되어 있는 광원인 레이저는 비평형과정을 통해서 동작을 한다.

레이저는 유도방출을 통한 광의 증폭(LASER: Light Amplification by Stimulated Emission of Radiation)이라는 말의 약어이다. 레이저의 동작에 필요한 비평형상태들은 많은 물질에서 다양한 방법으로 만들어 낼 수 있다. 레이저 매질에는 하나의 기저상태와 하나의 여기상태라는 두 상태 이외에 더 많은 에너지 상태들이 존재하고 있다. 따라서 직접적으로 레이징에 관여를 하는 에너지 준위의 수에 따라 3-준위 혹은 4-준위 시스템으로 분류한다.

레이저가 발진하는 동작 형태에 따라서 연속(cw: continuous wave)형과 펄스형으로 분류할 수 있으며 여기과정에 따라서 플래시 여기(flash-excited)형, 가스 방전형, LD형, 또는 레이저 여기형으로 분류할 수 있다. 또한 레이저에 사용되는 매질에 따라서 고체, 액체, 그리고 가스형으로도 분류할 수 있다.

산업화가 빨라짐에 따라 레이저의 사용이 점점 확대되어 가고 있다. 현재에는 수백 종류의 레이저들이 있는데, 어떤 것들은 특수한 용도를 위해 개발된 것도 있고 보다 광범위한 용도로 쓰이는 일반적인 레이저들고 있다. 여기서 레이저들을 일일이 다 열거하는 것은 불가능하므로 3-준위 및 4-준위 레이저 시스템의 예를 들어 레이저의 기본적인 동작 mechanism을 살펴보도록 하겠다. 더불어 발광다이오드(LED)에서 파생되어 나온 반도체 레이저에 대해서도 뒤에 알아보기로 하겠다.

7.3.1 3-준위 시스템

최초로 동작된 레이저는 루비 레이저인데, 이것은 지금까지도 이해하기가 가장 간단한 레이저 시스템이다. 루비는 결정형태를 가지는 알루미나(Al_2O_3) 격자 안에 크롬 이온들이 doping되어 있는 광물질이다. 이 격자에서 알루미늄의 자리에 대신 들어가 있는 크롬 이온의 농도는 보통 0.07%보다 낮다. 루비 레이저는 3-준위 레이저 시스템이며 그림 7-3은 3-준위 레이저 시스템의 에너지 준위를 설명하는 그림이다.

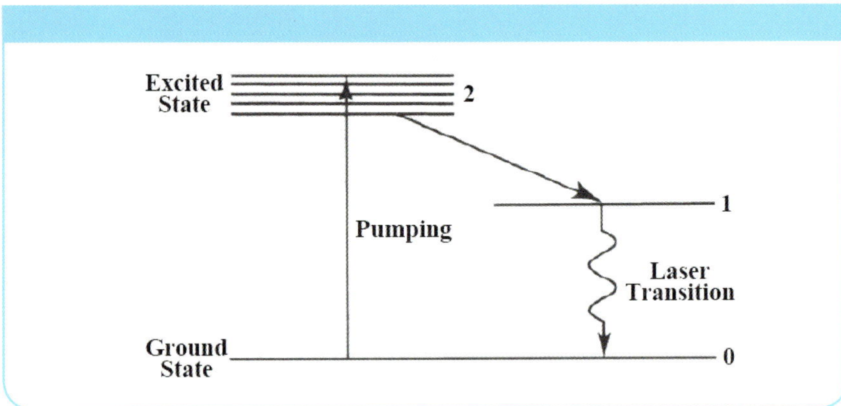

그림 7-3

루비 레이저의 3-준위 시스템

그림 7-3에 2로 표시되어 있는 여기상태(excited state)로 원자를 여기시키는 것을 펌핑(pumping)이라고 하는데, 이 말은 보통 모든 레이저의 여기과정에서 공통적으로 사용되는 용어이다.

여기서 펌핑은 사진기사가 쓰는 flash와 비슷한 flash 관이 사용되는데 빛의 강도 측면에서 flash 관이 훨씬 더 강하다. 그림 7-3에서 준위-2로 여기된 크롬 원자들은 준위-1로 빠르게 붕괴한다. 준위-1에서 기저상태(ground state)로의 천이는 준위-2에서 준위-1로의 천이와 비교하여 매우 천천히 일어난다. 그래서 준위-1에 있는 크롬 원자들의 수가 늘어나게 되며 마침내 기저상태에 있는 크롬 원자의 수보다도 많아지게 된다. 준위-1에 있는 여기된 크롬 원자들은 처음에는 자연방출 과정을 통하여 기저상태로 붕괴하는데, 이 때 발생된 초기 광자들은 다른 여기된 크롬 원자들이 유도방출을 통하여 기저상태로 돌아가도록 하는 역할을 한다.

루비 레이저의 실험장치가 그림 7-4에 나타나 있다. 루비 결정은 긴 원통

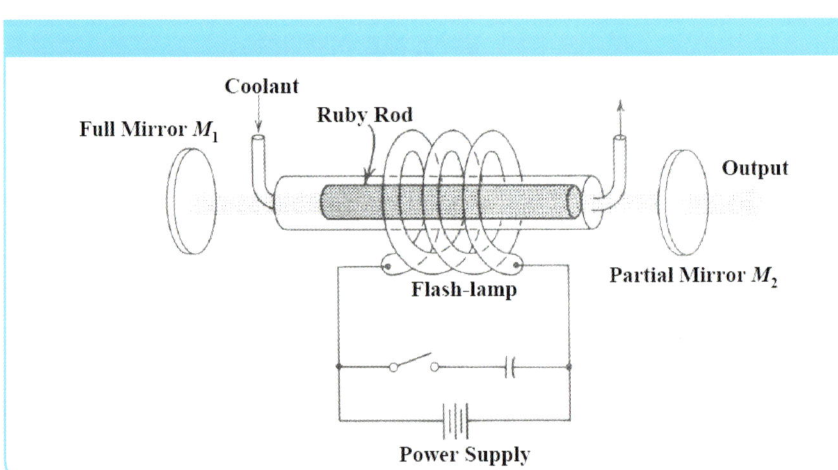

그림 7-4

루비 레이저의 구성도. 거울 M_1은 루비에 바로 밀착되어 있고 거울 M_2는 루비와 떨어져 있다.

형 봉의 형태이며 펌핑 효율을 높이기 위하여 루비 결정을 flash 관이 여러 차례 감겨진 형태로 감싸고 있다.

루비봉의 양끝에는 봉과 떨어져 있든 아니면 밀착되어 있든 거울들이 놓여있다. 준위-1에서 자연방출된 광자들은 모든 방향으로 진행하게 되는데, 거울에서의 반사에 의하여 처음에 봉의 축과 나란한 방향으로 방출된 광자들은 레이저 시스템 안에 남아서 봉의 축을 따라서 앞뒤로 계속 왔다 갔다 하게 된다. 이러한 광자들은 축을 따라 움직이면서 또 다른 광자들의 방출을 유도하며, 이런 원리에 의해 봉의 축과 나란한 방향으로 점점 더 많은 복사가 일어난다.

유도방출의 빈도는 복사를 유도하는 광의 강도에 비례하기 때문에 광의 강도가 빠르게 증가한다. 거울 M_1은 최대한 모든 광자들을 반사할 수 있도록 만들어진 반면(반사율이 ~99%), 거울 M_2는 반사율을 약간 낮게 만들어 모든 빛을 반사하지는 않도록 하는데 보통은 반사율이 30~70% 정도가 되도록 한다. 이러한 레이저용 거울들은 거의 전부가 여러 겹의 유전체 코팅을 통하여 만들어진다. 우리가 레이저광이라고 하는 레이저의 출력은 거울 M_2에서 반사되지 않고 일부 새어나오는 빛이다.

루비 레이저는 펄스형으로 동작되는데, 그 출력광은 파장이 694 nm로 이는 스펙트럼에서 붉은 부분에 해당한다. Flash 관의 펄스 빈도(pulse rate)가 출력 광펄스의 빈도를 결정한다. 1초에 몇 개 정도의 펄스를 발생시키는 조건에서 이 레이저는 10 W 정도의 출력을 낼 수 있다. Flash-lamp에 의한 여기는 언제나 펄스 형태의 레이저광을 만든다.

각각의 펄스에 담긴 광에너지는 Q-스위칭(Q-switching)이라는 방법을 통해서 증대시킬 수 있는데, 이 방법을 쓰면 펄스의 폭이 나노 초(nanosecond) 영역으로 짧아지게 된다. Q-스위칭에서는 빛이 다니는 경로 중에서 루비 봉과 거울 사이에 억제기를 놓아둔다. 억제기는 일반적으로 전기적 혹은 자기적으로 스위칭이 가능한 커 셀(Kerr cell)이나 패러데이 셀(Faraday cell)을 사용한다.

이러한 셀들을 적절하게 조절하여, 루비 봉에서 에너지가 높은 준위의 원자들의 수가 기저상태에 있는 원자들의 수에 비해 최대로 많아질 때까지 셀이 빛을 통과시키지 못하도록 할 수 있다. 그러다가 에너지가 높은 준위의 원자들의 수가 최대가 되었을 때 셀의 스위치를 닫아 빛이 통과할 수 있도록 하면, 그 순간에 매우 강한 광펄스를 만들 수 있다. 펄스가 일단 발생하고 나면, 대량의 원자들은 여기상태인 준위-1에서 기저상태로 돌아가게 된다. 기저상태의 원자들의 수가 준위-1에 있는 원자들의 수보다 많아지면, 레이저는 더 이상 레이저광을 출력하지 못하게 된다.

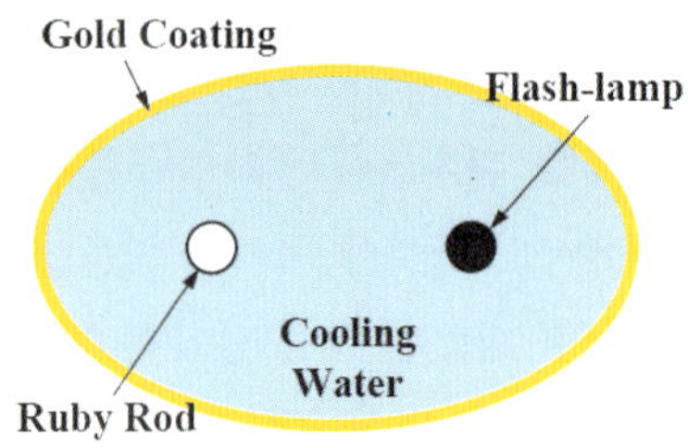

그림 7-5

타원형 반사 집광렌즈

그림 7-5에 나타난 것과 같은 flash는 펌핑 해주는 빛이 봉이 있는 방향 뿐 아니라 봉의 바깥쪽 방향으로도 나가기 때문에 효율면에서 어느 정도 손해를 보고 있다. 이를 개선하기 위해 루비 봉에 도달하는 flash의 출력을 최적화시키기 위해 다양한 방안들이 시도되었다. 그 중에서 대단히 흥미로운 구조가 그림 7-5의 타원형 구조이다.

그림 7-5에서 보는 바와 같이 타원형 단면을 가지는 긴 원통형 거울 내에서 봉과 flash 관이 각각 서로 다른 타원의 초점 위치에 놓여있다. 이것은 타원형 거울에서 타원의 한 초점에서 나온 모든 빛은 타원의 다른 초점을 지나는 성질을 가진다는 점을 이용한 것이다. 이런 시스템은 flash 출력을 몇 배나 더 효율적으로 사용하도록 해 준다.

7.3.2 4-준위 시스템

오늘날 가장 흔한 레이저는 바로 헬륨-네온 (He-Ne) 레이저일 것이다. 이러한 레이저들은 100달러 미만으로도 구입이 가능하며 또한 교실에서의 실습이라든가 아니면 측량장치에서 조준용 광원 등으로 상업적으로도 아주 많이 활용되고 있다. He-Ne 레이저는 세상에 나온 두 번째 레이저로서 루비 레이저보다 불과 몇 개월 뒤에 나타났다. He-Ne 레이저는 4-준위 시스템으로 그림 7-6과 같은 에너지 준위를 가지고 있다.

펌핑에 의해 원자는 준위-3으로 여기되고 이후 원자는 빠르게 준위-2로 천이된다. 레이저광은 준위-2에서 준위-1로 천이가 느리게 일어나는 과정에서 발생하며 원자가 준위-1에서 기저상태로는 다시 빠르게 천이하므로 준위-1에 머물러 있는 원자들의 수는 매우 적다. 이것은 펌핑이 꾸준히 계속된다면 준위-2에 있는 원자들이 언제나 준위-1에 있는 원자들보다도 수가 많다는 것이다. 이렇게 되면 항상 더 높은 에너지에 있는 원자들의 수가 더 많으므로 레이저광도 역시 연속적으로 나올 수 있게 된다.

그림 7-6

4-준위 시스템에서의 천이

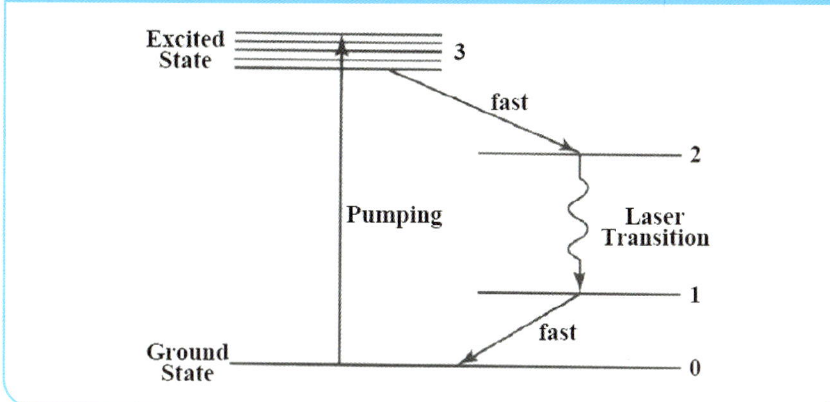

He-Ne 레이저에서 능동형 매질은 네온 가스이다. 네온 가스는 레이저 관을 채운 내부 가스의 10% 정도를 차지하고 있고 나머지는 헬륨 가스가 차지하고 있다. He-Ne 레이저 시스템의 펌핑은 대단히 흥미롭다. 전류가 헬륨과 네온 가스의 혼합물을 지날 때 네온사인에서 일어나는 것과 비슷한 방전이 일어나고 헬륨 원자들이 자신의 첫 번째 여기상태로 올라간다. 그런데 헬륨 원자의 첫 번째 여기상태의 에너지는 그림 7-6에서 볼 때 네온 원자의 준위-3에 해당하는 에너지와 거의 같다.

레이저 관 내부에 헬륨이 네온보다 9배 정도 더 많기 때문에 가스들 사이의 충돌 시 네온 원자는 자신들끼리 보다는 헬륨과 충돌을 훨씬 더 많이 하게 된다. 이 충돌은 주로 비탄성충돌로서 헬륨 원자와 네온 원자의 여기상태가 서로 교환된다. 이렇게 원자들 사이에 에너지가 전달되는 것이 네온을 준위-3으로 여기시키는 펌핑 역할을 하게 된다. 그림 7-7은 이러한 과정을 나타낸 그림이다.

그림 7-7

여기된 헬륨원자 He*와 기저상태에 있는 네온 원자의 충돌에 의한 네온 원자의 여기

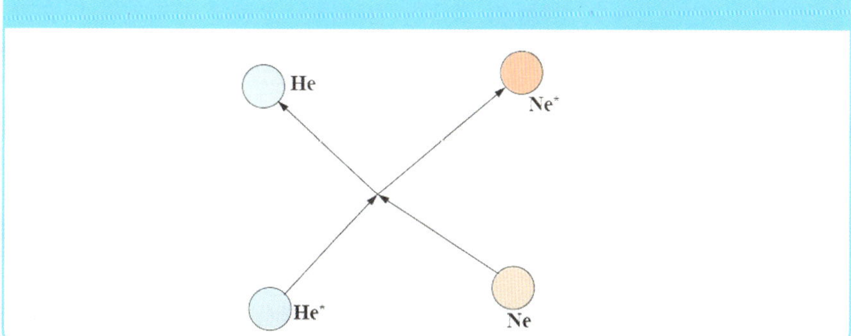

준위-3에 있는 네온 원자는 빠른 과정을 통해 준위-2로 붕괴하고 준위-2에서 준위-1로는 느리게 천이를 일으킨다. 준위-1에 있는 네온 원자들은 다시 빠른 천이를 통해 기저상태로 돌아간다. 가스의 방전이 연속적이므로 He-Ne 레이저는 루비 레이저와는 대조적으로 광 출력이 연속적이다. 정상적인 동작 조건 아래서는 준위-2에 있는 원자들의 수를 준위-1에 있는 원자들의 수보다도 항상 크도록 유지할 수가 있으므로 레이저의 동작도 연속적으로 가능한 것이다.

그림 7-8은 He-Ne 레이저 시스템의 구조이다. 방전관의 양끝에 있는 브루스터 창(Brewster window)은 단순히 방전관을 닫아주는 역할을 하거나 또는 좀 더 고급의 시스템에서는 광 출력의 편광을 결정하는 역할도 한다. 이러한 레이저에서 나오는 광의 출력은 보통은 수십 mW 정도이다.

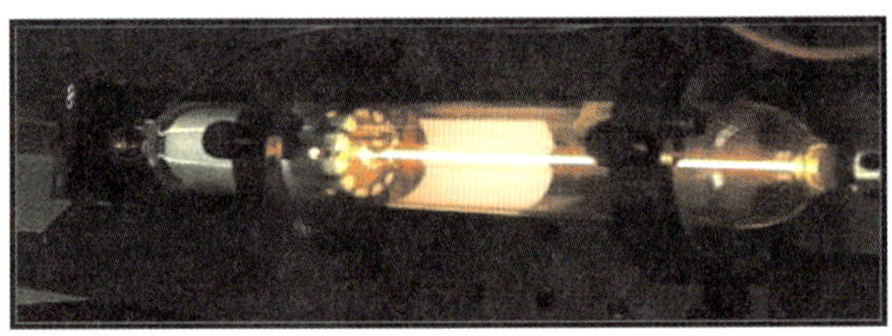

그림 7-7

He-Ne 레이저 시스템. 방전관 내부는 10%의 네온 가스와 90%의 헬륨 가스로 구성되어 있고 압력은 약 10 torr 정도이다.

He-Ne 레이저에서 나오는 광 파장 중에서 가장 많이 볼 수 있는 것은 632.8 nm로 이는 스펙트럼 상에서 붉은 색 영역에 해당하는 것이다. 그러나 실제로 He-Ne 레이저 시스템에서는 100개 이상의 레이저 천이가 가능하며 매우 다양한 파장의 광을 만들어 낼 수 있다. 이렇게 다양한 파장들 중에서 방전관의 크기 및 100개 정도나 되는 유전체 박막을 사용하여 만든 고도로 선택적인 거울 등에 의해 어떤 특정한 파장이 레이저로 동작하도록 정해줄 수 있다. 이 특수한 거울들은 무반사 광학계와 비슷한 원리로 만들지만 여기서는 특정한 파장에서의 반사율을 극대화하도록 하는 점이 차이가 있다.

예제 7.3

He-Ne 레이저의 광자 에너지

일반적인 He-Ne 레이저에서 나오는 파장 632.8 nm 광자 한 개의 에너지를 계산하시오.

풀이

플랑크(Plank)의 법칙을 이용하면 광자 한 개의 에너지 E는 다음과 같다.

$$
\begin{aligned}
e &= hv = \frac{hc}{\lambda} \\
&= \frac{4.14\times10^{-15}\,\text{eV}\cdot\text{s}\times3\times10^{8}\,\text{m/s}}{632.8\times10^{-9}\,\text{m}} \\
&= 1.96\ \text{eV}
\end{aligned}
$$

7.3.3 광 검출기

사람의 눈은 놀라운 성능을 가진 광 검출기이다. 우리가 알고 있듯이 눈은 인쇄된 페이지의 세세한 내용 뿐 아니라 아주 먼 곳에 있는 별들과 같은 물체들을 분간하는 능력을 가지고 있다. 하늘에 있는 먼 곳의 물체를 검출하는 능력은 눈 안의 검출기들의 감도(sensitivity)에 관계된 것이고, 반면에 촘촘하게 배치된 물체들의 세세한 부분들을 볼 수 있는 능력은 눈의 분해능(resolving power)에 관계된 것이다. 모든 검출기의 사용에 있어서 감도와 분해능은 고려해야 할 중요한 문제이다.

광 검출기는 크게 두 종류로 구분할 수 있다. 첫 번째는 눈과 같이 상(image)을 검출하는 것이다. 이런 종류의 대표적인 검출기로는 사진필름이나 좀 더 현대적인 전하결합소자(CCD) 배열 등을 들 수 있다. 필름은 보통 사소하고 하찮은 재료로 여기는 사람들이 많지만 사실 이것이 사용된 지는 겨우 100 여년 정도 밖에 되지 않았다.

광 검출기의 두 번째 종류는 점 검출기(point detector)로서 이것은 단순히 어떤 지점에 빛이 얼마나 있는지 만을 검출한다. 광통신기술이 크게 발달하면서 점 검출기들은 통신시스템에서 매우 중요한 역할을 하고 있다. 지난 40 여년에 길친 반도체 기술의 발달은 광 검출 과정에 많은 변화를 가져왔을 뿐 아니라 가정용 TV 카메라와 같은 기기의 개발을 가능하게 했다.

광전효과(photoelectric effect)는 광 검출 과정을 이해하는 데 있어 기초가 된다. 아인슈타인(Albert Einstein)은 광전효과를 밝히는 데 중요한 역할을 함으로써 노벨상을 받았다. 흔히들 아인슈타인은 상대성이론으로 노벨상을 받았다고 믿고 있는데 상대성이론이 아니라 광전효과의 규명이 그에게 노벨상을 안겨 주었다는 것은 흥미로운 일이다.

복사에 대한 검출방법은 복사가 나타나는 스펙트럼이 어떤 영역인가에 따라서 달라진다. 자외선(UV radiation: ultraviolet radiation)은 파장이 400 nm 이하의 빛으로 광자의 에너지가 큰 반면에, 광통신 시스템에서 사용되는 적외선(IR radiation: infrared radiation)은 1000 nm (1 μm) 이상의 파장을 가지고 있으며 광자의 에너지도 작아서 자외선에 비해 검출하기가 더 어렵다.

광 검출 시 고려해야 할 또 다른 요소는 신호의 종류이다. 즉, 그 광신호가 강도(intensity)를 검출해야 할 신호인지 아니면 광학 이미지와 같은 분산신호인지 구분이 필요하다. 분산신호는 대부분 보관을 목적으로 하기 때문에 필름이나 CCD 배열 등을 필요로 한다. 이미지를 검출하는 것은 분명 광범위한 검출기를 써야하는데 그것은 점 검출기와는 다른 규격들을 가지고 있다.

광전효과

빛이 어떤 금속의 표면에 닿을 때 일종의 전기적인 효과가 일어난다는 것은 20세기 초부터 알려져 있었다. 1887년 헤르츠(Hertz)는 전극에 자외선을 조사하면 좀 더 낮은 전압을 걸어주더라도 두 전극들 사이에서 스파크가 일어나는 것을 발견했다. 그림 7-9는 광전효과를 관찰할 수 있는 일반적인 실험장치의 도해도이다. 보통 알칼리 금속으로 코팅된 감광을 할 수 있는 금속판이 진공 상태인 chamber 내에 놓여있는데, 이것은 외부의 전압인가 장치 및 전류계와 직렬로 연결되어 있다.

표면이 빛을 받으면 전체 시스템에 전류가 흐르게 되고 다음과 같은 현상들이 관측된다.

1. 빛의 파장이 끊어버림 파장(cutoff wavelength)이라고 하는 특정한 파장보다 짧지 않은 경우에는 전류가 흐르지 않는다.
2. 일단 파장이 끊어버림 파장보다 짧아지면, 전류가 흐르는데 전류의 크

그림 7-9

광전효과를 관찰할 수 있는 실험장치

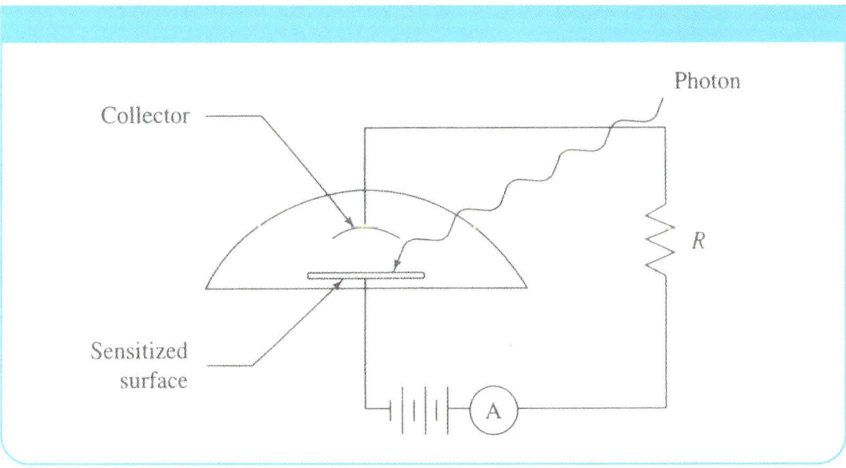

기는 빛의 강도에 비례한다.

3. 끊어버림 파장은 감광표면의 금속이 무엇으로 구성되어 있느냐에 따라서 달라진다

아인슈타인은 표면에 도달하는 빛이 플랑크 법칙에 의해 다음 식과 같이 주어지는 에너지를 가진 광자들이라고 가정을 세웠다.

$$E=h\nu=h\frac{c}{\lambda} \tag{7-4}$$

여기서 h는 플랑크 상수로 6.63×10^{-34} J · s 또는 4.14×10^{-15} eV · s의 값을 가지며, ν는 빛의 주파수이다. 광자들은 금속표면에서 전자들을 튀어나가게 만드는데, 물질에 따라서 전자를 튀어나가게 하는데 필요한 에너지가 달라지며 이 에너지를 **일함수**(work function)이라고 한다. 예를 들어, 나트륨(Na)의 경우 일함수는 2.28 eV이고, 백금의 경우는 6.35eV이다. 금속표면에서 탈출한 전자가 가지는 에너지는 다음과 같이 주어진다.

$$E=h\nu-\phi \tag{7-5}$$

여기서 ϕ는 주어진 금속의 일함수이다. 광전효과 및 플랑크 법칙에 의하면, 짧은 파장을 가진 빛을 검출하는 것이 긴 파장의 빛을 검출하는 것보다 더 쉬울 것임을 알 수 있다.

예제 7.4

일함수

알루미늄의 일함수는 4.08 eV이다. 알루미늄의 끊어버림 주파수 및 파장을 계산하시오.

풀이

식 (7-4)로부터

$$E_{\text{cutoff}}=h\nu_{\text{cutoff}}$$

이다. 따라서 끊어버림 주파수는

$$\nu_{\text{cutoff}}=\frac{4.08\ \text{eV}}{4.14\times10^{-15}\ \text{eV}\cdot\text{s}}=0.99\times10^{15}\ \text{Hz}$$

이고 끊어버림 파장은

$$\lambda_{\text{cutoff}} = \frac{c}{\nu_{\text{cutoff}}} = \frac{3 \times 10^8 \text{ m/s}}{0.99 \times 10^{15} \text{ Hz}} = 3 \times 10^{-7} \text{ m, 또는 } 300\,\mu\text{m}$$

이다.

연습문제

1. 최대출력이 나타나는 파장이 녹색 영역에 해당하는 550 nm가 되려면 물체의 온도가 얼마가 되어야 하는가?

2. 최대출력이 나오는 파장 λ_{max}가 붉은색 영역에 속하는 600 nm의 값을 가질 수 있도록 물체의 온도를 계산하시오.

3. 어떤 푸른 별의 표면온도가 6800 K이다. 그렇다면 이 별이 일으키는 전자기 복사의 최대출력이 나오는 파장은 얼마가 되는가? 이 별을 푸른 별이라고 하는 것이 적절한가?

4. 일광에서 사용하는 사진필름은 색온도 6200 ℃에 최적화가 되어있다고 한다. 이 필름은 파장이 얼마일 때 감도가 최대가 되는가?

5. 문제 3의 별의 반지름이 10^4 m라고 할 때 이 별로부터 나오는 복사의 출력을 계산하시오.

6. 2500 ℃에서 흔히 사용하는 백열전구로부터 나오는 빛의 최대출력이 나오는 파장을 계산하시오.

7. 광자의 에너지에 대한 수치적인 감각을 익히는 의미에서 파장이 350 nm인 자외선 광자의 에너지와 파장이 2000 nm인 적외선 광자의 에너지를 각각 구하시오.

8. 온도가 25 ℃일 때, 기저상태보다 10 eV 높은 에너지 준위로 여기되는 원자는 전체의 얼마만한 비율이겠는가?

9. 에너지가 기저상태에 비해 1 eV 만큼 높을 때, 문제 8의 비율은 얼마가 되는가?

I·n·d·e·x

찾아보기

저자 소개

안 승 준 (Seung Joon Ahn)
1985년 2월. 경북대학교 자연과학대학 물리학과(이학사)
1989년 2월. KAIST 물리학과(이학석사)
1993년 2월. KAIST 물리학과(이학박사)
1989년 2월~1997년 2월. 삼성전자 반도체연구소 선임연구원
1993년 3월~현재. 선문대학교 자연과학대학 신소재과학과 부교수
연구분야 | 반도체 공정 및 장비기술, 레이저 annealing, 레이저 미세가공, 전자빔 기술, 접지기술

안 성 준 (Seong Joon Ahn)
1987년 2월. 서울대학교 물리학과(이학사)
1989년 2월. KAIST 물리학과(이학석사)
1992년 8월. KAIST 물리학과(이학박사)
1992년 9월. 삼성전자 반도체연구소 선임연구원
1996년 5월. 한전전력연구원 선임연구원
현재 2002년 3월~현재. 선문대학교 공과대학 정보통신공학부 부교수
연구분야 | 반도체 공정, 광섬유 통신 및 센서, 전자빔 기술, 레이저 미세가공, 접지기술

이 용 민 (Yong Min Lee)
1986년 2월. 인하대학교 전자공학과(공학사)
1998년 9월. Warwick University, U.K,(M.B.A)
2005년 1월. Edinburgh University, U.K, 전자공학과(Ph.D)
1985년 12월~2007년 2월. 삼성SDI(주) 중앙연구소 수석연구원
2007년 3월. 한양대학교 정보통신컴퓨터공학부 연구교수
현재 2008년 3월~현재. 선문대학교 공과대학 전자공학부 조교수
연구분야 | 디스플레이 구동기술, System-on-Chip 설계, Low power system 설계, 광통신소자기술

정가 19,000원

빛의 과학

2008년 7월 23일 초판 인쇄
2008년 8월 1일 초판 발행
저 자 : 안승준 · 안성준 · 이용민
발행자 : 우명찬 · 송 준
발행처 : 홍릉과학출판사
주 소 : 서울시 강북구 수유5동 455-60
142-885
등 록 : 1976년 10월 21일 제5-66호
전 화 : 999-2274~5, 903-7037, 996-8341
팩 스 : 905-6729
e-mail: hongpub@hongpub.co.kr
http://www.hongpub.co.kr